中等职业教育土木水利类专业“互联网+”数字化创新教材
中等职业教育“十四五”推荐教材

建筑装饰材料

王玉江　主　编
任　义　副主编

中国建筑工业出版社

图书在版编目（CIP）数据

建筑装饰材料 / 王玉江主编. —北京 ：中国建筑工业出版社，2021.7

中等职业教育土木水利类专业“互联网+”数字化创新教材 中等职业教育“十四五”推荐教材

ISBN 978-7-112-26153-6

Ⅰ. ①建… Ⅱ. ①王… Ⅲ. ①建筑材料-装饰材料-中等专业学校-教材 Ⅳ. ①TU56

中国版本图书馆 CIP 数据核字（2021）第 087357 号

本教材为中等职业教育土木水利类专业“互联网+”数字化创新教材、中等职业教育“十四五”推荐教材中的一本，共包括装饰材料进课堂、建筑装饰材料的基本性质、装饰石材、建筑装饰石膏及制品、建筑装饰陶瓷、建筑玻璃、建筑装饰塑料、建筑装饰织物与制品、装修必备的涂料油漆、建筑装饰木材制品、金属装饰材料、胶粘剂、水泥、装饰混凝土和砂浆等教学单元。

本书适合中等职业教育土木水利类专业师生使用，为方便授课，作者自制免费 PPT 课件，索取方式为：1. 邮箱 jckj@cabp. com. cn；2. 电话（010）58337285；3. 建工书院 http：//edu. cabplink. com；4. 交流 QQ 群 796494830。

QQ 交流群

责任编辑：李天虹 李 阳
责任校对：李美娜

中等职业教育土木水利类专业“互联网+”数字化创新教材
中等职业教育“十四五”推荐教材

建筑装饰材料

王玉江 主 编
任 义 副主编

*

中国建筑工业出版社出版、发行（北京海淀三里河路 9 号）
各地新华书店、建筑书店经销
北京鸿文瀚海文化传媒有限公司制版
北京京华铭诚工贸有限公司印刷

*

开本：787 毫米×1092 毫米 1/16 印张：$17\frac{3}{4}$ 字数：441 千字
2021 年 7 月第一版 2021 年 7 月第一次印刷
定价：**56.00** 元（赠教师课件）
ISBN 978-7-112-26153-6
（37652）

前 言

随着社会经济的快速发展和人民生活水平的不断提高，国家对职业教育提出了更高的要求，职业院校要培养出服务一线、应用能力强的技能人才。作为建筑装饰专业的在校生（或自学者），在学好基本理论的同时，需掌握实践应用和动手技能，做到“学以致用、知行合一”。教材按照国家颁布的专业教学标准编写，结合中职生认知能力、专业人员职业标准和行业企业岗位要求，主要介绍建筑装饰常用材料，了解常用材料及其制品的种类、规格与性能特点、适用范围、质量标准。通过课堂教学、课内外实训以及实地考察来培养学生对各种建筑装饰材料的选择和在实际中应用的能力。

“建筑装饰材料”是中等职业学校土木水利大类建筑装饰专业的一门专业核心课程，本书是职业院校建筑装饰类专业培养具有高素质技术技能型人才为导向的课程改革教材。在编写时坚持内容浅显易懂，以够用为度；注重实用性，理论与实践相结合；注意工程实践的要求，运用大量的图片与数字化技术相结合阐述基础知识，通俗易懂。同时，渗透环保、节能、安全等方面的意识，培养与时俱进的创新意识。

本书以“做中学、做中教”的中职教育理念为指导，遵循工作岗位实际为导向的人才培养模式，在系统梳理装饰材料知识的基础上，配合岗位需要设置实践操作以达到使学生学以致用的目的。本教材是一本“互联网+”数字化创新教材，在每单元内容讲解前设置了“学习目标”和“能力目标”，录制了导学视频，在学生自学的同时方便教师授课，正文中适当插入材料图表，既有利于拓宽学生的知识面，帮助学生理解教学内容，又增加了教材的趣味性和可读性。教材中的重难点部分加入了二维码，方便学生更好地掌握所学知识，同时能提高学生学习的积极性和主动性。教学单元的最后设置了实训任务书，在检测学生对所学知识理解掌握程度的同时，便于学生将理论知识运用到实际工程项目中。

本教材由王玉江担任主编，任义担任副主编，全书由王玉江负责统稿。装饰材料进课堂、教学单元 7、教学单元 8 由云南建设学校王玉江编写；教学单元 1、教学单元 3、教学单元 4、教学单元 13 由长沙高新技术工程学校任义编写；教学单元 2、教学单元 5、教学单元 6 由云南建设学校龙慧明编写；教学单元 9、教学单元 10、教学单元 11、教学单元 12 由长沙高新技术工程学校余斯洋编写。

本教材在编写过程中得到了有关领导、同事和朋友的帮助，有了大家的支持才有了本书现在的成果。在此深表感谢。编写过程中参阅了大量文献资料，谨向这些文献的作者致以诚挚的谢意。由于编者水平有限，书中有疏漏与不当之处，敬请广大读者批评指正。

目　录

装饰材料进课堂

1. 知识目标

- 了解装饰材料的功能和定义；
- 了解装饰材料的分类和性能特点；
- 掌握装饰材料的选购；
- 熟悉建筑装饰材料的发展趋势。

2. 能力目标

- 掌握装饰材料的性能特征，熟悉材料分类；
- 具备结合使用场所的特点、经济和功能进行装饰材料综合选材的能力；
- 提高解决问题的能力，具备自主学习、独立分析问题的能力，具有较强的与客户交流沟通的能力、良好的语言表达能力。

3. 思政目标

- 宣传国家“绿水青山就是金山银山”的理念，将安全教育、工匠精神融入本单元内容中；引导学生树立爱国敬业、诚实守信的职业道德。

思维导图

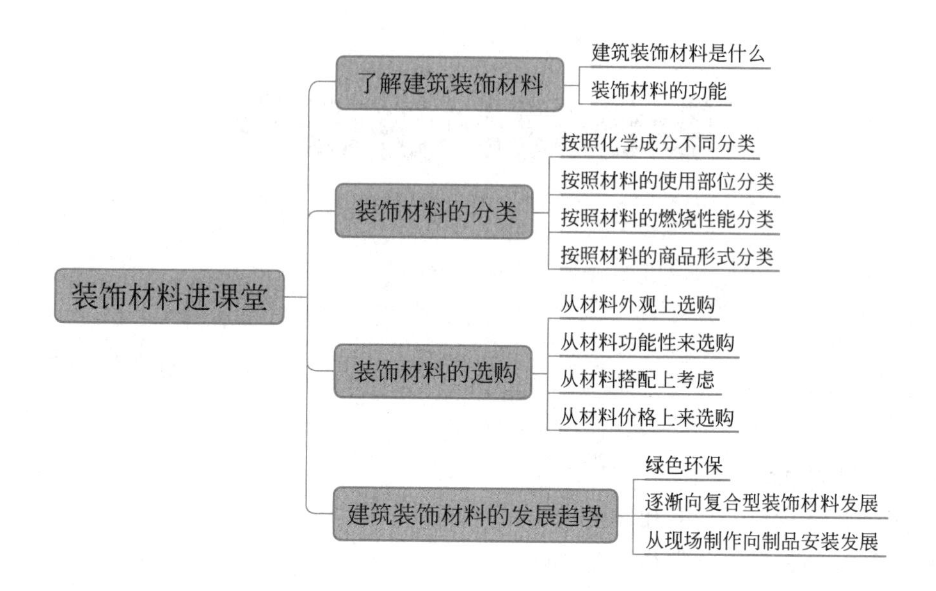

0.1 了解建筑装饰材料

装饰工程进行空间装饰时，都需要对材料有所了解。装饰材料是建筑装饰工程的物质基础，装饰工程的实际效果是装饰材料的色彩、质感和纹理的具体展现，了解并熟悉装饰材料的性质是一个空间设计者的能力基础。现代装饰材料种类规格丰富、品种花色非常繁杂，在很大程度上简化了设计与工艺，但是也加大了认识材料的难度。

秉承着安全坚固、美观大方和便捷舒适、环保与环境的可持续发展的要求，合理运用适合的装饰材料进行空间装饰，可以展现更美好的装饰效果。因此，人们对空间进行装饰时，必须首先了解各类装饰材料的性能特征，然后才能合理而艺术地使用装饰材料，更好地表达设计意图，并与室内其他配套设施共同体现空间个性。

0.1.1 建筑装饰材料是什么

装饰材料是指直接或间接用于建筑内外表面的装饰设计、施工、维修中的具备装饰作用的材料，通过材料的合理搭配、组合能创造出适宜使用的环境空间。现代社会的物质经济发展很快，不断给装饰材料注入新概念、新产品，知识面也在不断拓宽。传统的装饰材料按形态来定义，主要分为五材，即实材、板材、片材、型材以及线材五个类型。如图 0-1 为生态板，是制作家具常用的板材之一；成品纤维踢脚线、铝合金线条属于型材，如图0-2、图0-3所示；PS片及塑料片属于片材，如图0-4所示；电线属于线材，是电路工程的基础材料，如图0-5所示；实材如图0-6所示，这是粉煤灰砌块，一种能源回收再利用的绿色环保砖块。这些材料今天仍旧是建筑装饰工程的主流产品，目前现代工业的新技术、新工艺又派生出各种新型材料，如壁砂漆、真石漆、液体壁纸等，这些新型材料大大超越了传统观念。

图0-1 板材-生态板

图0-2 型材-成品纤维踢脚线

图0-3 型材-铝合金线条

图0-4 片材-PS片及塑料片

图0-5 线材-电线

图0-6 实材-粉煤灰砌块

0.1.2 装饰材料的功能

建筑装饰材料铺装在建筑空间表面，以美化建筑与环境，调节人们的心灵，并起到保护建筑物的作用。现代建筑要求建筑装饰要遵循美学的原则，创造出符合人们生理及心理需求的优良空间环境，使人的身心得到平衡，情绪得到调节，智慧得到更好的发挥。在实现以上目的的过程中，建筑装饰材料起着极其重要的作用。

装饰材料作为建筑的饰面材料使用，因此，建筑装饰材料还具有保护建筑物，延长建筑物使用寿命等作用。一些新型装饰材料，除了具有装饰和保护作用外，往往还具有一些特殊功能，如现代建筑中大量采用的吸热或热反射玻璃幕墙，可以对室内产生“冷房效应”；采用中空玻璃，可以起到绝热、隔声及防结露等作用；采用铝板、外墙砖作为外墙装饰材料，可以起到耐腐蚀的作用等。

1. 装饰性能

装饰材料展示

装饰材料的最大作用就是装饰环境，通过材料的质感、色彩以及线条等元素构成空间的主要形态。材料装饰性能通过色彩与质感的运用可以展现空间的某种意境，弥补空间的不足，满足人们对环境的需求。如图 0-7 所示为云南大理沙溪游客中心，墙面、柱面和吧台用石材和木格进行装饰，既美观又耐用；采用外墙面石材和原木门窗（图 0-8），符合当地建筑装饰风格，达到了吸引游客的目的。

图 0-7 沙溪游客中心

图 0-8 沙溪游客中心外观

2. 保护性能

装饰材料的使用，使装饰面层的外部形成一层保护膜，对装饰界面起到保护作用，使之不受外界阳光、水分、氧气与酸性环境的影响，达到防潮、保温和隔热的效果。

3. 调节环境

装饰材料具有很好的调节环境的功能。例如，对于室内空间来说，装饰材料中的木材可以调节室内湿度，装饰材料中的石膏制品具有吸附声音的作用。

4. 使用性能

室内外空间中众多界面的面层装饰，使空间有了具体的使用功能；对墙面、地面和顶棚的装饰，使人们在空间中可以生活、学习工作和娱乐。这些都是材料使用性能的最好体现。

5. 美学性能

对各种装饰材料的应用、色彩美学的运用和材料特性的掌握，可以充分发挥装饰材料的美学性能，使之起到装饰空间和美化空间的作用。

0.2 装饰材料的分类

装饰材料的发展迅猛，种类繁多，新产品层出不穷，材料的用途和性能也不同，对材料进行科学合理的分类，无论对材料的开发、研究还是选用、施工，都具有重要的实际意义。

0.2.1 按照化学成分不同分类

建筑装饰材料可以分为金属装饰材料、非金属装饰材料和复合装饰材料三大类，具体见表 0-1。

建筑装饰材料按化学成分分类　　表 0-1

<table>
<tr><th>类　别</th><th>细　分</th><th colspan="2">常用建筑装饰材料举例</th></tr>
<tr><td rowspan="2">金属装饰材料</td><td>黑色金属材料</td><td colspan="2">不锈钢、彩色不锈钢</td></tr>
<tr><td>有色金属材料</td><td colspan="2">铜及铜合金、金、银、铝及铝合金</td></tr>
<tr><td rowspan="6">非金属装饰材料</td><td rowspan="4">无机材料</td><td>天然饰面石材</td><td>天然大理石、天然花岗石</td></tr>
<tr><td>烧结与熔融制品</td><td>琉璃、釉面砖、陶瓷、烧结砖</td></tr>
<tr><td rowspan="2">胶凝材料</td><td>水硬性：各类水泥</td></tr>
<tr><td>气硬性：石膏制品、水玻璃</td></tr>
<tr><td rowspan="2">有机材料</td><td>植物材料</td><td>木材、竹材</td></tr>
<tr><td>合成高分子材料</td><td>塑料制品、涂料、胶粘剂</td></tr>
<tr><td rowspan="3">复合装饰材料</td><td>无机复合材料</td><td colspan="2">装饰砂浆、装饰混凝土等</td></tr>
<tr><td>有机复合材料</td><td colspan="2">人造花岗石、人造大理石、钙塑泡沫装饰吸声板、玻璃钢等</td></tr>
<tr><td>其他复合材料</td><td colspan="2">涂塑钢板、涂塑铝合金板、塑钢复合门窗、真石漆</td></tr>
</table>

0.2.2 按照材料的使用部位分类

建筑装饰材料根据使用部位不同，可以分为外墙装饰材料、内墙装饰材料、顶棚装饰材料和地面装饰材料四大类，见表 0-2。

建筑装饰材料按使用部位分类　　表 0-2

类　别	装饰部位	常用建筑装饰材料举例
外墙装饰材料	外墙、台阶、阳台、雨篷等	天然花岗石、陶瓷装饰制品、玻璃制品、金属制品、外墙涂料、装饰混凝土、合成装饰材料
内墙装饰材料	内墙墙面、墙裙、踢脚线、隔断等	壁纸、墙布、内墙涂料、织物、塑料饰面板、大理石、人造石材、玻璃制品、隔热吸声装饰板
顶棚装饰材料	室内顶棚	石膏板、矿棉吸声板、玻璃棉、钙塑泡沫吸声板、涂料、金属材料、木材
地面装饰材料	地面、楼面、楼梯	天然石材、人造石材、地毯、陶瓷地砖、木地板、塑料地板

0.2.3　按照材料的燃烧性能分类

按燃烧性能，装饰材料可分为非燃烧材料、难燃烧材料和燃烧材料三大类，具体可划分为 A 级、B1 级、B2 级和 B3 级四级。A 级为非燃烧材料，即具有不燃性，在空气中遇到火或在高温作用下不燃烧的材料，如天然石材、金属、玻化砖等，如图 0-9 所示；B1 级为难燃烧材料，即具有难燃烧性，在空气中受到明火燃烧或高温作用时难起火、难微燃、难碳化，如纸面石膏板、矿棉吸声板、装饰防火板、阻燃墙纸等，如图 0-10 所示；B2 级为可燃烧材料，在空气中受到火烧或高温作用时立即起火或燃烧，将火源移走后仍继续燃烧，如胶合板、木芯板、木地板、墙布、壁纸、地毯等，如图 0-11 所示；B3 级为易燃烧材料，即具有易燃性，在空气中受到火烧或高温作用时迅速燃烧，且火源移走后仍继续燃烧的材料，如油漆、酒精、纤维织物等，如图 0-12 所示。

图 0-9　A 级材料-玻化砖

图 0-10　B1 级材料-纸面石膏板

图 0-11　B2 级材料-地毯

图 0-12　B3 级材料-纤维织物

0.2.4　按照材料的商品形式分类

装饰材料还可以按照商品形式来划分，主要分为成品板材、陶瓷、玻璃、壁纸织物、油漆涂料、胶凝材料、金属配件以及成品型材等。这种分类形式最直观、最普遍，是目前各种装饰材料市场的销售分类，为大多数专业人士所接受。表 0-3～表 0-13 中列举了一些装饰工程中的常用材料。针对材料特点和用途、规格和价格，对照图片进行详细的讲解。

常用木质板材一览表　　表 0-3

品　种	图片	特点和用途	规格和价格
木芯板		特点：质地密实，木质不软不硬，不易变形； 用途：室内家具，装饰构造主体制作以及柜体制作	规格：2440mm×1220mm 15mm 厚，140 元/张 18mm 厚，150～200 元/张
生态板		特点：耐磨、耐划痕、耐酸碱、耐烫以及耐污染，表面非常光洁； 用途：室内家具制作以及造型墙面制作，构造柱体制作	规格：2440mm×1220mm 15mm 厚，130～250 元/张
指接板		特点：用胶量少，性能稳定，表面平整，吸声和隔热性好； 用途：室内家具与造型木构造制作	规格：2440mm×1220mm 12mm 厚，130 元/张 18mm 厚，180 元/张

续表

品　种	图片	特点和用途	规格和价格
胶合板		特点：重量轻，纹理清晰，强度高，平整变形小； 用途：木质造型或柜体的背板和底板，制作隔墙、方柱、圆柱、弧形顶棚和造型墙的底板	规格：2440mm×1220mm 9mm厚，50～90元/张
薄木贴面板		特点：花纹美丽多样，种类繁多，装饰性好，纹理清晰美观； 用途：顶棚、墙面饰面装饰，家具及木质构件的外部饰面	规格：2440mm×1220mm×5mm 天然板，60～80元/张 科技板，30～50元/张
装饰纤维板		特点：色彩丰富，可塑性强，装饰效果好； 用途：家具贴面，门窗饰面及墙柱顶棚装饰	规格：2440mm×1220mm 15mm厚，80～140元/张
波纹板		特点：隔声，隔热，绝缘，抗弯曲性好，成本低廉； 用途：墙面及墙柱装饰，也可用在家具上	规格：2440mm×1220mm 15mm厚的素板，80～150元/张 彩色板，200～450元/张
吸声板		特点：吸声，环保，阻燃，隔热，表面有孔，色彩纹理丰富，可以拼装图案； 用途：室内具有吸声要求的顶棚和墙面	规格：2440mm×1220mm 18mm厚的覆面吸声板，200～350元/张
刨花板		特点：吸声，隔声，结构均匀，加工性好； 用途：室内造型墙面和柱面，多用于制作家具	规格：2440mm×1220mm 12mm厚，15mm厚，18mm厚，80～160元/张
实木地板		特点：纹理自然美观，弹性好，环保，吸声，弹性好，施工方便，无污染，在施工中要预防虫蛀； 用途：室内地面的铺装	规格： 12～25mm厚，300～1200元/m^2

续表

品　种	图片	特点和用途	规格和价格
实木复合木地板		特点：尺寸稳定性好，纹理自然，环保，吸声，弹性好，施工方便，无污染，脚感舒适； 用途：室内地面的铺装	规格： 12～25mm 厚，200～600 元/m^2
强化复合木地板		特点：颜色多样，尺寸稳定性好，纹理自然，耐磨性好，不易变形，目前被广泛采用； 用途：室内地面的铺装	规格： 8～21mm 厚，80～300 元/m^2
竹地板		特点：耐磨，不易变形，不易开裂，密度高，色彩淡雅自然，伸缩性小，具备竹子的大自然美感，材质坚硬； 用途：室内地面的铺装	规格： 12～25mm 厚，150～300 元/m^2

常用塑料板材一览表　　表 0-4

品　种	图片	特点和用途	规格和价格
亚克力板		特点：具有良好的透光性，色彩鲜艳丰富，使用寿命长； 用途：室内顶棚，隔声门窗，橱窗以及广告招牌	规格：2440mm×1220mm 3mm 厚，5mm 厚，8mm 厚，10mm 厚 30～160 元/张
阳光板		特点：透光性好，物理力学性能好，耐热性和耐低温性都比较好； 用途：顶棚制作、阳光顶棚等	规格：2440mm×1220mm 5mm 厚，60～100 元/张
耐力板		特点：不易褪色，耐冲击性好，透明性好，采光性好； 用途：商业门店、室内家具，造型装饰背景墙	规格：2440mm×1220mm 4mm 厚，40～60 元/张

续表

品　种	图片	特点和用途	规格和价格
聚氯乙烯板		特点：硬聚氯乙烯板无毒无污染，绝缘性好；软聚氯乙烯板易撕裂，不易保存； 用途：室内吊顶扣板制作	规格：19mm×6000mm×5mm 硬质吊顶扣板，20～50 元/m^2 塑钢吊顶扣板，60～120 元/m^2
聚苯乙烯板		特点：无毒无味，能自由着色，绝缘性和印刷性好，但不耐热和不耐冲击； 用途：室内隔温层和保温层以及轻质板材的夹芯层制作	规格：2000mm×1000mm 40～60mm 厚，20～25 元/张
塑料地板		特点：安装方便，耐热性和自熄性好，颜色多样，耐水； 用途：室内外地面的装饰铺装	规格：卷材其宽度有 1.5m、2m、5m 等，每卷长度有 15m、25m 等，总厚度 1.6～3.2mm 块材：300mm，400mm，600mm 40～160 元/m^2

常用复合板材一览表　　表 0-5

品　种	图片	特点和用途	规格和价格
岩棉吸声板		特点：质量轻，热导率小，吸热性好，且隔热、保温、吸声； 用途：顶棚隔声制作，隔墙填充，作为隔声材料使用	规格：1000mm×600mm 1200mm×600mm 50mm 厚，15～25 元/张
纸面石膏板		特点：隔声效果好，表面平整，可钉、可刨、可据，施工方便； 用途：顶棚制作、隔墙、造型墙面制作	规格：2440mm×1220mm 9.5mm 厚，20～35 元/张
铝塑复合板		特点：耐久性好，色彩艳丽多样，不易褪色，不易沾染油污； 用途：商业门店、外墙装饰、顶棚制作、立柱、造型装饰背景墙	规格：2500mm×900mm 2500mm×1000mm 2500mm×1200mm 1.2mm 厚 90～160 元/张

续表

品　种	图片	特点和用途	规格和价格
三聚氰胺板		特点：纹理颜色多样，耐磨性好，耐划痕，耐烫，易维护保养； 用途：家具制作，造型墙面	规格：2440mm×1220mm 12mm，15mm，18mm 厚 80～240 元/张
防火装饰板		特点：耐腐蚀性好，颜色鲜艳多样，表面光洁，防火性能优良； 用途：顶棚、墙面饰面装饰以及家具，广告制作	规格：2440mm×1220mm 1mm 厚，30～50 元/张
菱镁防火板		特点：安装方便，韧性好，具备良好的防火性； 用途：填充隔墙，填充家具，门板等装修构造中缝隙	规格：2440mm×1220mm 8mm 厚，素板 30～40 元/张
聚酯纤维吸声板		特点：保温，环保，易加工，抗冲击性强，维护简单； 用途：室内墙面铺装，有吸声效果	规格：2440mm×1220mm 9mm 厚 120～160 元/张
布艺吸声板		特点：吸声，减噪，防火，无粉尘污染，装饰性强，施工简便； 用途：室内隔声墙面铺装，有吸声效果	规格：1200mm×600mm 600mm×600mm 25mm 厚 120～180 元/张
吸声棉		特点：变形回弹率高，坚固耐用，易加工，使用寿命长； 用途：室内隔墙铺装，有吸声效果，吸声软包墙面制作	规格：50mm 厚/卷 30～40 元/m^2

续表

品种	图片	特点和用途	规格和价格
隔声毡		特点：可塑性强，隔声效果好； 用途：室内石膏板隔墙制作，顶棚基层铺设，地面隔声铺设制作	规格：2mm厚/卷 30～40元/m^2
水泥板		特点：具备一定的防火，防水，防腐，防虫以及隔声性能； 用途：室内墙面、管道柱面铺装，隔墙铺装	规格：2440mm×1220mm 10mm厚 120～200元/张
GRC空心轻质隔墙板		特点：耐水，防潮，防水以及防震性能优良； 用途：室内非承重内隔墙制作	规格：90mm厚 50～70元/m^2
轻质复合夹芯墙板		特点：可据，可钉，可钻，可任意切割，施工快速，安装方便； 用途：室内非承重内隔墙制作，墙体保温层制作	规格：60mm厚 50～60元/m^2
泰柏板		特点：自重轻，强度高，耐火，隔热，防振，保湿，隔声性好，施工简单； 用途：室内隔墙，围护墙，保温复合外墙制作	规格：2440mm×1220mm 75mm厚 30～50元/m^2
轻质加气混凝土板		特点：质量轻，强度高，保温，隔热以及隔声性能都比较好，施工方便； 用途：室内隔声墙板及其他墙体制作	规格：3000mm×600mm 100mm厚 60～70元/m^2

常用金属板材一览表 表 0-6

品　种	图片	特点和用途	规格和价格
镀铝锌钢板		特点：耐热性好，使用寿命长，表面导电性好，加工性好； 用途：顶棚制作，墙壁、灯罩等构造	规格：2500mm×1250mm 1.2mm 厚，220～280 元/张
镀锌钢板		特点：耐腐蚀、加工性好； 用途：金属家具、顶棚制作	规格：2500mm×1250mm 1.2mm 厚，140～220 元/张
彩色涂层钢板		特点：耐久性好，使用寿命长； 用途：金属家具、顶棚制作、临时围墙构造	规格：2500mm×900mm 2500mm×1000mm 2500mm×1200mm 1.2mm 厚，90～160 元/张
铝合金扣板		特点：颜色多样，装饰效果好，耐候性好； 用途：顶棚扣板、墙板制作	规格：0.6～1.5mm 厚，有方形和条形 70～150 元/m^2
不锈钢板		特点：耐腐蚀性好，颜色多样，有亚光和亮面，表面光洁、有良好的韧性和塑性； 用途：顶棚扣板、墙板制作	规格：2400mm×1200mm 201 型，350 元/张 304 型，600 元/张

常用装饰石材一览表 表 0-7

品　种	图片	特点和用途	规格和价格
花岗石		特点：硬度和抗压强度高，耐磨性好，耐久性高，不易风化，但自重大，有辐射； 用途：室内外墙，柱，楼梯踏步，地面，台柜面，窗台面的铺贴	规格：20mm 厚，大花白花岗石磨光板 250～480 元/m^2，其他花色，根据产地不同，80～1500 元/m^2

续表

品　种	图片	特点和用途	规格和价格
大理石		特点：质地较软，密度和抗压强度比花岗石较低，装饰效果好； 用途：用于室内楼梯，墙面，地面，柱面，装饰线条，栏杆及花饰雕刻	规格：20mm 厚，汉白玉大理石磨光板，360～580 元/m^2 其他花色，根据产地不同，150～1500 元/m^2
文化石		特点：材质坚硬，色泽自然美观，纹理丰富，抗压，耐磨，耐火，抗冻，耐腐蚀； 用途：室内外墙面装饰，景墙制作	规格：50～250mm 小条砖 厚度 20mm 以上 60～150 元/m^2
水泥人造石		特点：颜色多样，装饰效果好，表面光滑，富有光泽； 用途：柜体台面，室内墙面装饰以及背景墙制作	规格：40mm 厚，彩色水泥人造石 60～160 元/m^2
水磨石		特点：造价低，使用性能好，耐磨，花色多样，可任意调色和拼花，但易风化和老化； 用途：地面装饰，花台，水景	规格：40mm 厚 60～90 元/m^2
聚酯人造石		特点：颜色多样，装饰效果好，表面光滑，富有光泽，无放射性，耐油，不渗污，耐冲击，抗菌防霉； 用途：柜体台面，室内墙面装饰以及家具表面铺装，洁具和工艺品制作	规格：宽 0.65m 以内 长 2.4～3.2m，厚 10～15mm 400～2000 元/m^2
微晶石		特点：纹理清晰，质地均匀，硬度高，抗压，抗弯，经久耐磨，不易受损，表面光滑美观； 用途：柜体台面，室内墙面，地面，家具表面铺装	规格：宽 0.6～1.6m 长 1.2～2.8m，厚 12～20mm 80～300 元/m^2

常用陶瓷砖一览表　　表 0-8

品　种	图片	特点和用途	规格和价格
釉面砖		特点：陶土釉面砖吸水率高，质地轻，价格低；瓷土釉面砖吸水率高，质地重； 用途：墙面，地面铺装	规格： 墙 250mm×330mm×6mm 地 600mm×600mm×8mm 40～150 元/m^2
渗花砖		特点：色彩和花纹都不太丰富，光泽度不高，不耐脏； 用途：用于光线较暗区域的地面铺装	规格： 300mm×300mm×6mm 600mm×600mm×8mm 40～90 元/m^2
抛光砖		特点：坚硬耐磨，抗弯曲强度大，强度高，砖体薄，重量轻，具有防滑功能； 用途：用于地面铺装	规格：50～250mm 小条砖， 厚度 20mm 以上 60～150 元/m^2
玻化砖		特点：硬度高，耐磨，吸水率低，色差少，隔声，隔热； 用途：室内墙面，地面铺装	规格：40mm 厚，彩色水泥人造石 60～160 元/m^2
微粉砖		特点：花色自然逼真，石材效果强烈，表面光洁耐磨，不易渗污； 用途：地面铺装	规格：800mm×800mm×10mm， 1200mm×1200mm×12mm， 100～250 元/m^2
劈离砖		特点：强度高，防潮，防滑，耐磨，耐压，耐腐抗冻； 用途：立柱和地面的铺装	规格：240mm×52mm， 240mm×115mm 等，厚 8～13mm 30～50 元/m^2

续表

品　种	图片	特点和用途	规格和价格
彩胎砖		特点:纹理丰富,纹点细腻,色调柔和,耐磨性好; 用途:大型室内公共空间墙面、地面铺装	规格:100mm×100mm,600mm×600mm等 厚5～10mm 40～80元/m²
仿古砖		特点:色彩丰富,实用性强,使用寿命长,耐磨,防滑性好; 用途:墙面、地面铺装	规格: 600mm×600mm×8mm,900mm×900mm×10mm 80～260元/m²
石材锦砖		特点:铺装效果丰富,节能环保,光亮度比较高; 用途:墙面,局部地面铺装	规格:单片边长300mm,小块厚5～10mm 30～60元/片
陶瓷锦砖		特点:质地坚实,色泽美观,图案丰富,耐磨,抗腐蚀,耐污染,自重轻; 用途:墙面,局部地面铺装	规格:单片边长300mm,小块厚4～6mm 10～30元/片
玻璃锦砖		特点:色泽鲜艳美观,光泽细腻,耐磨,抗腐蚀,耐污染,自重轻; 用途:墙面,地面局部铺装	规格:单片边长300mm,小块厚3～5mm 25～50元/片

常用玻璃制品一览表

表0-9

品　种	图片	特点和用途	规格和价格
平板玻璃		特点:表面平整光滑,透明度高,透视,透光性好; 用途:门窗玻璃,室内屏风,隔断	规格:3mm厚,5mm厚,8mm厚,10mm厚 35～120元/m²

续表

品　种	图片	特点和用途	规格和价格
镜面玻璃		特点：反射好，有镜面效果，色彩丰富，扩大室内空间和视眼； 用途：镜子，室内隔断，墙面局部装饰	规格：5mm 厚 40～45 元/m^2
钢化玻璃		特点：强度高，抗弯能力好，抗冲击性好，安全性能优越，热稳定性好； 用途：大规格玻璃门窗，玻璃卫浴，玻璃家具，装饰隔墙以及透光顶棚制作	规格：3mm 厚，5mm 厚，8mm 厚，10mm 厚，12mm 厚，15mm 厚 60～180 元/m^2
夹层玻璃		特点：很强的抗冲击能力，安全性能极好，耐热，耐寒，隔声效果好； 用途：玻璃栈道地面，室内玻璃地面，栏板，门窗，玻璃顶棚制作	规格：8mm+8mm 厚 180～240 元/m^2
夹丝玻璃		特点：耐冲击性强，耐热性好，防火性能好，颜色可以透明或者彩色，具有破而不裂，裂而不散的优点； 用途：防震门窗，天窗，普通防火门窗	规格：10mm 厚 120～150 元/m^2
吸热玻璃		特点：吸热性能优良，有隔热、防炫性能，能吸收紫外线，有透明度； 用途：用于制作吸热门窗，吸热中空玻璃制作	规格：6mm 厚，8mm 厚，10mm 厚 60～120 元/m^2
中空玻璃		特点：隔声，隔热，防结露性能好，传热系数低，使用寿命长； 用途：用于制作保温幕墙及门窗，应用于有空调的室内空间场合	规格：4mm ＋ 5mm（中空）＋ 4mm 厚 110～130 元/m^2

续表

品 种	图片	特点和用途	规格和价格
磨砂玻璃		特点:透光不透视,表面朦胧且雅致,隔声,隔热,安全; 用途:用于制作卫生间门窗,办公室隔断,顶面,墙面局部装饰	规格:6mm,8mm,10mm,12mm 60～130 元/m^2
压花玻璃		特点:透光不透视,装饰效果强烈,能保护隐私,光线柔和; 用途:用于制作透光不透视的门窗,应用于装饰隔断,墙面,顶面装饰造型	规格:6mm,8mm,10mm 40～110 元/m^2
雕花玻璃		特点:花纹丰富美丽,装饰效果强烈,能有效保护隐私; 用途:用于制作装饰玄关,隔断,屏风,墙和顶的装饰制作	规格:8mm,10mm,12mm 220～800 元/m^2 特殊工艺高于 1200 元/m^2
彩釉玻璃		特点:抗紫外线,釉面永不脱落,耐酸,耐热,防水,不老化; 用途:用于制作装饰造型墙面,装饰玄关,隔断,屏风,装饰背景墙	规格:5mm,8mm,10mm 100～300 元/m^2
变色玻璃		特点:着色,褪色可逆,经久不疲劳,可减弱阳光照射的灼热感,节能,环保; 用途:用于制作室内门窗	规格:5mm,8mm,10mm 120～240 元/m^2
镭射玻璃		特点:色彩变幻莫测,抗冲击性,耐磨性以及硬度都十分优越,使用寿命长; 用途:用于制作商业、文化娱乐设施的顶面,墙面,地面装饰	规格:5mm,8mm,10mm 200～400 元/m^2

续表

品　种	图片	特点和用途	规格和价格
空心玻璃砖		特点：隔热，隔声，防水，节能，透光不透视，颜色规格多样； 用途：用于砌筑隔断，墙壁，淋浴间，装饰墙面	规格：195mm×195mm×80mm 20～40 元/块
实心玻璃砖		特点：质量重，隔热，隔声，透光不透视，颜色规格多样，装饰感强烈； 用途：用于砌筑隔断，墙壁，淋浴间，装饰墙面，地面装饰	规格：150mm×150mm×60mm 30～50 元/块
玻璃饰面砖		特点：纹样丰富，表面晶莹剔透，装饰效果好； 用途：用于局部镶嵌使用，配合造型墙面使用	规格：150～200mm，厚 30～50mm 60～90 元/块

常用填料一览表　　　　表 0-10

品　种	图片	特点和用途	规格和价格
石灰粉		特点：可防虫，杀虫，还可防潮，消毒，但有一定腐蚀性； 用途：用于砌筑表面抹灰	规格：0.5～50kg/袋 2～4 元/kg
石膏粉		特点：凝结速度快，防火性能好，保湿，隔热，吸声，耐水，抗渗； 用途：用于修补石膏板顶棚、隔墙填缝，刮平未批过石灰的水泥墙面	规格：10～100kg/袋 2～4 元/kg
腻子粉		特点：不耐水，操作方便，施工简单； 用途：用于填充施工界面空隙，矫正施工面的平整度	规格：品牌，20kg， 50～60 元/袋 其他，5～25kg 10～50 元/袋

续表

品　种	图片	特点和用途	规格和价格
原子灰		特点：易刮涂，常温快干，易打磨，附着力强，耐高温； 用途：用于金属，木材表面的刮涂	规格：品牌，3～5kg/罐 25～50元/罐

常用装饰涂料一览表　　表0-11

品　种	图片	特点和用途	规格和价格
仿瓷涂料	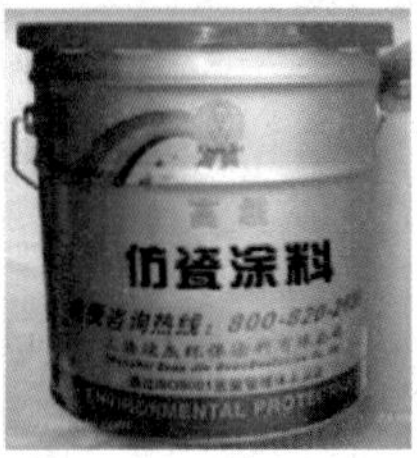	特点：涂膜坚硬，致密，与基层有一定粘接力，但涂膜较厚，不耐水，安全性能低； 用途：室内墙面，顶面铺装	5～25kg/桶 40～250元/桶
发光涂料		特点：耐候性、耐光性、耐温性、耐化学稳定性、耐久性均十分优越，附着力强； 用途：用于基材表面涂装	0.1～1kg/罐 1kg，80～130元/罐
绒面涂料		特点：耐水洗，耐酸碱，施工方便，装饰效果好； 用途：室内墙面，顶面，家具表面涂装	1～2.5kg/桶 1kg，50～120元/桶
艺术涂料	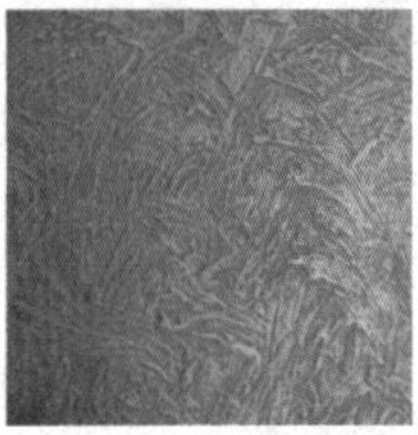	特点：艺术感强烈，形式多样，装饰效果好； 用途：用于室内墙面的涂装	品牌，5～20kg/桶 5kg，100～160元/桶

续表

品 种	图片	特点和用途	规格和价格
裂纹漆		特点：干燥速度快，表面美观，装饰感强烈； 用途：室内墙面，顶面，家具表面涂装，多用于造型墙面制作	5kg/组 220～350 元/组
硅藻涂料		特点：艺术感强烈，形式多样，装饰效果好，环保，净化空气，能调节室内湿度，防火，阻燃； 用途：用于室内墙面和顶棚的涂装	品牌，5～18kg/桶 5kg，90～160 元/桶 20kg/袋，220～350 元/袋
真石漆		特点：艺术感强烈，耐候性，防水性，耐污性，耐紫外线照射等性能优越且色调具有层次感，颜色和花样多样，具有石材质感； 用途：用于室内外墙面和顶棚的涂装	品牌，5～18kg/桶 25kg，100～160 元/桶

常用水路材料一览表 表 0-12

品 种	图片	特点和用途	规格和价格
PP-R 管		特点：质地均衡，抗压能力较强，无毒害，施工方便，结构简单，价格低廉； 用途：室内外供水管道连接	规格：ϕ25，S5 型 8～12 元/m
PVC 管		特点：质地较硬，耐候性好，不变形，不老化，施工方便，结构简单； 用途：室内外排水管道连接	规格：ϕ75，管壁厚 2.3mm 9～13 元/m
铝塑复合管		特点：能随意弯曲，可塑性强，抗压性较好，散热性较好，价格低廉； 用途：室内外供水管道，供暖管道连接	规格：1216 型 4 元/m 1418 型，5 元/m

续表

品　种	图片	特点和用途	规格和价格
镀锌管		特点:质地坚固,内壁光滑,抗压性能强,安装复杂,连接精密,价格昂贵; 用途:煤气,供暖管或户外庭院的给水管	规格:ϕ25,管壁厚 2.5mm 18～28 元/m
铜塑复合管		特点:无污染,健康环保,节能保温,安装复杂,连接紧密,价格昂贵; 用途:室内外供水管道,直饮水管道连接	规格:ϕ25,管壁厚 4.2mm 内壁厚 1.1mm 32 元/m
不锈钢管		特点:环保度高,装饰效果好,净化空气,调节室内湿度,防火,阻燃; 用途:室内外供水管道,直饮水管道连接	规格:ϕ25,管壁厚 1mm 35～45 元/m
编织软管		特点:质地较软,可任意弯曲,抗压性能较强,结构简单,容易老化,价格适中; 用途:供水管道终端连接用水设备	规格:长 600mm 15～20 元/支
不锈钢波纹管		特点:质地较硬,可任意弯曲,抗压性能较强,结构简单,耐候性好,价格较高; 用途:供水、供气管道终端连接用水设备,用气设备	规格:长 500mm 20～35 元/支

常用电路材料一览表　　表 0-13

品　种	图片	特点和用途	规格和价格
单股电线		特点:结构简单,色彩丰富,施工成本低,价格低廉; 用途:照明,动力电路连接	规格:长 100m,截面面积 1.5mm^2,90～130 元/卷,2.5mm^2,150～200 元/卷

续表

品　种	图片	特点和用途	规格和价格
护套电线		特点:结构简单,色彩丰富,使用方便,价格较高; 用途:照明,动力电路连接	规格:长 100m,截面面积 1.5mm²,250～320 元/卷,2.5mm²,350～450 元/卷
电话线		特点:截面较细,质地单薄,功能强大; 用途:电话,视频信号连接	规格:长 100m 或 200m,4 芯,120～200 元/卷
电视线		特点:结构复杂,具有屏蔽功能,信号传输无干扰,质量优异; 用途:电视信号连接	规格:长 100m,128 编,120～250 元/卷
音箱线		特点:结构复杂,具有屏蔽功能,信号传输无干扰,质量优异; 用途:音箱信号连接	规格:长 100m,200 芯 4～8 元/m
网络线		特点:结构复杂,单根截面较细,质地单薄,传输速度较快; 用途:网络信号连接	规格:长 100m,6 类线,250～400 元/卷
PVC 穿线管		特点:质地光洁平滑,硬度高,强度好,能抗压,施工快捷方便; 用途:各类电线,电路外套保护	规格:ϕ20 中型管 1.5～2.5 元/m ϕ20 波纹管 0.5～1.5 元/m
接线暗盒		特点:安全,实用性强; 用途:连接电线以及各种电器线路的过渡,保护线路安全	规格:86 型,PVC 暗盒 1～2 元/个

续表

品 种	图片	特点和用途	规格和价格
断路器		特点：能自动切断电源，保护用电设备； 用途：接通、分断、承载额定工作电流和故障电流	规格：DZ47C25 10～20 元/个
普通开关插座		特点：应用广泛，使用频率高； 用途：控制电路开启、关闭	规格：86 型单联单控开关 10～20 元/个
红外感应开关		特点：安全，节能； 用途：控制开关开启和关闭通过感应外界散发的红外热量实现其自动控制功能，能够快速开启灯具、自动门、防盗报警器等各种电器设备	规格：常规通用 20～50 元/个
声音感应开关		特点：安全，节能，方便，利用声音控制用电器的开启； 用途：广泛用于楼道、建筑走廊、洗漱室、厕所、厂房、庭院等场所，是现代极理想的新颖绿色照明开关，并延长灯泡使用寿命	规格：常规通用 20～50 元/个
触摸感应开关		特点：安全、稳定、可靠、耐用； 用途：控制开关开启和关闭，音响面板、电话机控制键盘、仪器仪表控制面板、洗衣机控制面板、智能门禁系统控制面板、各种小家电，室内灯具等	规格：常规通用 20～50 元/个
遥控开关		特点：安全，节能，方便； 用途：控制常规照明以及大门开关，在车库门、电动门、道闸遥控控制，防盗报警器，工业控制以及无线智能家居领域得到了广泛的应用	规格：常规通用 100～300 元/个

续表

品　种	图片	特点和用途	规格和价格
地面插座		特点:功能多,用途广,接线方便; 用途:主要用于办公场所、机场、旅馆、商场、家庭等大开间户内场所,用途广泛	规格:5孔电源地面插座 50～120元/个

0.3 装饰材料的选购

0.3.1 从材料外观上选购

建筑装饰材料的外观主要是指形体、质感、色彩和纹理等。块状材料有稳定感，而板状材料则有轻盈的视觉效果；不同的材质感给人的尺度和冷暖感是不同的，毛面材料给人粗犷豪迈的感觉，而镜面材料则有细腻的效果；色彩对人的心理作用就更为明显了，红色有刺激兴奋的作用，绿色能消除紧张和视觉疲劳等。合理而艺术地利用装饰材料的外观效果能将建筑物的室内外环境装饰得层次分明。

0.3.2 从材料功能性来选购

装饰材料所具有的功能要与使用该材料的场所特点相结合，保证这些场所具备相应的功能。室内所在的气候条件，特别是温度、湿度、楼层高低等情况，对装饰选材有着极大的影响。例如，人流密集的公共场所地面上应采用耐磨性好、易清洁的地面装饰材料；住宅中厨房的墙、地面和顶棚装饰材料则易采用耐污性和耐擦洗性较好的材料进行装饰。此外，不同材料有不同的质量等级，用在不同部位应该选用不同品质的材料。

0.3.3 从材料搭配上考虑

选用装饰材料时，应该从配套的完整性以及基层材料的搭配来综合考虑材料的选用，比较主材与各配件材料之间的连接问题、材料的格调色彩、与设备之间的统一协调关系来进行综合考虑。

0.3.4 从材料价格上来选购

从目前的情况来看，装修费用一般占建设项目总投资的50%以上，装饰设计应从长远性、经济性的角度来考虑，充分利用有限的资金取得最佳的使用效果与装饰效果。材料价格关系着投资者与使用者的经济承受能力，在选择过程中要做到既满足目前的要求，又能为以后的装饰变化打下一定的基础。

装饰材料及其配套装饰设备的选择和使用应与总体环境空间相协调，在功能内容与建筑艺术形式的统一中寻求变化，充分考虑环境气氛、空间的功能划分、材料的外观特性、材料的功能性及装饰费用等问题，从而使所设计的内容能够取得独特的装饰效果。

0.4 建筑装饰材料的发展趋势

随着建筑行业的快速发展，人们对建筑空间的物质和精神需求持续跟进，这也促进了现代建筑装饰材料的飞速进步。目前我国已成为全球最大的建筑装饰材料生产和消费基地。近年来，国内外建筑装饰材料总的发展趋势是：品种越来越多，门类更加齐全和配套，并向着“健康、环保、安全、实用、美观”的方向发展。随着科学技术的进步，我国的建筑装饰材料将从品种、规格、档次上进入到新的阶段，将朝着功能化、复合化、系列化、部品化及智能化的方向全面发展，其中的主要趋势如下。

0.4.1 绿色环保

绿色环保、创造人性化空间，是当今及未来一段时间内人们对装饰装修的主要诉求，加上相关法规的推行和广大建材企业的不断努力，绿色环保装饰材料已成为人们在装饰装修过程中的首要选择。绿色环保装饰材料主要分为以下三大类。

（1）无毒无害型装饰材料。无毒无害型装饰材料是指天然的、没有或含极少有毒有害物质，未经化学处理只进行了简单加工的装饰材料，如石膏制品、木材制品及某些天然石材等。

（2）低排放型装饰材料。低排放型装饰材料是指经过加工合成等技术手段来控制有毒有害物质的积聚和缓慢释放，其毒性轻微，对人体健康不构成危害的装饰材料，如达到国家标准的胶合板、纤维板、大芯板等。

（3）目前材料技术和检测手段无法完全准确地评定其毒害物质影响的装饰材料，如环保型油漆、乳胶漆等。

0.4.2 逐渐向复合型装饰材料发展

复合装饰材料、复合装饰玻璃成为发展趋势的主流材料。

0.4.3 从现场制作向制品安装发展

以原材料生产为主转向加工制造为主，过去装饰工程多为现场施工作业，劳动强度大，施工时间长，经济成本高。现在都是以成品或者半成品的安装为主，比如强化木地板条、集成吊顶、定制家具等。

单元总结

本单元总体介绍了装饰工程中常用装饰材料的类型，系统地对材料特点和用途、规格及价格进行了详细的讲解，学习装饰材料的选购和发展趋势。

希望通过本单元的学习能够对建筑装饰材料有一个全面的了解，引起同学们的学习兴趣，树立环保和安全意识，培养学生具备良好职业素养。

实训指导书

了解装饰材料的功能和定义，装饰材料的分类和性能特点、选购和发展趋势，从而对建筑装饰材料有一个全面的了解和认识。

一、实训目的

让学生到学校装饰材料实训室或者建筑装饰材料市场进行材料考察和实训，了解常用装饰材料的品种及用途，熟悉装饰材料的应用情况，能够准确识别各种常用装饰材料的名称、规格、种类、价格、使用要求及适用范围等。

二、实训方式

1. 建筑装饰材料实训室的调查分析

学生分组：8～10 人一组，到建筑装饰材料实训室进行材料识别分析。

调查方法：学会以咨询、讨论为主，认识各种各样装饰材料，收集材料样本图片，掌握材料的选用要求。

重点调查：各类装饰材料的常用规格及用途，结合周围建筑物思考为何要用这些装饰材料进行建筑装饰。

2. 校园建筑物装饰材料使用的调研

学生分组：10～15 人一组，由教师指导。

调查方法：结合校园建筑装饰工程实际情况，在教师指导下，熟知装饰材料在工程中的使用情况和注意事项，进行现场案例教学。

重点调查：学校教学楼的装饰材料使用情况分析。

三、实训内容及要求

（1）认真完成调研日记。

（2）填写材料调研报告。

（3）进行实训小结。

思考及练习

一、选择题

1. 传统的装饰材料按形态来定义，主要分为五材，即实材、（　　）、片材、型材以及线材五个类型。

A. 板材　　B. 木材　　C. 塑料　　D. 石材

2. 成品纤维踢脚线属于（　　）。

A. 实材　　B. 片材　　C. 型材　　D. 线材

3. 电线属于（　　），是电路工程的基础材料。

A. 实材　　B. 片材　　C. 型材　　D. 线材

4. 建筑装饰材料铺装在（　　），以美化建筑与环境，调节人们的心灵，并起到保护建筑物的作用。

A. 建筑空间内部　　B. 建筑空间表面　　C. 基层　　D. 建筑空间顶面

5. 现代建筑要求建筑装饰要遵循（　　），创造出符合人们生理及心理需求的优良空间环境，使人的身心得到平衡，情绪得到调节，智慧得到更好的发挥。

A. 力学的原则　　B. 实用法则　　C. 美学的原则　　D. 冷房效应

6. 不锈钢属于（　　）。

A. 黑色金属　　B. 无色金属　　C. 无机材料　　D. 有机材料

二、填空题

1. ＿＿＿＿＿＿，一种能源回收再利用的绿色环保砖块。

2. 建筑装饰材料可以分为金属装饰材料、非金属装饰材料和＿＿＿＿＿＿三大类。

3. 建筑装饰材料根据使用部位不同，可以分为外墙装饰材料、＿＿＿＿＿＿、顶棚装饰材料和地面装饰材料四大类。

4. 装饰材料还可以按照商品形式来划分，主要分为成品板材、＿＿＿＿＿＿、玻璃、壁纸织物、＿＿＿＿＿＿、胶凝材料、金属配件以及成品型材等。

5. 建筑装饰材料的外观主要是指形体、质感、＿＿＿＿＿＿和＿＿＿＿＿＿等。

6. 岩棉吸声板的特点有：＿＿＿＿＿＿＿＿，热导率小，吸热性好，且隔热、保温、＿＿＿＿＿＿＿＿。

三、简答题

1. 什么是建筑装饰材料？

2. 装饰材料的功能有哪些？

3. 按照材料的燃烧性能分类，材料可以分为哪几类？举例说明。

4. 如何从材料价格上来选购材料？

教学单元1 Chapter 01

建筑装饰材料的基本性质

教学目标

1. 知识目标

- 能够了解建筑装饰材料的基本知识；
- 能够掌握建筑材料的物理性质、与水有关的性质；
- 能够掌握建筑装饰材料力学性质。

2. 能力目标

- 能够根据环境要求选择正确的装饰材料；
- 能够按照艺术要求选择合适的装饰材料。

3. 思政目标

• 培养学生职业责任、敬业精神等，通过思考和比较，提高辨识能力和社会责任意识。

思维导图

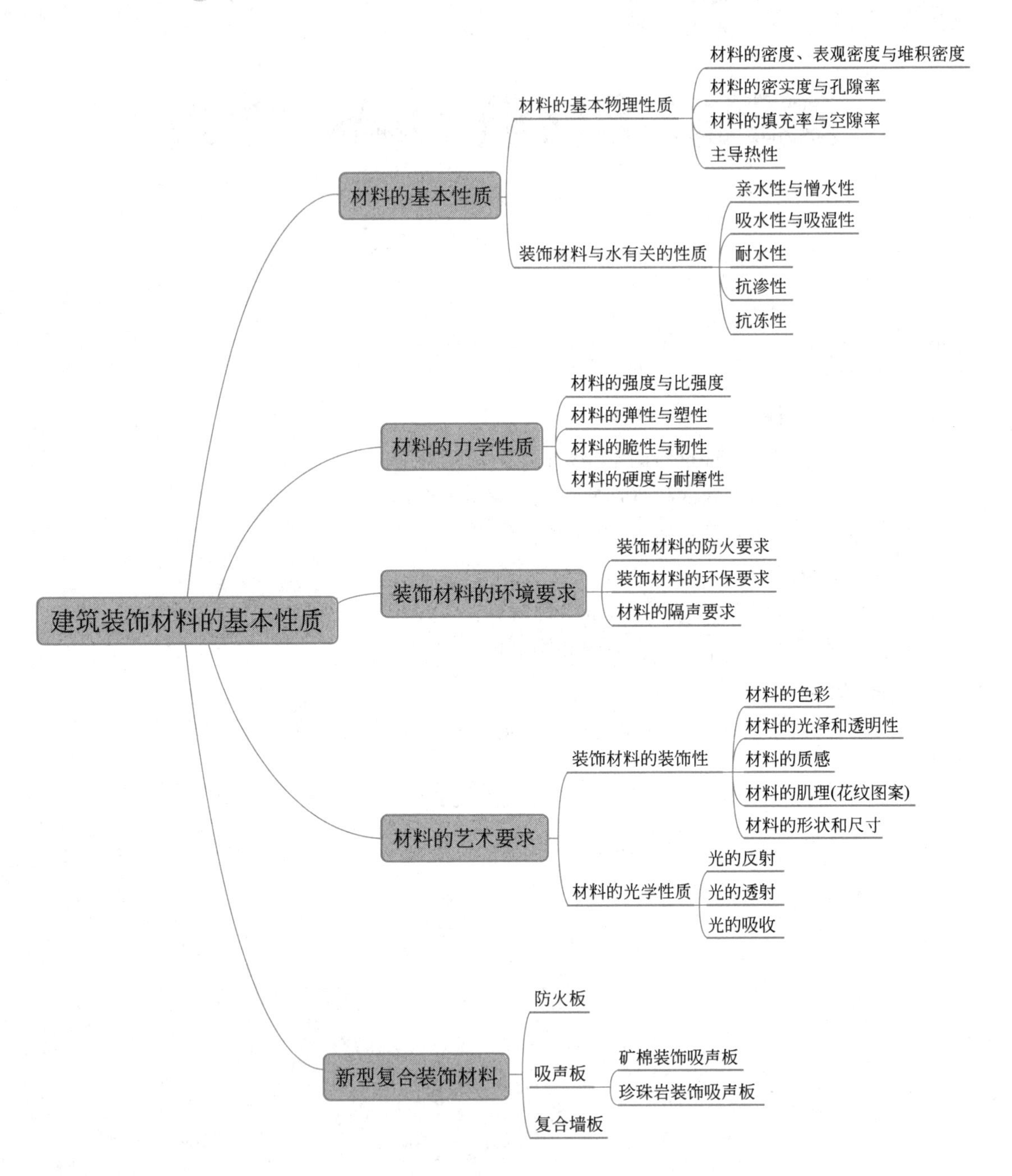
建筑装饰材料的基本性质
材料的基本性质
材料的基本物理性质
材料的密度、表观密度与堆积密度
材料的密实度与孔隙率
材料的填充率与空隙率
主导热性
装饰材料与水有关的性质
亲水性与憎水性
吸水性与吸湿性
耐水性
抗渗性
抗冻性
材料的力学性质
材料的强度与比强度
材料的弹性与塑性
材料的脆性与韧性
材料的硬度与耐磨性
装饰材料的环境要求
装饰材料的防火要求
装饰材料的环保要求
材料的隔声要求
材料的艺术要求
装饰材料的装饰性
材料的色彩
材料的光泽和透明性
材料的质感
材料的肌理(花纹图案)
材料的形状和尺寸
材料的光学性质
光的反射
光的透射
光的吸收
新型复合装饰材料
防火板
吸声板
矿棉装饰吸声板
珍珠岩装饰吸声板
复合墙板

1.1 材料的基本性质

1.1.1 材料的基本物理性质

1. 材料的密度、表观密度与堆积密度

（1）密度：材料在绝对密实状态下，单位体积的质量，公式：

$$\rho=\frac{m}{V} \tag{1-1}$$

式中：ρ——材料的密度（kg/m^3）；

m——材料的质量（kg）；

V——材料的绝对密实体积（m^3）。

（2）表观密度：材料在自然状态下，单位体积的质量，公式：

$$\rho_0=\frac{m}{V_0} \tag{1-2}$$

式中：ρ_0——材料的表观密度（kg/m^3）；

m——材料的质量（kg）；

V_0——材料在自然状态下的体积（m^3）。

（3）堆积密度：粉状、粒状或纤维状的材料在自然堆积状态下，单位体积的质量，公式：

$$\rho_0'=\frac{m}{V_0'} \tag{1-3}$$

式中：ρ_0'——散粒材料的堆积密度（kg/m^3）；

m——材料的质量（kg）；

V_0'——散粒材料的堆积体积（m^3）。

2. 材料的密实度与孔隙率

（1）密实度：材料体积内被固体物质所充实的程度，公式：

$$D=\frac{V}{V_0}=\frac{\rho_0}{\rho} \tag{1-4}$$

（2）孔隙率：材料体积内，孔隙体积与总体积之比，公式：

$$P=\frac{V_0-V}{V_0}=1-\frac{V}{V_0}=\left(1-\frac{\rho_0}{\rho}\right)\times 100\% \tag{1-5}$$

孔隙率与密实度的关系：$P+D=1$

孔隙分类：

1）连通孔和封闭孔；

2）按孔隙尺寸大小可分为粗孔、细孔和微孔。

同一种材料其孔隙率越高，密实度越低，则材料的表观密度、体积密度、堆积密度越小；强度越低；耐磨性、耐水性、抗渗性、抗冻性、耐腐蚀性及其他耐久性越差；而吸水性、吸湿性、保温性、吸声性越强。

3. 材料的填充率与空隙率

（1）填充率：散状材料在某容器的堆积体积中，被其颗粒填充的程度，公式：

$$D'=\frac{V}{V_0'}=\frac{\rho_0'}{\rho}\times 100\% \tag{1-6}$$

（2）空隙率：散状材料在某容器的堆积体积中，颗粒之间的空隙体积所占的比例，公式：

$$P'=\frac{V_0'-V}{V_0'}=1-\frac{V}{V_0'}=\left(1-\frac{\rho_0'}{\rho}\right)\times 100\% \tag{1-7}$$

填充率与空隙率的关系：$P'+D'=1$

式中：V——材料在包含闭口孔隙条件下的体积（cm^3 或 m^3）；

V_0'——材料堆积体积（cm^3 或 m^3）。

空隙率和填充率的大小，都能反映出散粒材料颗粒之间相互填充的致密状态。

4. 导热性

导热系数越小，材料传导热量的能力就越差，其保温隔热性能越好。通常把导热系数小于 0.23W/(m·K) 的材料叫作绝热材料。

材料的导热系数与材料的成分、孔隙构造、含水率等因素有关。一般金属材料、无机材料的导热系数分别大于非金属材料、有机材料。材料孔隙率越大，导热系数越小；在孔隙率相同的情况下，材料内部细小孔隙、封闭孔隙越多，导热系数越小。材料含水或含冰时，会使导热系数急剧增加，这是因为空气的导热系数仅为 0.023W/(m·K)，而水的导热系数为 0.58W/(m·K)，冰的导热系数为 2.33W/(m·K)。因此，保温绝热材料在使用和保管过程中应注意保持干燥，以避免吸收水分降低保温效果。

1.1.2 装饰材料与水有关的性质

1. 亲水性与憎水性

材料与水接触时能被水润湿的性质称为亲水性。具备这种性质的材料称为亲水性材料。大多数建筑材料，如砖、混凝土、木材、砂、石、钢材、玻璃等都属于亲水性材料。

材料与水接触时不能被水润湿的性质称为憎水性。具备这种性质的材料称为憎水性材料，如沥青、石蜡、塑料等。憎水性材料一般能阻止水分渗入毛细管中，因而可用作防水材料，也可用于亲水性材料的表面处理，以降低其吸水性。材料的亲水性与憎水性可用润湿边角 θ 来说明。θ 越小，表明材料越易被水润湿。当 $\theta \leqslant 90°$时，该材料被称为亲水性材料；当 $\theta > 90°$时，称为憎水性材料。如图 1-1 所示。

2. 吸水性与吸湿性

（1）吸水性

材料在水中吸收水分的性质称为吸水性。材料吸水性的大小常用质量吸水率表示。

质量吸水率是指材料在吸水饱和时，所吸收水分的质量占材料干燥质量的百分率。质

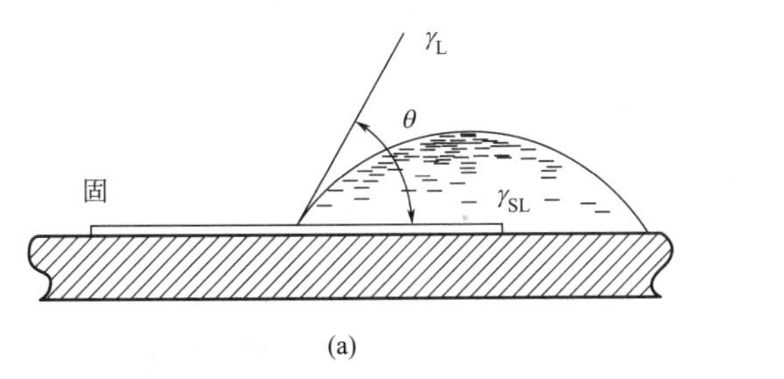

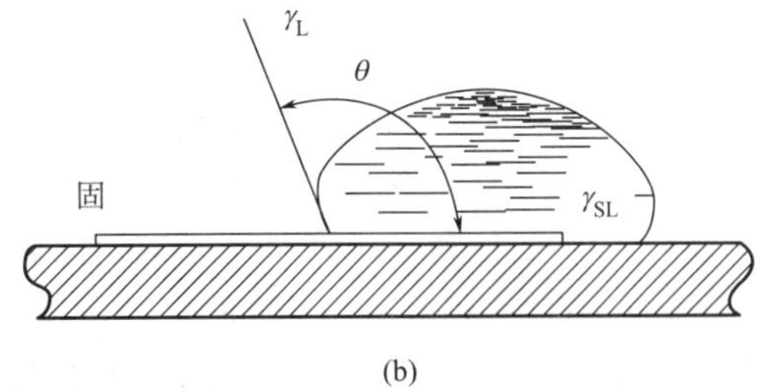

图 1-1　材料湿润示意

(a) 亲水性材料；(b) 憎水性材料

量吸水率的计算公式为：

$$w_m = \frac{m_1 - m}{m} \times 100\% \tag{1-8}$$

式中：w_m——材料的质量吸水率（%）；

m_1——材料在吸水饱和状态下的质量（g 或 kg）；

m——材料在干燥状态下的质量（g 或 kg）。

材料吸水性的大小，主要取决于材料孔隙率和孔隙特征。一般孔隙率越大，吸水性也越强。封闭孔隙水分不易渗入，粗大孔隙水分只能润湿表面而不易在孔内存留，故在相同孔隙率的情况下，材料内部的封闭孔隙、粗大孔隙越多，吸水率越小；材料内部细小孔隙、连通孔隙越多，吸水率越大。

各种材料由于孔隙率和孔隙特征不同，质量吸水率相差很大。如花岗岩等致密岩石的质量吸水率仅为 0.5%～0.7%，普通混凝土为 2%～3%，普通黏土砖为 8%～20%，而木材及其他轻质材料的质量吸水率常大于 100%。

(2) 吸湿性

材料在潮湿空气中吸收水分的性质称为吸湿性。吸湿性的大小用含水率表示。含水率是指材料含水的质量占材料干燥质量的百分率，可按下式计算：

$$w_{含} = \frac{m_{含} - m}{m} \times 100\% \tag{1-9}$$

式中：$w_{含}$——材料的含水率（%）；

$m_{含}$——材料含水时的质量（g 或 kg）；

m——材料在干燥状态下的质量（g 或 kg）。

当较干燥的材料处于较潮湿的空气中时，会吸收空气中的水分；而当较潮湿的材料处于较干燥的空气中时，便会向空气中释放水分。在一定的温度和湿度条件下，材料与周围空气湿度达到平衡时的含水率称为平衡含水率。

材料含水率的大小，除与材料的孔隙率、孔隙特征有关外，还与周围环境的温度和湿度有关。一般材料孔隙率越大，材料内部细小孔隙、连通孔隙越多，材料的含水率越大；周围环境温度越低，相对湿度越大，材料的含水率也越大。

3. 耐水性

材料长期在饱和水作用下不被破坏，其强度也不显著降低的性质称为耐水性。材料耐水性的大小用软化系数表示，软化系数的计算公式如下：

$$k_{软}=\frac{f_{饱}}{f_{干}} \tag{1-10}$$

式中：$k_{软}$——材料的软化系数；

$f_{饱}$——材料在吸水饱和状态下的抗压强度（MPa）；

$f_{干}$——材料在干燥状态下的抗压强度（MPa）。

软化系数的值在 0～1 之间，软化系数越小，说明材料吸水饱和后的强度降低越多，其耐水性就越差。通常将软化系数大于 0.85 的材料称为耐水性材料，耐水性材料可以用于水中和潮湿环境中的重要结构；用于受潮较轻或次要结构时，材料的软化系数也不宜小于 0.75。处于干燥环境中的材料可以不考虑软化系数。

4. 抗渗性

材料抵抗压力水（也可指其他液体）渗透的性质称为抗渗性。建筑工程中许多材料常含有孔隙、空洞或其他缺陷，当材料两侧的水压差较高时，水可能从高压侧通过材料内部的孔隙、空洞或其他缺陷渗透到低压侧。这种压力水的渗透，不仅会影响工程的使用，而且渗入的水还会带入腐蚀性介质或将材料内的某些成分带出，造成材料的破坏。

材料抗渗性的大小用抗渗等级表示。抗渗等级以规定的试件、在标准试验方法下所能承受的最大水压力来确定。抗渗等级以符号“P”和材料可承受的最大水压力值（以 0.1MPa 为单位）来表示，如混凝土的抗渗等级为 P6、P8、P12、P16，表示分别能够承受 0.6MPa、0.8MPa、1.2MPa、1.6MPa 的水压力而不渗水。材料的抗渗等级越高，其抗渗性越强。

5. 抗冻性

材料的抗冻性是指材料在吸水饱和状态下，能经受多次冻融循环作用而不被破坏，同时也不严重降低强度的性质。冰冻的破坏作用是由于材料孔隙内的水分结冰而引起的，水结冰时体积约增大 9%，从而对孔隙产生压力而使孔壁开裂。当冰融化后，某些被冻胀的裂缝中还可能再渗入水分，再次受冻结冰时，材料会受到更大的冻胀和裂缝扩张。如此反复冻融循环，最终导致材料被破坏。

材料的抗冻性主要与孔隙率、孔隙特性、抵抗胀裂的强度等有关，工程中常从这些方面改善材料的抗冻性。对于室外温度低于－15℃的地区，其主要工程材料必须进行抗冻性试验。

1.2 材料的力学性质

1.2.1 材料的强度与比强度

材料在外力（荷载）作用下抵抗破坏的能力称为强度。

当材料承受外力作用时，内部产生应力，随着外力增大，内部应力也相应增大。直到材料不能够再承受时，材料即被破坏，此时材料所承受的极限应力值就是材料的强度。根据所受外力的作用方式不同，材料强度有抗压强度、抗拉强度、抗弯强度（抗折强度）及抗剪强度等。如图 1-2 所示。

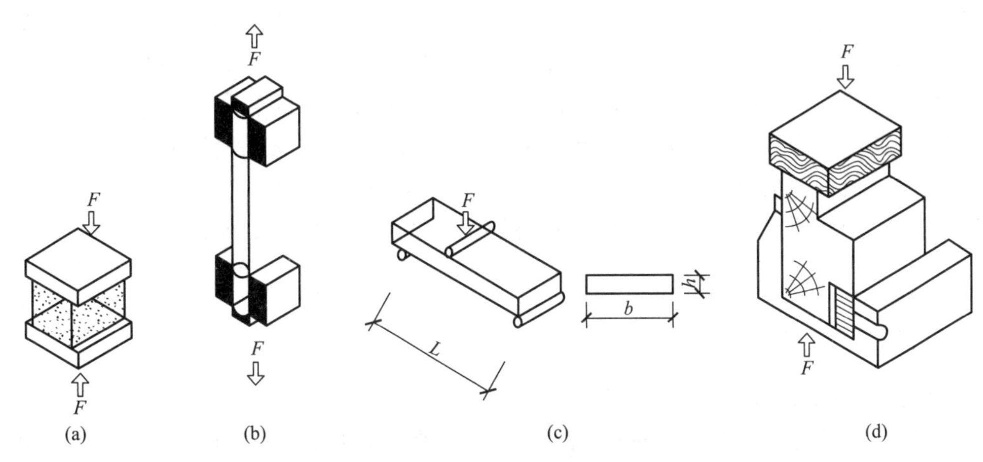

图 1-2　材料承受外力示意

（a）抗压（混凝土）；（b）抗拉（钢筋）；（c）抗折（红砖）；（d）抗剪（木材）

材料的强度与其组成及结构有密切关系。一般材料的孔隙率越大，材料强度越低。不同种类的材料具有不同的抵抗外力的特点，如砖、石材、混凝土等非匀质材料的抗压强度较高，而抗拉和抗折强度却很低；钢材为匀质的晶体材料，其抗拉强度和抗压强度都很高。

建筑装饰材料常根据其强度的大小划分为若干不同的强度等级，如砂浆、混凝土、砖、砌块等常按抗压强度划分强度等级。将建筑材料划分为若干个强度等级，对掌握材料性能、合理选用材料、正确进行设计和控制工程质量都是非常重要的。

比强度是材料强度与其表观密度的比值，是衡量材料轻质高强的重要指标。对建筑物的大部分材料来说，相当一部分的承载能力用于承受材料本身的自重，对于装饰材料来说，其自重越大，对建筑物造成的荷载就越大。因此，为了减轻建筑物的自重，就应选择轻质高强材料。在高层建筑及大跨度结构工程中也常采用比强度高的材料，这类轻质高强材料，是未来建筑材料发展的主要方向。

1.2.2　材料的弹性与塑性

材料在外力作用下产生变形，当外力取消后，材料变形即可消失并能完全恢复原来形状的性质称为弹性。这种可恢复的变形称为弹性变形。材料在外力作用下产生变形，当外力取消后不能自动恢复到原来形状的性质称为塑性。这种不可恢复的变形称为塑性变形。

工程实际中，完全的弹性材料或完全的塑性材料是不存在的，大多数材料的变形既有弹性变形，也有塑性变形。例如建筑钢材在受力不大的情况下，仅产生弹性变形；当受力超过一定限度后产生塑性变形。再如混凝土在受力时弹性变形和塑性变形同时发生，当取消外力后，弹性变形可以恢复，而塑性变形则不能恢复。

1.2.3 材料的脆性与韧性

当外力作用达到一定程度后，材料突然被破坏且破坏时无明显的塑性变形，材料的这种性质称为脆性。具有这种性质的材料称为脆性材料，如混凝土、砖、石材、陶瓷、玻璃等。一般脆性材料的抗压强度很高，但抗拉强度低，抵抗冲击荷载和振动作用的能力差。

材料在冲击或振动荷载作用下，能产生较大的变形而不致破坏的性质称为韧性。具有这种性质的材料称为韧性材料，如建筑钢材、木材等。韧性材料抵抗冲击荷载和振动作用的能力强，可用于桥梁、吊车梁等承受冲击荷载的结构和有抗震要求的结构。

1.2.4 材料的硬度与耐磨性

硬度是材料抵抗较硬物体压入或刻划的能力。

为了保持建筑物装饰的使用性能或外观，常要求材料具有一定的硬度，以防止其他物体对装饰材料磕碰、刻划造成材料表面破损或外观缺陷。

工程中用于表示材料硬度的指标有多种。对金属、木材、混凝土等多采用压入法检测其硬度，其表示方法有洛氏硬度（HRA、HRB、HRC，以金刚石圆锥或圆球的压痕深度计算求得）、布氏硬度（HB，以压痕直径计算求得）等。

天然矿物如大理石、花岗岩等脆性材料的硬度常用莫氏硬度表示，莫氏硬度是以金刚石、滑石等 10 种矿石作为标准，根据划痕深浅的比较来确定硬度等级。

材料的耐磨性，是指材料表面抵抗磨损的能力。材料的耐磨性用磨损率表示，磨损率计算公式为：

$$G=\frac{M_1-M_2}{A} \tag{1-11}$$

式中：G——材料的磨损率（g/cm^2）；

M_1——材料磨损前的质量（g）；

M_2——材料磨损后的质量（g）；

A——材料试件的受磨面积（cm^2）。

材料的磨损率越低，表明材料的耐磨性越好。一般硬度较高的材料，耐磨性也较好。楼地面、楼梯、走道、路面等经常受到磨损作用的部位，应选用耐磨性好的材料。

1.3 装饰材料的环境要求

1.3.1 装饰材料的防火要求

在选择建筑装饰材料时，对材料的燃烧性能应给予足够的重视，应优先考虑采用不燃或难燃的材料。对有机建筑装饰材料，应考虑其阻燃性及其阻燃剂的种类和特性。如果必须采用可燃性的建筑材料，应采取相应的消防措施。

1. 建筑装饰材料燃烧所产生的破坏和危害

(1) 燃烧作用：在建筑物发生火灾时，燃烧可将金属结构红软、熔化，可将水泥混凝土脱水粉化及爆裂脱落，可将可燃材料烧成灰烬，可使建筑物开裂破坏、坠落坍塌、装修报废等，同时燃烧产生的高温作用对人也有巨大的危害。如表 1-1 所示。

(2) 发烟作用：材料燃烧时，尤其是有机材料燃烧时，会产生大量的浓烟。浓烟会使人迷失方向，且造成心理恐惧，妨碍及时逃生和救援。

(3) 毒害作用：部分建筑装饰材料，尤其是有机材料，燃烧时会产生剧毒气体，这种气体可在几秒至几十秒内使人窒息而死亡。

建筑材料的燃烧性能分级 表 1-1

等级	燃烧性能	燃烧特征
A	不燃性	在空气中受到火烧或高温作用时不起火、不燃烧、不碳化的材料，如金属材料及无机矿物材料等
B1	难燃性	在空气中受到火烧或高温作用时难起火、难燃烧、难碳化，当离开火源后燃烧或微燃立即停止的材料，如沥青混凝土、水泥刨花板等
B2	可燃性	在空气中受到火烧或高温作用时立即起火或微燃，且离开火源后仍能继续燃烧或微燃的材料，如木材、部分塑料制品等
B3	易燃性	在空气中受到火烧或高温作用时立即起火，并迅速燃烧，且离开火源后仍能继续燃烧的材料，如部分未经阻燃处理的塑料、纤维织物等

2. 材料的耐火性

材料的耐火性是指材料抵抗高温或火的作用，保持其原有性质的能力。金属材料、玻璃等虽属于不燃性材料，但在高温或火的作用下在短时间内就会变形、熔融，因而不属于耐火材料。建筑材料或构件的耐火性常用耐火极限来表示。耐火极限是指按规定方法，从材料受到火的作用起，直到材料失去支持能力或完整性被破坏或失去隔火作用的时间，以 h（小时）表示。

1.3.2 装饰材料的环保要求

环保装饰材料是指天然的、本身没有或只有极少有毒有害的物质、未经污染只进行了简单加工的装饰材料。

为使建筑材料环保化，应大力推行新型墙体材料的使用，如灰沙砖、空心砖、陶粒砖、蒸压加气混凝土砌块。

装修时的污染源主要来自装修材料本身和原建筑物墙体的污染。装饰材料如刨花板、油漆、涂料等含有甲醛、苯、氨等有害物质；建筑墙体在施工中使用混凝土外加剂，随着温度、湿度的变化，释放出氨，造成空气中氨的浓度增加，导致对人身体健康的不利。

1. 材料环保级别

根据《建筑材料放射性核素限量》GB 6566—2010，装饰材料放射性水平划分为三类：

（1）A类装饰材料

装饰材料中天然放射性核素镭-226、钍-232、钾-40的放射性比活度应同时满足 $I_{Ra} \leqslant 1.0$，$I_{r} \leqslant 1.3$。A类装饰材料产销与使用范围不受限制。

（2）B类装饰材料

不满足A类装饰材料要求但同时满足 $I_{Ra} \leqslant 1.3$，$I_{r} \leqslant 1.9$ 要求的为B类装饰材料。B类装饰材料不可用于Ⅰ类民用建筑的内饰面，但可用于Ⅱ类民用建筑、工业建筑的内饰面及其他一切建筑物的外饰面。

（3）C类装饰材料

不满足A、B类装饰材料要求但满足 $I_{r} \leqslant 1.8$ 要求的为C类装饰材料，C类装饰材料只可用于建筑的外饰面及室外其他用途。

2. 环保型材料类别

（1）基本无毒无害型。是指天然的、本身没有或仅有极少有毒有害的物质、未经污染只进行了简单加工的装饰材料。如石膏、滑石粉、砂石、木材、某些天然石材等。

（2）低毒、低排放型。是指经过加工、合成等技术手段来控制有毒、有害物质的积聚和缓慢释放，因其毒性轻微，对人类健康不构成危险的装饰材料。如甲醛释放量较低、达到国家标准的大芯板、胶合板、纤维板等。

（3）目前的科学技术和检测手段无法确定和评估其毒害物质影响的材料。如环保型乳胶漆、环保型油漆等化学合成材料。这些材料在目前是无毒无害的，但随着科学技术的发展，将来可能会有重新认定的可能。

1.3.3 材料的隔声要求

声音是靠振动的声波来传播的，当声波到达材料表面时产生三种现象：反射、透射、吸收。反射容易使建筑物室内产生噪声或杂音，影响室内音响效果；透射容易对相邻空间产生噪声干扰，影响室内环境的安静。通常当建筑物室内的声音大于50dB（分贝），就应该考虑采取措施；声音大于120dB，将危害人体健康。因此，在建筑装饰工程中，应特别注意材料的声学性能，以便于给人们提供一个安全、舒适的工作和生活环境。

1. 材料的吸声性

吸声性是指材料吸收声波的能力。吸声性的大小用吸声系数表示。

当声波传播到材料表面时，一部分被反射，另一部分穿透材料，其余的部分则传递给材料，在材料的孔隙中引起空气分子与孔壁的摩擦和黏滞阻力，使相当一部分的声能转化为热能而被材料吸收掉。当声波遇到材料表面时，被材料吸收的声能与全部入射声能之比，称为材料的吸声系数。

材料的吸声系数越大，吸声效果越好。

材料的吸声性能除与声波的入射方向有关外，还与声波的频率有关。最常用的吸声材料大多为多孔材料。同一种材料，对于不同频率的吸声系数不同，通常取125Hz、250Hz、500Hz、1000Hz、2000Hz、4000Hz六个频率的吸声系数来表示材料吸声的频率特征。凡6个频率的平均吸声系数均大于0.2的材料，称为吸声材料。

2. 材料的隔声性

声波在建筑结构中的传播主要通过空气和固体来实现，因而隔声可分为隔绝空气声（通过空气传播的声音）和隔绝固体声（通过固体的撞击或振动传播的声音）两种。

隔绝空气声，主要服从声学中的“质量定律”，即材料的表观密度越大，质量越大，隔声性能越好。因此，应选用密度大的材料作为隔空气声材料，如混凝土、实心砖、钢板等。如采用轻质材料或薄壁材料，则需辅以多孔吸声材料或采用夹层结构，如夹层玻璃就是一种很好的隔空气声材料。弹性材料，如地毯、木板、橡胶片等具有较高的隔固体声能力。

3. 影响材料吸声效果的主要因素

（1）材料的孔隙率和体积密度。对同一吸声材料，孔隙率越低或体积密度越小，则对低频声音的吸收效果有所提高，而对高频声音的吸收有所降低。

（2）材料的孔隙特征。开口孔隙越多、越细小，则吸声效果越好。当材料中的孔隙大部分为封闭的孔隙时，因空气不能进入，则不属于多孔吸声材料。当在多孔吸声材料的表面涂刷能形成致密层的涂料（如油漆）时或吸声材料吸湿时，由于表面的开口孔隙被涂料膜层或水所封闭，吸声效果大大降低。

（3）材料的厚度。增加多孔材料的厚度，可提高对低频声音的吸收效果，而对高频声音没有多大效果。

1.4 材料的艺术要求

1.4.1 装饰材料的装饰性

装饰性是装饰材料的主要性能要求之一。材料的装饰性是指材料对所覆盖的建筑物外观美化的效果。建筑不仅仅是人类赖以生存的物质空间，更是人们进行精神文化交流和情感生活的重要空间。合理而艺术地使用装饰材料不仅能将建筑物的室内外环境装饰得层次分明，情趣盎然，而且能给人美的精神感受。如西藏的布达拉宫在修缮的过程中，大量地使用金箔、琥珀等材料进行装饰，使这座建筑显得富丽堂皇、流光溢彩，增加了人们对宗教神秘莫测的心理感受。

材料的装饰性涉及环境艺术与美学的范畴，不同的工程和环境对材料装饰性能的要求差别很大，难以用具体的参数反映其装饰的优劣。建筑物对材料装饰效果的要求主要体现在材料的色彩、光泽度、质感、透明性、形状尺寸等方面。

1. 材料的色彩

色彩是指颜色及颜色的搭配。在建筑装饰设计和工程中，色彩是材料装饰性的重要指标。不同的颜色，可以使人产生冷暖、大小、远近、轻重等感觉，会对人的心理产生不同的影响。如红、橙、黄等暖色使人看了联想到太阳、火焰而感到热烈、兴奋、温暖；绿、蓝、紫等冷色使人看了会联想到大海、蓝天、森林而感到宁静、幽雅、清凉。

不同功能的房间，有不同的色彩要求。如幼儿园活动室宜采用暖色调，以适合儿童天真活泼的心理；医院的病房宜采用冷色调，使病人感到宁静。因此设计师在装饰设计时应充分考虑色彩给人的心理作用，合理利用材料的色彩，注重材料颜色与光线及周围环境的统一和协调，创造出符合实际要求的空间环境，从而提高建筑装饰的艺术性。

2. 材料的光泽度和透明性

光泽度是在一组几何规定条件下对材料表面反射光的能力进行评价的物理量。不同的光泽度，会极大地影响材料表面的明暗程度，造成不同的虚实对比感受。在常用的材料中，釉面砖、磨光石材、镜面不锈钢等材料具有较高的光泽度，而毛面石材、无釉陶瓷等材料的光泽度较低。

透明性是光线透过物体所表现的光学特征。装饰材料可分为透明体（透光、透视）、半透明体（透光、不透视）、不透明体（不透光、不透视）。利用材料的透明性不同，可以调节光线的明暗，改善建筑内部的光环境。如发光天棚的罩面材料一般采用半透明体，这样既能将灯具外形遮住，又能透过光线；既能满足室内照明需要，又美观。商场的橱窗就需要用透明性非常高的玻璃，使顾客能清楚看到陈列的商品。

3. 材料的质感

质感是指物体表面的质地作用于人的视觉而产生的心理反应，即表面质地的粗细程度在视觉上的直观感受。

质感是材料的色彩、光泽、透明性、表面组织结构等给人的一种综合感受。不同材料的质感给人的心理诱发作用是非常明显和强烈的。

例如：光滑、细腻的材料，富有优美、雅致的感情基调，当然也会给人以冷漠、傲然的心理感受；金属能使人产生坚硬、沉重、寒冷的感觉；皮毛、丝织品会使人感到柔软、轻盈和温暖；石材可使人感到坚实、稳重而富有力度；而未加修饰的混凝土等毛面材料使人具有粗犷豪迈的感觉。选择饰面材料的质感，不能只看材料本身装饰效果如何，必须正确把握材料的性格特征，使之与建筑装饰的特点相吻合，从而赋予材料以生命力。

4. 材料的肌理（花纹图案）

肌理是指物体表面的纹理，是材料表面天然形成或人工刻画的图形、线条、色彩等构成的画幅。

天然材料表面的层理条纹及纤维呈现的花纹构成天然图案，不同方式的切面都有千变万化的不同肌理，是我们在设计中取之不尽的创作源泉。

人工材料图案是经过人力加工开发出来的千变万化的肌理形式，常采用几何图形、花木鸟兽、山水云月、风竹桥厅等具有文化韵味的元素来表现传统、崇拜、信仰等文化观念和艺术追求。花纹图案的对称、重复、叠加等变换组合，有更多的表现技艺和手法。

随着高科技的发展，为创造更多更美的新肌理形式提供了理想的手段和开发前景。例如光构成的出现，可以通过光的变化和高速摄影技术的配合创造出奇异的、意想不到的独特肌理形式，吸引人们对材料及装饰的细部欣赏，还可以拉近人与材料的空间关系，起到人与物近距离相互交流的作用。

5. 材料的形状和尺寸

材料的形状和尺寸能给人带来空间尺寸的大小和使用上是否舒适的感觉。一般块状材料具有稳定感，而板状材料则有轻盈的视觉感受。在装饰设计和施工时，可通过改变装饰材料的形状和尺寸，配合花纹、颜色、光泽等特征创造出各种类型的图案，以满足不同的建筑形体和功能的要求，最大限度地发挥材料的装饰性，从而获得不同的装饰效果。

1.4.2　材料的光学性质

当光线照射在材料表面上时，一部分被反射，一部分被吸收，一部分透过。根据能量守恒定律，这三部分光通量之和等于入射光通量，通常将这三部分光通量分别与入射光通量的比值称为光的反射比、吸收比和透射比。材料对光波产生的这些效应，在建筑装饰中会带来不同的装饰效果。

1. 光的反射

当光线照射在光滑的材料表面时，会产生镜面发射，使材料具有较强的光泽；当光线照射在粗糙的材料表面时，反射光线呈现无序传播，会产生漫反射，使材料表现出较弱的光泽。在装饰工程中往往采用光泽较强的材料，使建筑外观显得光亮和绚丽多彩，使室内显得宽敞明亮。

2. 光的透射

光的透射又称为折射，光线在透过材料的前后，在材料表面处会产生传播方向的转折。

材料的透射比越大，表明材料的透光性越好。如2mm厚的普通平板玻璃的透射比可达到88％。

当材料表面光滑且两表面为平行面时，光线束透过材料只产生整体转折，不会产生各部分光线间的相对位移。此时，材料一侧景物所散发的光线在到达另一侧时不会产生畸变，使景象完整地透过材料，这种现象称之为透视。大多数建筑玻璃属于透视玻璃。当透光性材料内部不均匀、表面不光滑或两表面不平行时，入射光束在透过材料后就会产生相对位移，使材料一侧景物的光线到达另一侧后不能正确地反映出原景象，这种现象称为透光不透视。在装饰工程中根据使用功能的不同要求也经常采用透光不透视材料，如磨砂玻璃、压花玻璃等。

3. 光的吸收

光线在透过材料的过程中，材料能够有选择地吸收部分波长的能量，这种现象称为光的吸收。材料对光吸收的性能在建筑装饰等方面具有广阔的应用前景。例如：吸热玻璃就是通过添加某些特殊氧化物，使其选择吸收阳光中携带热量最多的红外线，并将这些热量向外散发，可保持室内既有良好的采光性能，又不会产生大量热量；有些特殊玻璃还会通过吸收大量光能，将其转变为电能、化学能等；太阳能热水器就是利用吸热涂料等材料的吸热效果来使水温升高的。

1.5　新型复合装饰材料

当前，对建筑装饰材料的功能要求越来越高，不仅要求具有精美的装饰性，良好的使

用性，而且要求具有环保、安全、施工方便、易维护等功能。市场上许多产品功能单一，远不能满足消费者的综合要求。因此，采用复合技术发展多功能复合建筑装饰材料已成定势。

1.5.1 防火板

图 1-3 防火装饰板

防火板为热固性树脂浸渍纸高压层积板，又名耐火板。它是表面装饰用耐火建材，有丰富的表面色彩、纹路以及特殊的物理性能，广泛用于室内装饰、家具、橱柜、实验室台面、外墙等领域。

常用的防火板有防火装饰板、三聚氰胺板等。其中，防火装饰板是采用不燃材料做装饰板基板，替代易燃的木板和塑胶板，防火等级 A2 级，遇火不蔓延，烟雾少，有效扼制火灾，保护人们平安撤离火灾现场。防火装饰板俗称冰火板，如图 1-3 所示，主要用于工装写字楼、酒店、商城、电影院、车站等公共建筑装饰装修。

1.5.2 吸声板

室内装饰常用的吸声材料有矿棉装饰吸声板、珍珠岩装饰吸声板、玻璃棉装饰吸声板和钙塑泡沫装饰吸声板等，主要用于吊顶。吸声板的应用如图 1-4、图 1-5 所示。

图 1-4 珍珠岩装饰吸声板

图 1-5 装饰吸声板应用

1. 矿棉装饰吸声板

矿棉装饰吸声板是以矿渣棉为主要原料，加入适量的胶粘剂、防潮剂、防腐剂，经加压、烘干、饰面而成的一种高级顶棚装饰材料。如图 1-6、图 1-7 所示。

矿棉装饰吸声板具有吸声、防火、隔热、保湿、美观、质轻、施工简便等特点。

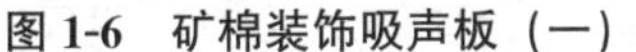

图 1-6　矿棉装饰吸声板（一）

图 1-7　矿棉装饰吸声板（二）

一般常用规格为 300mm×600mm，595mm×595mm，1195mm×1195mm，厚度为 9mm，12mm，15mm，18mm。常用花色品种有滚花、浮雕、立体等。

矿棉装饰吸声板主要用于影剧院、会堂、音乐厅、播音室等，可以控制和调整室内的混响时间，消除回声，改善室内的音质，提高语音清晰度。也可用于旅馆空间、娱乐空间、医院、办公空间、商业空间以及吵闹场所，如工厂车间、仪表控制室等，以降低室内噪声等级，改善生活环境和劳动条件。

2. 珍珠岩装饰吸声板

珍珠岩是一种酸性火山玻璃质岩石，因为具有珍珠裂隙而得名。珍珠岩装饰吸声板是由颗粒状膨胀珍珠岩用胶粘剂粘合而成的多孔吸声材料。如图 1-8、图 1-9 所示。

图 1-8　珍珠岩装饰吸声板（一）

图 1-9　珍珠岩装饰吸声板（二）

珍珠岩装饰吸声板具有保温、质轻、吸声、隔热、防火、防潮、防腐蚀、施工方便等特点，板面可以喷涂各种颜色的涂料，具有较好的装饰效果。

一般常用规格为 400mm×500mm，厚度为 15mm；500mm×500mm，厚度为 16mm。

产品颜色有乳白色、浅绿色、米黄色等。

珍珠岩装饰吸声板适用于娱乐空间、播音室、会议厅、办公空间、宾馆空间和商业空间等，可控制和调整室内混响时间，消除回声，提高语音的清晰度。

1.5.3 复合墙板

复合墙板又称泡沫混凝土复合夹芯墙板，是一种工业化生产的新一代高性能建筑内隔板，由多种建筑材料复合而成，代替了传统的砖瓦。采用普通硅酸盐水泥、沙和粉煤灰或其他工业废弃物如水渣、炉渣等作为细骨料，再加入聚苯乙烯颗粒和少量的无机化学助剂，配合全自动高效率强制轻骨料专用搅拌系统，在搅拌过程中引入空气形成芯层蜂窝状稳定气孔进一步来减轻产品容重，既降低了材料成本，又能达到理想的保温和隔声效果。如图 1-10、图 1-11 所示。

图 1-10　泡沫混凝土复合夹芯墙板（一）

图 1-11　泡沫混凝土复合夹芯墙板（二）

泡沫混凝土复合夹芯墙板是一种新型的保温隔热墙板，它具有环保节能无污染、轻质抗震、防火、保温、隔声、施工快捷等优点。但是由于其混凝土强度较低，在实际工程中难以被应用，所以在泡沫混凝土中加入其他材料，将其加工成复合材料，可使其同时兼具保温性和良好的强度。

泡沫混凝土复合夹芯墙板是一种新兴的轻质保温材料，常用于混凝土砖、砌块和地下挡土墙中。

新型复合装饰材料见表 1-2。

新型复合装饰材料一览表　　表 1-2

品种	图片	性能特点	用途和规格
防火装饰板		防火等级 A2 级，遇火不蔓延，烟雾少，有效扼制火灾，保护人们平安撤离火灾现场	主要用于写字楼、酒店、商城、电影院、车站等公共建筑装饰装修

续表

品种	图片	性能特点	用途和规格
矿棉装饰吸声板		具有吸声、防火、隔热、保湿、美观、质轻、施工简便等特点	主要用于影剧院、会堂、音乐厅、播音室等，可以控制和调整室内的混响时间，消除回声，改善室内的音质，提高语音清晰度。 规格： 300mm × 600mm，595mm × 595mm，1195mm × 1195mm，厚度为 9mm，12mm，15mm，18mm
珍珠岩装饰吸声板		具有保温、质轻、吸声、隔热、防火、防潮、防腐蚀、施工方便等特点，板面可以喷涂各种颜色的涂料，具有较好的装饰效果	适用于娱乐空间、播音室、会议厅、办公空间、宾馆空间和商业空间等，可控制和调整室内混响时间，消除回声，提高语音的清晰度。 规格： 400mm×500mm，厚度为 15mm；500mm×500mm，厚度为 16mm
复合墙板		具有环保节能无污染，轻质抗震、防火、保温、隔声、施工快捷等优点，同时兼具保温性和良好的强度	常用于混凝土砖、砌块和地下挡土墙中

单元总结

本单元对建筑装饰材料的基本知识、基本性质、新型复合装饰材料作了详细的阐述。

介绍了装饰材料的基本性质，阐述了物理性质、导热性、燃烧性能、声学性质、光学性质、力学性质、与水有关的性质、装饰性和耐久性等，还介绍了材料色彩、光泽和透明性、质感、花纹图案（肌理）等。

阐述了新型复合装饰材料的性能特点和使用范围，还介绍了防火装饰板的防火性能和选用标准，矿棉装饰吸声板、珍珠岩装饰吸声板的隔声性能和选用标准，以及泡沫混凝土保温隔热的性能和主要用途。

思考及练习

一、填空题

1. 材料的吸湿性是指材料在＿＿＿＿＿＿的性质。

2. 材料的吸湿性用__________来表示。材料的吸水性用__________来表示。

3. 材料的耐水性可以用________________系数表示，该值越大，表示材料的耐水性______________好。

4. 材料的热阻值大小与其厚度成__________，与其导热系数成__________。

5. 强度是指材料在外力作用下__________的能力。

6. 不同的光泽度会极大地影响材料表面的__________，造成不同的虚实对比感受。

二、选择题

1. 下列建筑装饰材料中属于亲水材料的是（　　）。

A. 建筑石膏　　B. 胶粘剂　　C. 塑料　　D. 玻璃

2. 装饰装修材料按其燃烧性能应划分为四级，B2 级材料燃烧性能为（　　）。

A. 可燃性　　B. 难燃性　　C. 易燃性　　D. 不燃性

3. 通常材料的软化系数（　　）时。可以认为是耐水的材料。

A. 大于 0.95　　B. 大于 0.85　　C. 大于 0.75　　D. 大于 0.65

4. 为了达到保温隔热的目的，在选择墙体材料时，要求（　　）。

A. 导热系数小，热容量小　　B. 导热系数小，热容量大

C. 导热系数大，热容量小　　D. 导热系数大，热容量大

5. 用于吸声的材料，要求其具有（　　）孔隙。

A. 大孔　　B. 内部连通而表面封死

C. 封闭小孔　　D. 开口连通细孔

三、简答题

1. 材料的质量吸水率和体积吸水率有何不同？什么情况下采用体积吸水率来反映材料的吸水性？

2. 什么是材料的导热性？材料导热系数的大小与哪些因素有关？

3. 材料的抗渗性好坏主要与哪些因素有关？怎样提高材料的抗渗性？

4. 材料的强度按通常所受外力作用不同分为哪几个？单位分别是什么？

教学单元2 Chapter 02

装饰石材

教学目标

1. 知识目标

- 了解岩石的种类；
- 了解装饰石材的种类；
- 掌握天然大理石的性能及质量；
- 掌握天然花岗石的性能及质量；
- 掌握各类石材的用途。

2. 能力目标

- 能够在学习中正确认识各类石材的特性及应用；
- 具备鉴别各类石材质量优劣的操作能力。

3. 思政目标

- 通过学习装饰石材在我国传统建筑中的运用，增强学生的民族自豪感；
- 通过学习装饰石材的种类，增强学生的创新意识，与时俱进的精神；
- 通过学习增加对石材的了解，增强环保意识。

思维导图

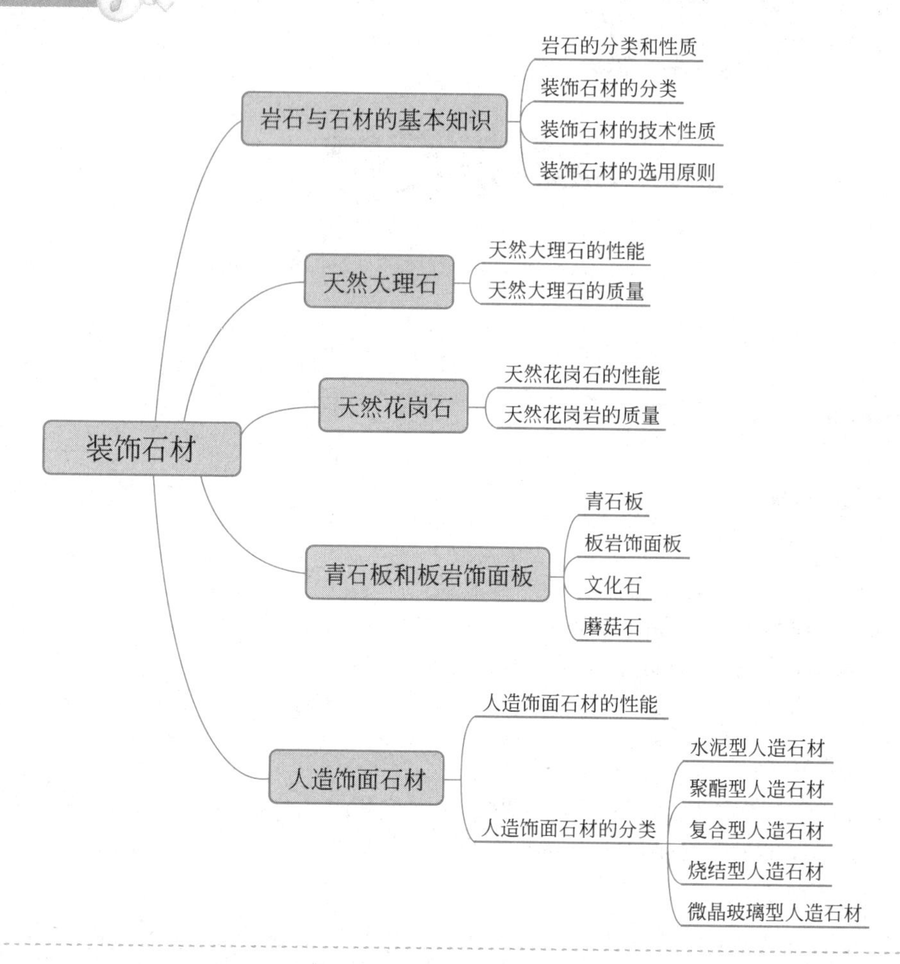

天然石材是最古老的建筑材料之一，世界上许多古建筑都是由天然石材建造而成，例如古埃及的金字塔、古希腊的雅典卫城、古罗马的角斗场等。我国传统建筑中也有石窟、石塔、石墓等全石建筑。如图 2-1、图 2-2 所示。

图 2-1　金字塔

图 2-2　莫高窟

天然石材以其丰富的自然面，高贵典雅、韵味独特的装饰效果，符合了人们返璞归真、回归自然的心态。随着人们生活水平的不断提高，对建筑装饰装修的要求提高，装修档次不断提升，在建筑装饰装修内外墙装饰中，石材已占有相当大的比例。石材除公共建筑室内外装修外，早已走进平常百姓家，广泛应用于墙面地面铺装、橱柜和家具台面等的装饰。如图 2-3、图 2-4 所示。

图 2-3　石材（一）

图 2-4　石材（二）

2.1 岩石与石材的基本知识

2.1.1　岩石的分类和性质

岩石是由各种不同地质作用而形成，由一种或多种矿物组成，具有一定结构、构造的集合体，是岩体的基本组成部分。岩石的种类繁多，不同的造岩矿物在不同的地质条件下形成不同性能的岩石。按地质成因可分为岩浆岩、沉积岩和变质岩三大类。

1. 岩浆岩

岩浆岩，又称火成岩，是由岩浆喷出地表或侵入地壳冷却凝固所形成的岩石，有明显的矿物晶体颗粒或气孔。岩浆岩按岩浆冷却条件的不同，可分为深成岩、喷出岩、火山岩。建筑中常用的岩浆岩见表 2-1。

建筑中常用的岩浆岩　　表 2-1

名称	图片	性能特点	用途
花岗岩		地壳深处岩浆，在受到上部覆盖层压力的作用下，缓慢冷凝而成的岩石。结晶完整、结构致密，体积密度大、孔隙率和吸水率小，抗压强度高	常用于建筑的基础、台阶、路面、墙体等

续表

名称	图片	性能特点	用途
玄武岩		岩浆喷出地表，冷凝而形成的岩石，呈隐晶质或玻璃质结构	常用作高强混凝土的骨料，用于铺筑路面等
火山灰		由于火山喷发所产生的各种碎屑物质经过短距离搬运或沉积形成的岩石。轻质多空，表观密度小，保温性能好，强度及硬度低	用作水泥和混凝土的掺合料，砌墙材料等

（1）深成岩

深成岩是地壳深处的岩浆，在很大的覆盖压力下缓慢冷却而成的岩石。具有构造致密、结晶完整、晶粒粗大、抗压强度高、孔隙率和吸水率小、表观密度大、抗冻性好、耐磨性好、耐久性好等特征，建筑上常用的深成岩有花岗岩、辉长岩等。

（2）喷出岩

喷出岩是熔融后的岩浆喷出地面后，在压力降低，迅速冷却的条件下形成的岩石。由于岩浆喷出地表时，压力和温度急剧降低，冷却较快且不均匀，致使大部分岩浆来不及完全结晶，多呈隐晶质或玻璃质结构。喷出的岩浆层较厚时，形成的岩石特征近似深成岩；喷出的岩浆层较薄时，形成的岩石常呈多孔结构。建筑上常用的喷出岩有玄武岩、安山岩等。

（3）火山岩

火山岩是火山爆发时，岩浆被喷到空中，经急速冷却后落下而形成的碎屑岩石，多是轻质多孔结构的材料。建筑上常用的火山岩有火山灰、火山砂、火山灰凝灰岩等。

2. 沉积岩

沉积岩，又称为水成岩，是在地表及不太深的地下，各类岩石经自然界的风化、搬运、沉积成岩作用形成的岩石。呈层状构造，外观多层理，体积密度小，孔隙率和吸水率较大，强度较低，耐久性差。根据沉积的方式不同，可分为机械沉积岩、化学沉积岩、生物沉积岩。建筑中常用的沉积岩见表 2-2。

建筑中常用的沉积岩　　表 2-2

名称	图片	性能特点	用途
石灰岩		通常为灰白色、浅灰色，来源广，硬度低，便于开采，抗压强度较高，具有较好的耐水性和抗冻性	广泛用于建筑工程中，也是生产水泥和石灰的主要原料

续表

名称	图片	性能特点	用途
砂岩		是石英砂或石灰岩等的细小碎屑经沉积并重新胶结而成的岩石，其特性决定于胶结物的种类及胶结的致密程度	用于基础、踏步、人行道等

（1）机械沉积岩

机械沉积岩是各种岩石风化后，在风、雨等作用下搬运、逐渐沉积，在覆盖层的压力作用下或自然胶结而成的岩石，具有矿物成分复杂、颗粒粗大等特征。散状的有砂、砾石等；经自然胶结物胶结后就形成相应的页岩，如砂岩、砾岩等。

（2）化学沉积岩

化学沉积岩是由母岩风化产物中的溶解物质通过化学作用沉积而成的岩石，具有颗粒细、矿物成分较单一等特点，如石灰岩、白云岩、石膏等。

（3）生物沉积岩

生物沉积岩是由生物体的堆积物，经过成岩作用形成的岩石，具有质轻松软、强度极低等特点。如硅藻土、生物碎屑灰岩等。

3. 变质岩

变质岩是原有岩石经变质后形成的岩石，变质后性质发生改变。例如，花岗岩变质成片麻岩，易产生分层脱落，耐久性变差；石灰岩变质成的大理岩，结构变得致密，耐久性提高。建筑中常用的变质岩有大理岩、片麻岩等，见表 2-3。

建筑中常用的变质岩　　表 2-3

名称	图片	性能特点	用途
大理岩		沉积岩中碳酸盐类岩石经区域变质作用或接触变质作用而形成的岩石。粒状变晶结构，有较强的透光性	用于高级建筑物的装饰和饰面工程
片麻岩		由花岗岩变质而成，抗冻性差，易于老化	常作为碎石、块石及人行道石板等

2.1.2　装饰石材的分类

装饰石材是指建筑石材中具有装饰性能的石材，加工后可用于建筑装饰，包括天然石材和人造石材，以天然石材为主，主要用于装饰等级较高的工程中，是一种高级的装饰材料；人造石材用于中、低档的室内装饰工程中。如图 2-5、图 2-6 所示。

图 2-5 天然石材

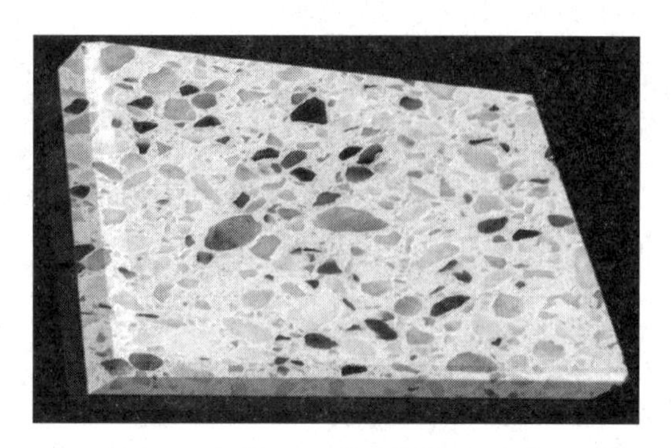

图 2-6 人造石材

1. 天然装饰石材

天然装饰石材是指从天然岩体中开采的，通过加工或不加工而得到的装饰材料。主要用于建筑装饰装修内外墙面、地面、台面等。

天然装饰石材根据岩石类型及成因，可分为花岗石、大理石、砂石、石灰石、板石等。根据石材的特性，可以应用于墙地面等装饰。

2. 人造装饰石材

人造装饰石材是指以不饱和聚酯树脂为胶粘剂配以天然大理石或方解石、白云石、硅砂、玻璃粉等无机物粉料，以及适量的阻燃剂、颜色等，经配料混合、瓷铸、振动压缩、挤压等方法成型固化制成；仿造大理石、花岗石的表面纹理，体现天然石材装饰效果和性能的人造仿石材料。其色泽均匀，结构紧密，具有耐磨、耐水等性能，但色泽、纹理方面没有天然石材自然、柔和。人造石材广泛应用于室内地面、窗台板等装饰部位，树脂型人造大理石一般用于厨房台柜面。根据材料及制造工艺不同，可分为水泥型、树脂型、复合型和烧结型。

3. 石材的表面加工

天然岩石开采出来后需送往加工厂，按照设计所需的规格及表面纹理，加工成各类板材才能在建筑工程中使用。根据使用功能和装饰效果，石材的表面可以进行抛光、凿毛、喷砂、仿古等处理。如图 2-7～图 2-10 所示。

图 2-7 抛光石

图 2-8 凿毛石

图 2-9　喷砂石

图 2-10　仿古石

2.1.3　天然石材的技术性质

天然石材的技术性质主要有物理性质、力学性质、工艺性质。

1. 物理性质

装饰石材的物理性质包括表观密度、吸水性、耐水性、抗冻性、耐热性和安全性。

（1）表观密度

表观密度的大小常间接反映石材的致密程度和孔隙多少，一般情况下，同种石材的表观密度越大，其抗压强度越高吸水率越小，耐久性越好，导热性越好。根据表观密度的大小可分为轻质石材（表观密度≤1800kg/m^3）和重质石材（表观密度＞1800kg/m^3）。

（2）吸水性

吸水性的大小通常用吸水率来表示，石材的孔隙率越大，吸水率越大。石材的吸水性会影响其强度和耐水性。石材吸水后，颗粒之间的粘结力降低，致使其强度降低。

（3）耐水性

耐水性通常用软化系数表示，岩石中的黏土或易溶物质较多时，软化系数越小，耐水性较差。

（4）抗冻性

抗冻性是指石材抵抗冻融破坏的能力，用石材在饱和水状态下按规范要求所能经受的冻融循环次数表示。能经受的冻融循环次数越多，抗冻性越好。

（5）耐热性

石材的耐热性和其化学成分及矿物组成有关，经过高温之后，石材的结构会发生破坏，致使性能发生变化。例如，花岗岩，当温度达到 700℃以上时，由于石英受热发生膨胀，强度迅速下降。

（6）安全性

少数天然石材中含有某些放射性元素，用于建筑装饰的石材应满足《建筑材料放射性核素限量》GB 6566—2010，其中 A 类石材应用不受限制；B 类石材不可用于Ⅰ类民用建筑内饰面，但可用于Ⅱ类民用建筑、工业建筑内饰面及其他一切建筑的外饰面；C 类石材只能用于建筑物的外饰面及室外其他用途。

目前使用的众多天然石材产品，大部分是符合A类产品要求，但也有少量的B、C类产品。因此在使用过程中，要经常打开居室门窗，促进室内空气流通，减少室内空气污染。

2. 力学性质

天然石材的力学性质主要有抗压强度、冲击韧性、硬度及耐磨性等。

（1）抗压强度

石材的抗压强度是划分石材强度等级的依据，石材的矿物组成、岩石的构造特征对其抗压强度有一定的影响。

（2）冲击韧性

石材的冲击韧性取决于岩石的矿物组成及构造，通常情况下，晶体结构的岩石较非晶体结构的岩石，具有较高的韧性。

（3）硬度

石材的硬度与矿物组成的硬度和构造有关，由致密、坚硬矿物组成的石材，硬度较高，岩石的硬度用莫氏硬度表示。

（4）耐磨性

石材的耐磨性主要有耐磨损和耐磨耗两个方面，耐磨性可用磨耗率表示，磨耗率是指石材抵抗撞击、边缘剪力和摩擦联合作用的能力。凡是用于可能遭受磨损和磨耗等的场所，应采用高耐磨性的石材。

3. 工艺性质

石材的工艺性质主要有加工性、磨光性和抗钻性等。

（1）加工性

石材的加工性，主要指石材开采、切割等加工过程的难易程度。强度、硬度、韧性较高的石材，不易加工；有层状、片状结构的石材，难于满足加工要求。

（2）磨光性

石材的磨光性，指石材能否磨成平整光滑表面的性质。结构致密、均匀、细粒的岩石，一般都有良好的磨光性，可磨成光滑的表面。

（3）抗钻性

石材的抗钻性，是指石材钻孔时的难易程度，影响抗钻性的因素复杂，一般石材的强度越高、硬度越大，越不易钻孔。

2.1.4 装饰石材的选用原则

在建筑装饰设计和施工中，为了充分发挥石材的天然性能，做到经济适用，应根据对象的类型、环境、使用要求等对石材进行选择。通常情况下，选择石材应考虑以下几个方面：

1. 适用性

在选用石材时应根据性能来选择满足使用功能要求的石材，同类岩石，品种和产地不同，其性能也会有很大的差异。可根据石材在装饰工程中的用途、部位及所处的环境进行选择。例如：用于地面、台阶等装饰的石材应坚韧耐磨，同时还要考虑防滑；用于饰面板、扶手、拉杆等的石材，要考虑石材本身的色彩与整体环境的协调性及石材加工性。

2. 经济性

由于石材的密度大，运输不方便、运输成本高。因此在进行石材选用时，尽可能做到就地取材。

3. 安全性

天然石材中含有放射性物质（主要是镭、钍等放射性元素），在衰变过程中会产生对人体有害的放射性气体氡，因此在选用天然石材时，应有放射性检验合格证明或检测鉴定。

4. 装饰性

用于建筑物饰面的石材，选用时必须考虑其色彩及天然纹理与建筑物周围环境的相协调性，充分体现建筑物的艺术美。

2.2 天然大理石

天然大理石板材是建筑装饰中应用较为广泛的天然石材饰面材料。纯大理石为白色，称为汉白玉。大理石的挖掘开采，可以追溯到唐代南诏时期以前，一千多年前唐代修建的大理崇圣寺三塔，建筑上就已采用了精美的大理石雕刻制品，而且具有较高的工艺水平。如图 2-11 所示。

天然大理石的品种繁多、纹理自然、花色多样、经久耐用，其原材料来源于我们的大自然，每一片都是独一无二，无法复制的，它只是经过切割、打磨、拼接后进入我们的生活空间，无需高温烧结等复杂工序，所以说它是一种低碳环保的材料。其应用范围非常广泛，可以做大理石地面、大理石墙面、大理石台面、大理石楼梯、大理石拼图、电视背景墙、大理石门窗套、各种造型及石材家具等。如图 2-12 所示。

图 2-11 大理三塔

图 2-12 汉白玉栏

2.2.1 天然大理石的性能

1. 天然大理石的概念

大理石是地壳中原有的岩石经过地壳内高温高压作用形成的变质岩，成分以碳酸钙为主，约占50%以上。主要由方解石、石灰石、蛇纹石和白云石组成，因此建筑装饰工程上所指的大理石是一个广义的概念。

2. 天然大理石的特点

大理石属于中硬石材，其主要的化学成分为CaO、MgO、SiO_2等，其中CaO、MgO的总量占50%以上，因此大理石是碱性石材。大理石质地较为密实、抗压强度较高，但硬度不高；天然大理石石质细腻，光泽柔润，容易加工、雕琢和磨平等，常被制成抛光石材，装饰性强。大理石的吸水率小，耐久性高，可以使用40～100年。

由于大理石属于碱性石材，因此大气中的二氧化硫会与大理石中碳酸钙发生化学反应，造成大理石表面强度降低、变色掉粉，失去光泽，从而降低大理石的装饰性，所以大理石不宜用于室外装饰。

3. 天然大理石的用途

天然大理石板材是装饰工程的常用饰面材料，用于宾馆、酒店、会所、展厅、商场、剧院、机场、娱乐场所、住宅等工程的室内墙面、地面、柱面、服务台、栏板、电梯间门口等部位。如图2-13所示。

图2-13 大理石的应用

4. 天然大理石的品种

大理石美观实用，有很强的装饰性，常被加工各种工艺品、台面或者墙面装饰，深受广大消费者的青睐。常见天然大理石花纹及颜色种类众多，依其抛光面的基本颜色，大致可分为红、白、黄、绿、黑、灰、青、咖啡等系列，每个系列依其抛光面的色彩和花纹特征又可分为若干亚类，如：玛瑙红、汉白玉、松香黄、孔雀绿、山西黑、杭灰等。常用的大理石见表 2-4。

常用大理石一览表（部分） 表 2-4

品种	图片	性能特点	用途
汉白玉		是大理石中的名贵品种，虽全国许多地方都有出产，但以产于北京房山的最负盛名。 主要成分是碳酸钙，洁白无瑕，质地坚实而又细腻，非常容易雕刻，古往今来的名贵建筑多采用它作原料	主要用于石阶和护栏等，例如：故宫、天坛、天安门金水桥、天安门前华表等经典建筑都有大量使用
黑白根大理石		带有白色筋络的黑色致密结构大理石，产地为广西和湖北，以广西为主。光度好，花纹白，易补胶，耐久性、抗冻性、耐磨性好。在选购时，理想的质量是：底色黑、越黑越好；白根白花不宜太多，尽量少；花纹分布均匀	主要用室内高档装饰，例如：室内地面、洗手盆等
玛瑙红大理石		石材纹理自然，结构致密，灰白底色带有青色斑纹，板面密布红色细筋，抗压强度高，大部分石材的抗压强度可达 100MPa 以上，耐水性、耐磨性好	适合用于宾馆、展览馆、影剧院、商场、机场、车站等公共建筑的室内墙面、柱面、栏杆、窗台板、服务台面等部位
松香黄大理石		属于黄色系大理石，底色黄，透明，质脆，光度好，难胶补	适合用于室内高档装饰、墙面、地面、台面、各种艺术玉石电视背景墙、玄关、透光板、洗手盆
大花绿大理石		属于绿色系大理石，石板板面呈深绿色，有白色条纹，具有组织细密、坚实、耐风化、色彩鲜明的特点，是一种高档的绿色装饰材料	适合于家庭、单位、公共场所等内外装饰

续表

品种	图片	性能特点	用途
云灰大理石		属于灰色系大理石，其花纹以灰白相间的丰富图案而极富装饰性，具有光滑平整，图案丰富，耐火性、耐冻性好，抗压强度大等特点。常见的天然图案有“水波荡漾”“水天相连”“烟波浩渺”“惊涛骇浪”等	主要用来制作建筑饰面板材。用于室内地面、室墙面、楼梯、台面板、洗手池等
艾叶青大理石		属于青色系大理石，主要产于北京郊区周口店一带及房山石窝村。其结构细—中粒，青底，深灰间隔白色叶状斑云，间有片状纹缕，是一种很著名的彩石	主要用于室内墙面、台面板、室外墙面、室外地面。人民大会堂门前大石柱即为艾叶青所装饰

2.2.2 天然大理石的质量

1. 天然大理石的分类、等级、标记

(1) 分类

经矿山开采出来的天然大理石块称为大理石荒料，大理石荒料经锯切、磨光后成为大理石板材。天然大理石板材规格分为定型和非定型两类。定型板材为正方形或矩形，非定型板材的规格由设计单位或施工部门与生产厂家商定。

天然大理石建筑板材的分类主要有以下几种：

1) 按矿物组成分类

① 方解石大理石：主要由方解石（碳酸钙）组成，重结晶而形成特有的晶质结构。

② 白云石大理石：主要由白云石（碳酸镁）组成，变质期通过温度压力形成晶质结构。

③ 蛇纹石大理石：主要由蛇纹石（硅酸镁水合物）组成，呈绿色或深绿色。

2) 按形状分类（图 2-14～图 2-16）

① 普型板（PX）；

② 圆弧板（HM）；

③ 毛光板（MG）；

④ 异型板（YX）。

当前天然大理石板材通用的是厚板，厚度为 20mm，随着石材加工工艺的不断改进，厚度较小的板材也应用于装饰工程，常见的有 10mm、8mm、7mm、5mm 等，也称为薄板。

3) 按表面加工分类

① 镜面板（JM）：表面平整，具有镜面光泽的板材。

图 2-14　普型板

图 2-15　圆弧板

图 2-16　异型板

② 粗面板（CM）：表面平整、粗糙，具有较规则加工条纹。

（2）等级

根据大理石板材的规格尺寸偏差、平面度公差及外观质量分为优等品（A）、一等品（B）、合格品（C）。

（3）标记

根据《天然大理石建筑板材》GB/T 19766—2016，对大理石板材的标记规定如下：

1）名称：荒料产地地名、色调花纹特征名称、大理石代号（M）。

2）标记顺序：名称、类别、规格尺寸、等级、标准编号。

3）示例：房山汉白玉大理石荒料加工的 900mm×600mm×20mm 普型、A 级、镜面板材标记如下：

房山汉白玉大理石（M1101）PX JM 900mm×600mm×20mm A GB/T 19766—2016

2. 技术要求

天然大理石板材的技术要求主要有：规格尺寸允许偏差、平面度允许公差、角度允许公差、外观质量和物理性能。各项指标符合《天然大理石建筑板材》GB/T 19766—2016 的规定。见表 2-5。

物理性能要求　　表 2-5

项目		技术指标		
		方解石大理石	白云石大理石	蛇纹石大理石
体积密度(g/cm^3)		≥2.6	≥2.8	≥2.56
吸水率(%)		≤0.5	≤0.5	≤0.6
压缩强度(MPa)	干燥	≥52	≥52	≥70
	水饱和			
弯曲强度(MPa)	干燥	≥7.0	≥7.0	≥7.0
	水饱和			
耐磨性($1/cm^3$)		≥10	≥10	≥10
耐磨性：仅适用于地面、楼梯踏步、台面等易磨损部位的大理石石材				

3. 尺寸要求

普型板的尺寸系列见表 2-6，圆弧板、异型板和特殊要求的普型板的规格尺寸由供需双方协商确定。

普型板尺寸系列（单位：mm）　　表 2-6

边长系列	300、400、500、600、700、800、900、1000、1200
厚度系列	10、12、15、18、20、25、30、35、40、50

4. 外观质量

（1）同一批板材的色调应基本调和，花纹应基本一致。

（2）板材正面的外观缺陷（裂纹、缺棱、缺角、色斑、砂眼）应满足《天然大理石建筑板材》GB/T 19766—2016 的要求。

（3）板材允许粘接和修补，粘接和修补后应不影响板材的装饰效果，不降低板材物理性能。

板材外观缺陷要求见表 2-7。

板材外观缺陷要求　　表 2-7

<table>
<tr><th rowspan="2">缺陷名称</th><th rowspan="2">规定内容</th><th colspan="3">技术指标</th></tr>
<tr><th>A</th><th>B</th><th>C</th></tr>
<tr><td>裂纹</td><td>长度≥10mm 的条数</td><td colspan="3">0</td></tr>
<tr><td>缺棱</td><td>长度≤8mm，宽度≤1.5mm（长度≤4mm，宽度≤1mm 不计），每米长允许个数</td><td rowspan="4">0</td><td rowspan="3">1</td><td rowspan="3">2</td></tr>
<tr><td>缺角</td><td>沿板材边长顺延方向，长度≤3mm，宽度≤3mm（长度≤2mm，宽度≤2mm 不计），每块板允许个数</td></tr>
<tr><td>色斑</td><td>面积≤6cm^2（面积<2cm^2 不计），每块板允许个数</td></tr>
<tr><td>砂眼</td><td>直径<2mm</td><td>不明显</td><td>有，不影响装饰效果</td></tr>
<tr><td colspan="5">缺棱、缺角对毛光板不做要求</td></tr>
</table>

5. 如何鉴别大理石的好坏

一观，即肉眼观察天然石材的表面结构。一般来说，均匀的细料结构的天然石材具有细腻的质感，为天然石材之佳品。

二听，即听天然石材的敲击声音。一般而言，质量好的天然石材其敲击声清脆悦耳；相反，若天然石材内部存在显微裂隙或因风化导致颗粒间接触变松，则敲击声粗哑。

三试，在天然石材的背面滴上一小粒墨水，如墨水很快四处分散浸出，即表明天然石材内部颗粒松动或存在缝隙，石材质量不好；反之，若墨水滴在原地不动，则说明石材密质地好。

2.3 天然花岗石

自古以来，花岗岩是人类建筑史上不可或缺的一种石材，古代花岗石开采较困难，造价昂贵。随着现代科技的进步，在许多的室内、室外建筑中大规模使用。如图2-17、图2-18所示。

图2-17 花岗石外墙

图2-18 花岗石挡石

2.3.1 天然花岗石的性能

1. 天然花岗石的概念

用于建筑装饰工程的花岗石是以花岗岩为代表的一种装饰石材，包括各类石英、长石为主要组成矿物，并含有少量云母和暗色矿物的岩浆岩和花岗质的变质岩，如：花岗岩、辉绿岩、玄武岩等。从外观特征看，花岗石呈整体均粒状结构。

2. 天然花岗石的特点

花岗石的化学成分有 SiO_2、Al_2O_3、CaO、MgO、Fe_2O_3 等，SiO_2 的含量一般为60%以上，为酸性石材，所以，花岗石耐酸、抗风化、耐久性好，但由于所含的石英在高温下会发生晶变，体积膨胀而开裂，因此不耐火。

优质的花岗石质地均匀，构造紧密，石英含量多而云母含量少，不含有害杂质，无风化现象；具有良好的硬度、孔隙率小、吸水率低、抗压强度好。

3. 天然花岗石的用途

花岗石板材主要用于大型公共建筑或装饰等级要求较高的室内外装饰工程。由于花岗石不易风化，外观色泽可以保持百年以上，所以，粗面和细面板材常用于室内外地面、墙面、柱面、台阶、勒脚、基座等；镜面板材主要用于室内外地面、墙面、柱面、台阶、台面等。如图2-19所示。

图 2-19　天然花岗石的应用

4. 天然花岗石的品种

我国花岗石矿产资源也极为丰富，储量大，品种多。据调查资料统计，我国天然花岗石的花色品种 100 多种，建筑装饰用花岗石以其花纹、色泽特征及原料产地来命名的。常见天然花岗石花纹及颜色种类众多，依其抛光面的基本颜色，大致可分为红色、绿色、花白、黑色、黄色、青色等 6 个系列，每个系列依其抛光面的色彩和花纹特征、产地又可分为若干品种，如：中国红、大花绿、芝麻白、芝麻黑、贵妃黄、燕山青等。见表 2-8。

常用花岗石一览表（部分）　　表 2-8

品种	图片	性能特点	用途和规格
芝麻黑		属于黑色系，密度好，光泽度高，颜色稳定，在国内和国际市场上都非常受设计师和消费者青睐	广泛应用于板材、地铺、台面、雕刻、工程外墙板、室内墙面板、地板、广场工程板、环境装饰路沿石等各种建筑和庭院

续表

品种	图片	性能特点	用途和规格
中国红		属于红色系，结构致密、质地坚硬、耐酸碱、耐气候性好，容易切割，塑造，可做成多种表面效果——抛光、亚光、细磨、火烧、水刀处理和喷沙等。可以在室外长期使用	一般用于地面、台阶、基座、踏步、檐口等处，多用于室外墙面、地面、柱面的装饰等
芝麻白		属于花白系列，细粒、中粒、粗粒的粒状构造，或似斑状构造，其颗粒均匀细密，空隙小、吸水率不高、有良好的抗冻功能、质地坚硬，细腻如雪	用于园林广场铺装，地面墙面装饰，异型、拼花、雕刻、窗台、台面以及踏步过门石等
大花绿		属于绿色系列，石板板面呈深绿色，有白色条纹，具有组织细密、坚实、耐风化、色彩鲜明的特点	用于园林广场铺装，地面墙面装饰，异型、拼花、雕刻、窗台、台面以及踏步过门石等
龙海黄玫瑰		属于黄色系，石质地均匀，构造紧密	用于基石、墙体干挂等

2.3.2　天然花岗岩的质量

1. 天然花岗石的分类、等级、标记

(1) 分类

天然花岗石建筑板材的分类主要有以下几种：

1) 按形状分类

① 普型板（PX）：正方形或长方形；

② 圆弧板（HM）；

③ 毛光板（MG）；

④ 异型板（YX）。

2) 按表面加工分类

① 镜面板（JM）：表面平整、具有镜面光泽的板材；

② 粗面板（CM）：表面平整、粗糙，具有较规则加工条纹；

③ 细面板（YG）：表面平整、光滑的板材。

3）按用途分类

① 一般用途：用于一般性装饰用途；

② 功能用途：用于结构性承载用途或特殊功能要求。

（2）等级

根据按板材规格尺寸允许偏差，平面度允许极限公差，角度允许极限公差，外观质量分为优等品（A）、一等品（B）、合格品（C）三个等级。

（3）标记

根据《天然花岗石建筑板材》GB/T 18601—2009，对花岗石板材的标记规定如下：

1）名称：荒料产地地名、色调花纹特征名称、花岗石代号（G）。

2）标记顺序：名称、类别、规格尺寸、等级、标准编号。

3）示例：山东济南青花岗石荒料加工的900mm×400mm×20mm 普型、A 级、镜面板材标记如下：

济南青花岗石（G3701）PX JM 900mm×400mm×20mm A GB/T 18601—2009

2. 尺寸要求

普型板的尺寸系列见表2-9，圆弧板、异型板和特殊要求的普型板的规格尺寸由供需双方协商确定。

普型板尺寸系列（单位：mm）　　表2-9

边长系列	300、400、500、600、800、900、1000、1200、1500、1800
厚度系列	10、12、15、18、20、25、30、35、40、50

3. 技术要求

天然花岗石板材的技术要求主要有：规格尺寸允许偏差、平面度允许公差、角度允许公差、外观质量和物理性能。各项指标符合《天然花岗石建筑板材》GB/T 18601—2009的规定。

天然花岗石建筑板材物理性能要求见表2-10。

天然花岗石建筑板材物理性能要求　　表2-10

项目		技术指标	
		一般用途	功能用途
密度(g/cm³)		≥2.56	≥2.56
吸水率(%)		≤0.6	≤0.4
压缩强度(MPa)	干燥	≥100	≥131
	水饱和		
弯曲强度(MPa)	干燥	≥8.0	≥8.3
	水饱和		
耐磨性(1/cm³)		≥25	≥25
耐磨性：使用于地面、楼梯踏步、台面等严重踩踏和磨损部位的花岗石石材			

4. 外观质量

（1）同一批板材的色调应基本调和，花纹应基本一致。

（2）板材正面的外观缺陷（裂纹、缺棱、缺角、色斑、砂眼）应满足《天然花岗石建筑板材》GB/T 18601—2009 的要求。见表 2-11。

板材外观缺陷要求 表 2-11

<table>
<tr><th rowspan="2">缺陷名称</th><th rowspan="2">规定内容</th><th colspan="3">技术指标</th></tr>
<tr><th>A</th><th>B</th><th>C</th></tr>
<tr><td>裂纹</td><td>长度不超过两端顺延至板边总长度的 1/10（长度＜20mm 不计），每块板允许条数</td><td rowspan="5">0</td><td rowspan="3">1</td><td rowspan="3">2</td></tr>
<tr><td>缺棱</td><td>长度≤10mm，宽度≤1.2mm（长度＜5mm，宽度＜1mm 不计），周边每米长允许个数</td></tr>
<tr><td>缺角</td><td>沿板材边长顺延方向，长度≤3mm，宽度≤3mm（长度≤2mm，宽度≤2mm 不计），每块板允许个数</td></tr>
<tr><td>色斑</td><td>面积≤15mm×30mm（面积＜10mm×10mm 不计），每块板允许个数</td><td rowspan="2">2</td><td rowspan="2">3</td></tr>
<tr><td>色线</td><td>长度不超过两端顺延至板边总长度的 1/10（长度＜40mm 不计），每块板允许条数</td></tr>
<tr><td colspan="5">注：干挂板材不允许有裂纹存在</td></tr>
</table>

2.4 青石板和板岩饰面板

青石板在是一种历史悠久的建材，过去常用于园林中的地面、屋面瓦等，江南园林等古建筑都能看见青石板的身影。现在常用作地表装饰。它具有古朴素雅的特点，所以在装修中可以自然地得到一种中式古典韵味。青石板不但有强烈的自然之感，而且质地密实、持久耐用。如图 2-20 所示。

图 2-20 青石板地面

板岩具有较强的审美价值，独特的表面提供了丰富多样的设计和色彩，板岩石材优于一般的人工覆盖材料，防潮，抗风，具有保温性。板岩屋顶可以持续数百年。如图 2-21、图 2-22 所示。

图 2-21　板岩

图 2-22　板岩瓦板

2.4.1　青石板

1. 青石板的概念

青石是地壳中分布最广的一种在海湖盆地生成的灰色或灰白色沉积岩，是碳酸盐岩中最重要的组成岩石。青石是各种石材中最环保的石材，因其取材方便，自然存量巨大，耐磨，耐风化，无辐射，常用于家具家装及户外建筑中。

2. 青石板的特点

青石板质地密实，强度中等，易于加工。常呈灰色，新鲜面为深灰。在生产或加工材料时，利用不同的工艺将石材的表面做成各种不同的表面组织，如粗糙、平整、光滑、镜面、凹凸、麻点等或将材料的表面制作成各种花纹图案或拼镶成各种图案。

3. 青石板的用途

青石易做各种规格的板材、广场石，已广泛应用于室内外装饰及大型广场铺设。青石板可以用于别墅外墙、停车场、阳台、露台、客厅等墙面、地面。

4. 青石板的品种

青石板分为台阶石、铺地石、墙面干挂石材几种，处理手法有青石文化石、青石火烧面、青石剁斧面、青石仿古面、青石亚光面等。常用青石板见表 2-12。

常用青石板一览表（部分）　　表 2-12

品种	图片	性能特点	用途和规格
青石文化石		青石文化石是一种新型的装饰材料，天然无辐射、质地优良、经久耐用、价廉物美	用于建筑物墙裙、地坪铺贴以及庭院栏杆（板）、台阶等，具有古建筑的独特风格

续表

品种	图片	性能特点	用途和规格
青石路沿石		结构致密、质地坚硬、耐酸碱、耐气候性好，可以在室外长期使用	用于室外地面
青石马蹄石		可以使建筑物显得古朴自然、庄严豪华，大大提高了建筑物的品位，可以用多种工艺加工成多种型材	用于建筑的内、外墙壁、地面、台面等的装饰

5. 青石板的技术特征

青石板的表观密度为 1000～2600kg/m^3，抗压强度为 22～140MPa，质地软，吸水率较大，易风化，耐久性差。

2.4.2　板岩饰面板

1. 板岩的概念

板岩是一种变质岩，由黏土岩、粉砂岩或中酸性凝灰岩变质而成。沿板理方向可以剥成薄片。板岩的颜色随其所含有的杂质不同而变化。如图 2-23 所示。

图 2-23　板岩

2. 板岩的特点

具有板状构造，基本没有重结晶，外表呈致密隐结晶，矿物颗粒很细，易于劈成薄片，获得板材，常呈黑、蓝黑、灰、蓝灰、红等不同色调。

3. 板岩的用途

板岩主要用于屋顶、室内外地面、墙面等。板岩地板是铺设在户外的走廊、地下室和厨房。室内的板岩地板持久耐用，功能多样，造型美观。室内板岩地板可以是抛光后的板岩，也可以是天然的样式和颜色，颜色非常丰富，主要以复合灰为主。室外的板岩地板可以是随意的板岩或板岩瓷砖。

4. 板岩的技术特征

板岩硬度较大，耐火、耐水、耐久、耐寒；但脆性大，不易磨光。

2.4.3 文化石

文化石是镶贴在建筑物墙面上起装饰作用的石材，是没有经过精细加工的表面粗糙的天然石材，其造型多样，色彩不一，多用于室内的局部装饰，如居室内电视墙的装饰，庭院中的地面处理，装饰效果贴近自然，体现出古朴的装饰风格。文化石具有逼真的天然石外观，重量轻、色彩丰富、强度高、稳定性好，便于安装。如图 2-24 所示。

图 2-24 文化石墙面

文化石可分为天然文化石和人造艺术石两大类。天然文化石是开采于自然界的石材，其中的板岩、砂岩、石英石，经过加工，成为一种装饰石材。人造文化石是由天然文化石经过再加工制成，质地更轻，具有无毒、不霉、安装方便的特点，适宜做墙面局部处理，减轻墙体的承重力，价格也较天然文化石贵一些。

2.4.4 蘑菇石

蘑菇石因凸出的装饰面如同蘑菇而得名。蘑菇石板的装饰一般采用大小一致、形态完整的石材，主要用在室外的墙面、柱面等立面的装修。如图 2-25 所示。

图 2-25 蘑菇石外墙

2.5 人造饰面石材

随着科学技术水平的发展，人造石材作为一种新型的饰面材料，正在广泛地应用于建筑室内外装饰。

2.5.1 人造饰面石材的性能

1. 人造饰面石材的概念

人造饰面石材是采用无机或有机胶凝材料作为胶粘剂，以天然砂、碎石、石粉或工业渣等为粗、细填充料，经搅拌混合、成型、固化、表面处理而成的一种人造材料。

2. 人造饰面石材的特点

人造饰面石材具有类似大理石、花岗石的肌理特点，色泽均匀、结构致密，具有重量轻、强度大、厚度薄、色泽鲜艳、花色繁多、装饰性好、耐腐蚀、耐污染、便于施工、价格较低的特点。

3. 人造饰面石材的用途

人造饰面石材主要用于室内地面、窗台板、踢脚板等装饰部位。树脂型人造大理石一般用于厨房台柜面等。

2.5.2 人造饰面石材的分类

人造饰面石材按照所用材料和制造工艺的不同，可分为水泥型人造石材、聚酯型人造石材、石英石、复合型人造石材、烧结型人造石材和微晶玻璃型人造石材。其中聚酯型人造石材和微晶玻璃型人造石材是目前应用较多的品种。目前主要的产品有人造石英石、人造花岗石、实体面材和水泥基合成石等。

1. 水泥型人造石材

水泥型人造石材是以水泥为胶凝材料，砂为细骨料，碎大理石、花岗石、工业废渣等为粗骨料，按比例经配料、搅拌、成型、研磨、抛光等工序制成的人工石材。

(1) 水泥型人造石材的特性

表面光泽度高，花色、纹理耐久性好，抗风化、防潮、耐冻和耐火的性能优良。但耐腐蚀能力较差，易产生裂缝。

(2) 种类

水泥型人造石材主要有水磨石、花阶砖和人造艺术石等。

水磨石（图 2-16～图 2-29）（也称磨石）是将碎石、玻璃、石英石等骨料拌入水泥粘接料制成混凝制品后经表面研磨、抛光的制品。以水泥粘接料制成的水磨石叫无机磨石，用环氧粘接料制成的水磨石又叫环氧磨石或有机磨石，水磨石按施工制作工艺又分现场浇筑水磨石和预制板材水磨石地面。

图 2-26　现浇水磨石

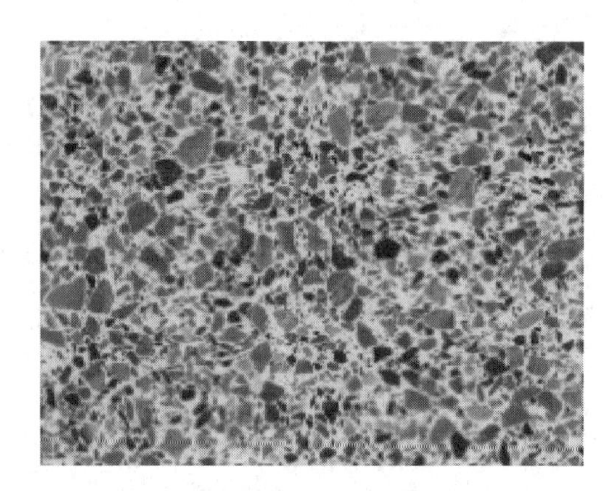

图 2-27　预制水磨石

图 2-28　水磨石台面

图 2-29　水磨石墙面

2. 聚酯型人造石材

聚酯型人造石材是以不饱和聚酯为胶凝材料，配以大理石、花岗石、石英砂或氢氧化铝等无机粉状、粒状填料，经过配料、搅拌、浇筑成型，在固化剂、催化剂作用下发生固化，再经脱模、抛光等工序制成的人造石材。如图 2-30～图 2-33 所示。

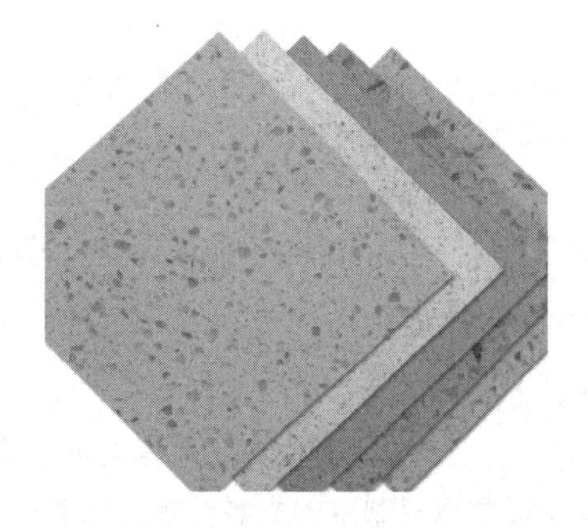

图 2-30　人造大理石（一）

图 2-31　人造大理石（二）

图 2-32 人造花岗石

图 2-33 人造玉石

（1）特性

聚酯型人造石材光泽度高、质地高雅、强度较高、耐水、耐污染、花色可设计性强。缺点是耐刻划性较差、容易出现翘曲变形。

（2）分类

聚酯型人造石材按成型方法可分为：浇筑成型聚酯人造石、压缩成型聚酯型人造石和大块荒料成型聚酯型人造石。

聚酯型人造石材按花色质感可分为：聚酯人造大理石板、聚酯人造花岗石板、聚酯人造玉石板。

（3）应用

聚酯型人造石材可用于室内外墙面、柱面、楼梯面板、服务台面等部位的装饰装修。

3. 石英石

（1）概念

石英石是 92％石英砂粉和 8％树脂、颜料和其他辅助材料在真空状态下高压压制成形、高温状态下定形的新型石材，是一种无放射性污染、可重复利用的环保、绿色新型建材及装饰材料。

（2）特点

不易划伤：石英石的石英含量高达 93％，其表面硬度可高达莫氏硬度 7，大于厨房中所使用的刀铲等利器，不会被其刮伤。

抗污染性强：石英石是在真空条件下制造的表里如致密无孔的复合材料，表面对酸碱有极好的抗腐蚀能力，长时间置于表面的液体只需用清水或洁而亮等清洁剂用抹布擦除即可。

阻燃：天然的石英结晶是典型的耐火材料，其熔点高达 1300℃，93％天然石英制成的石英石完全阻燃，不会因接触高温而导致燃烧，具有人造石等台面无法比拟的耐高温特性。

无毒无辐射：石英石的表面光滑、平整、无划痕滞留，致密无孔的材料结构，使得细菌无处藏身。石英石完全无毒无辐射，可与食物直接接触，且通过中国环境标志产品认证。

（3）用途

用于厨房台面、餐台、卫生间台面、窗台、吧台、内外墙面、地面等（图 2-34、图 2-35）。

图 2-34 石英石窗台板

图 2-35 石英石台面板

石材窗台板

4. 复合型人造石材

复合型人造石材是指其胶结料中，兼有无机材料（如水泥）和有机高分子材料（树脂）。它是先用无机胶凝材料将碎石、石粉等集料胶结成型硬化后，再将硬化体浸渍在有机单体中，使其在一定条件下聚合而成。如作板材，其底层就用廉价而性能稳定的无机材料制成，面层则采用聚酯树脂和大理石粉制成。

其特性是表面光泽度高，花纹美丽，抗污染和耐候性好。

5. 烧结型人造石材

烧结型人造石材是以长石、石英石、方解石粉和赤铁粉及高岭土混合，用泥浆法制成坯、半干压法加工成型并在窑炉中高温焙烧而成的板材。此石材因能耗大、造价高，实际中应用较少。

6. 微晶玻璃型人造石材

微晶玻璃型人造石材又称微晶板、微晶石，是由矿物粉料高温熔烧而成的，由玻璃相和结晶相构成的复相人造石材。如图 2-36 所示。

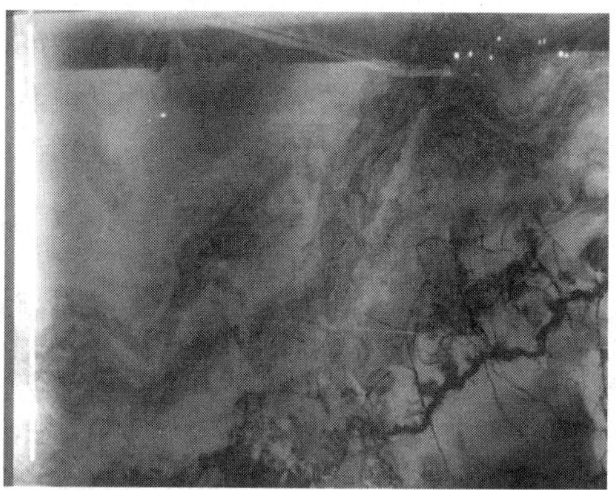

图 2-36 微晶石

按外形分为普型板、异型板。

按表面加工程度分为镜面板、亚光面板。

微晶玻璃型人造石材的特征是具有大理石的柔和光泽、色差小、颜色多、装饰效果好、强度高、硬度高、吸水率极低、耐磨、抗冻、耐风化、耐酸碱、稳定性好。

等级可分为优等品（A）、合格品（B）。

应用于室内外墙面、地面、柱面、台面等。

单元总结

本单元对岩石、石材、天然大理石、天然花岗石、青石板、板岩、文化石、人造石作了比较详细的阐述。

介绍了岩石的分类和性质、天然石材的分类，详细阐述了天然大理石的性能及质量，天然花岗石的性能及质量，对青石板、板岩、文化石进行了较为详细的介绍，对各类人造石材进行了介绍。

实训指导书

了解建筑装饰中常用的各类石材，掌握筑装饰中常用的各类石材性能特点及应用情况，根据装饰要求，能够正确并合理地选择装饰石材。

一、实训目的

让学生自主地到建筑装饰材料市场和建筑装饰施工现场进行考察和实训，了解常用装饰石材的种类和价格，熟悉装饰石材应用情况，能够准确识别各种常用石材的名称、规格、种类、价格、使用要求及适用范围等。

二、实训方式

1. 建筑装饰材料市场的调查分析

学生分组：3～5 人一组，自主地到建筑装饰材料市场进行调查分析。

调查方法：以调查、咨询为主，认识各种装饰石材，调查材料价格，收集材料样本图片，掌握材料的选用要求。

重点调查：各类石材的种类和常用规格。

2. 建筑装饰施工现场装饰材料使用的调研

学生分组：10～15 人一组，由教师或现场负责人指导。

调查方法：结合施工现场和工程实际情况，在教师或现场负责人指导下，熟知各类石材在工程中的使用情况和注意事项。

重点调查：施工现场装饰石材的施工方法。

三、实训内容及要求

（1）认真完成调研日记。

（2）填写材料调研报告。

（3）实训小结。

思考及练习

一、填空题

1. 岩石的种类繁多，按地质成因可分为________、________和________三大类。

2. 岩浆岩按岩浆冷却条件的不同，可分为________、________、________。

3. 沉积岩根据沉积的方式不同，可分为________、________、________。

4. 天然装饰石材根据岩石类型及成因，可分为________、________、________、________、________等。

5. 人造装饰石材根据材料及制造工艺，可分________、________、________、________。

6. 根据使用功能和装饰效果，石材的表面可以进行________、________、________、喷沙、仿古等处理。

7. 天然石材的技术性质主要有________、________、________。

8. 天然大理石按矿物组成分为________、________、________。

9. 天然花岗石建筑板材按形状分为________、________、________、________。

10. 青石板的表观密度为________，抗压强度为________。

二、名词解释

1. 岩浆岩

2. 沉积岩

3. 变质岩

4. 天然装饰石材

5. 人造装饰石材

6. 青石板

7. 水磨石

三、简答题

1. 花岗岩的性能特征主要有哪些?

2. 简述石灰岩的性能特征及用途。

3. 简述装饰石材的选用原则。

4. 简述天然大理石的特点和用途

5. 简述汉白玉的性能特点及用途。

6. 简述天然大理石的分类、等级、标记。

7. 简述天然花岗石的分类、等级、标记。

8. 简述板岩的特点及用途。

9. 简述聚酯型人造石材的特性、分类。

教学单元3 Chapter 03

建筑装饰石膏及制品

教学目标

1. 知识目标

- 能够掌握建筑装饰石膏的概念；
- 能够掌握建筑装饰石膏板和纸面石膏板的类型和特征；
- 掌握纸面石膏板的规格和用途。

2. 能力目标

- 能够了解建筑装饰石膏板的用途；
- 能够快速辨别建筑装饰石膏板的类别；
- 能够熟悉其他石膏制品。

3. 思政目标

- 培养学生环保理念和对中国建筑艺术的追求。

思维导图

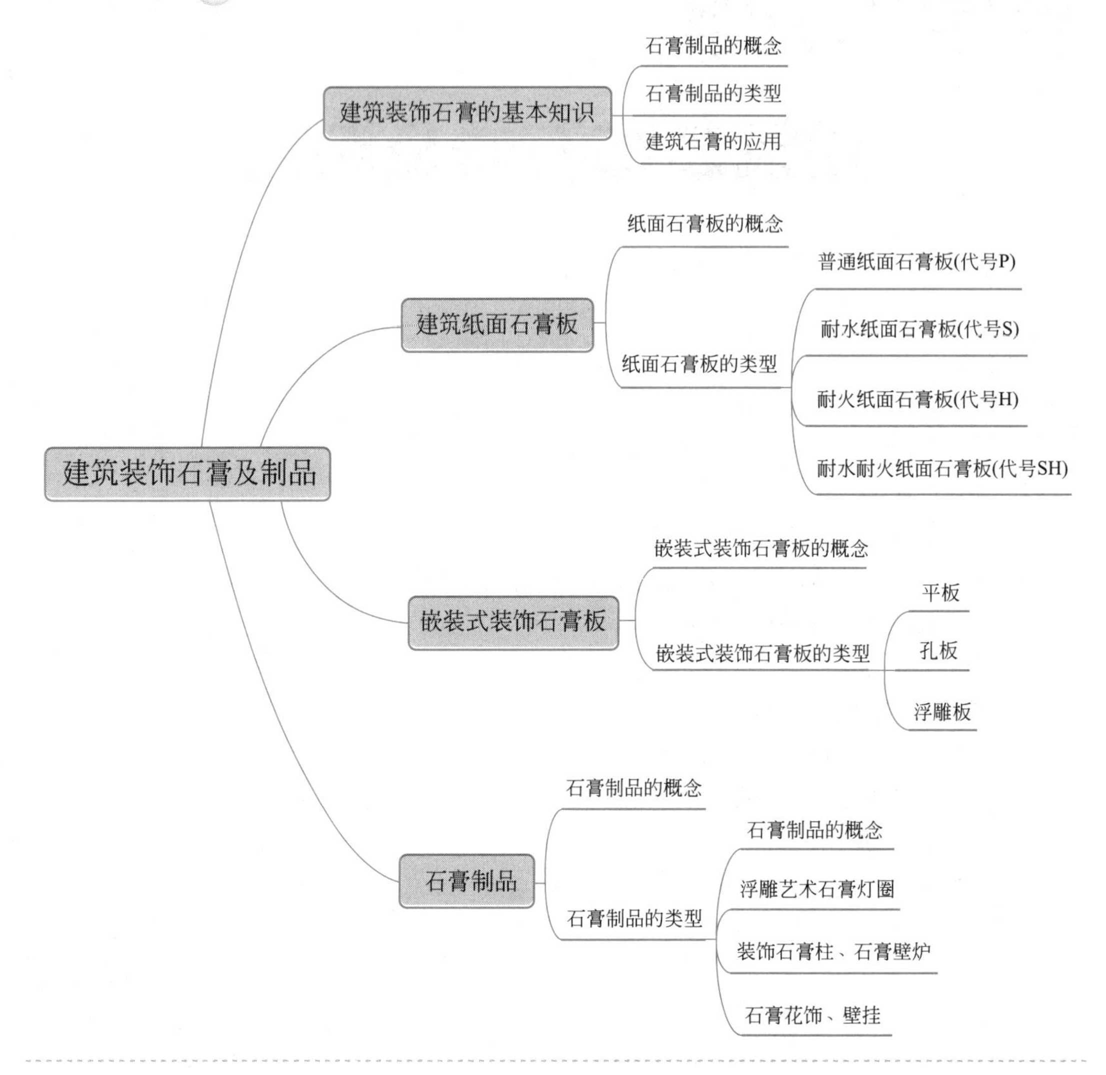

石膏是人类最早使用的人工材料之一。在人类发现火以前只使用天然木材、石材或石穴。发现火以后，人们利用火煅烧天然矿石发现了一些产物具有胶凝作用，可用来粘结石材等块材，也可制成一些制品使用，这就是最早的石膏及石膏制品。

石膏及其制品具有造型美观、表面光滑、细腻，且又轻质、吸声、保温、防火等特点，在装饰工程被大量运用。建筑中使用最多的石膏品种是建筑石膏，其次是模型石膏，此外，还有高强度石膏、无水石膏水泥和地板石膏。

在装饰工程中，建筑石膏和高强石膏往往先加工成各式制品，然后镶贴、安装在基层或龙骨支架上。石膏装饰制品主要有装饰板、装饰吸声板、装饰线角、花饰、装饰浮雕壁画、画框、挂饰及建筑艺术造型等，这些制品都充分发挥了石膏胶凝材料的装饰性，效果很好，近年来备受青睐。

3.1 建筑装饰石膏的基本知识

3.1.1 建筑装饰石膏的概念

建筑石膏是将天然二水石膏等原料在 107～170℃的温度下煅烧成熟石膏，再经磨细而成的白色粉状物，如图 3-1 所示。其主要成分为 β 型半水石膏。

图 3-1 石膏粉

建筑石膏硬化后具有很好的绝热吸声性能和较好的防火性能吸湿性能；颜色洁白，可用于室内粉刷施工，特别适合于制作各种洁白光滑细致的花饰装饰，如加入颜料可使制品具有各种色彩。

3.1.2 建筑石膏的主要性能

1. 凝结硬化快

建筑石膏在加水拌合后，浆体在几分钟内便开始失去可塑性，30 分钟内完全失去可塑性而产生强度，大约一星期左右完全硬化。为满足施工要求，需要加入缓凝剂，如硼砂、酒石酸钾钠、柠檬酸、聚乙烯醇、石灰活化骨胶或皮胶等。

2. 凝结硬化时体积微膨胀

石膏浆体在凝结硬化初期会产生微膨胀。这一性质使得石膏制品的表面光滑、细腻、尺寸精确、形体饱满、装饰性好。

3. 孔隙率大

建筑石膏在拌合时，为使浆体具有施工要求的可塑性，需加入石膏用量 60%的用水量，而建筑石膏水化的理论需水量为 18.6%，所以大量的自由水在蒸发时，在建筑石膏制品内部形成大量的毛细孔隙。导热系数小，吸声性较好，属于轻质保温材料。

4. 具有一定的调湿性

由于石膏制品内部大量毛细孔隙对空气中的水蒸气具有较强的吸附能力，所以对室内的空气湿度有一定的调节作用。

5. 防火性好

石膏制品在遇火灾时，二水石膏将脱出结晶水，吸热蒸发，并在制品表面形成蒸汽幕和脱水物隔热层，可有效减少火焰对内部结构的危害。建筑石膏制品在防火的同时自身也会遭到损坏，而且石膏制品也不宜长期用于靠近65℃以上高温的部位，以免二水石膏在此温度下失去结晶水，从而失去强度。

6. 耐水性、抗冻性差

建筑石膏硬化体的吸湿性强，吸收的水分会减弱石膏晶粒间的结合力，使强度显著降低；若长期浸水，还会因二水石膏晶体逐渐溶解而导致破坏。

3.1.3 建筑石膏的应用

建筑石膏的用途广泛，主要用于室内抹灰、粉刷，生产各种石膏板及装饰制品，做水泥原料中的缓凝剂和激发剂等。

建筑石膏不宜用于室外工程和65℃以上的高温工程。

3.2 建筑纸面石膏板

3.2.1 纸面石膏板的概念

纸面石膏板是以建筑石膏为主要原料，掺入适量的纤维材料、缓凝剂等作为芯材，并以纸板作为增强护面材料，经加水搅拌、浇筑、辊压、凝结、切断、烘干等工序，加工制成的板材。因具有质轻、防火、隔声、保温、隔热、加工性强良好（可刨、可钉、可锯）、施工方便、可拆装性能好、增大使用面积等优点，广泛用于各种工业建筑、民用建筑，尤其是在高层建筑中可作为内墙材料和装饰装修材料。图3-2所示为纸面石膏板在建筑装饰中的应用。

3.2.2 纸面石膏板的类型

纸面石膏板的品种很多，市面上常见的有普通纸面石膏板、耐水纸面石膏板、耐火纸面石膏板、耐水耐火纸面石膏板。

1. 普通纸面石膏板（代号P）

普通纸面石膏板是以建筑石膏和护面纸为主要原料，掺加适量纤维、胶粘剂、促凝剂、缓凝剂，在与水搅拌后，浇筑于护面纸的面纸与背纸之间，并与护面纸牢固地粘结在一起的建筑板材，如图3-3、图3-4所示。护面纸板主要起到提高板材抗弯、抗冲击性能的作用。

图3-2 纸面石膏板的应用

图3-3 普通纸面石膏板（一）

图3-4 普通纸面石膏板（二）

普通纸面石膏板宽度分为900mm和1200mm；长度分为1800mm，2100mm，2400mm，2700mm，3000mm，3300mm和3600mm；厚度分为9mm，12mm，15mm和18mm。板材的棱边有矩形（代号PJ）、45°倒角形（代号PD）、楔形（代号PC）、半圆形（代号PB）和圆形（代号PY）五种。

板的端头则是与棱边相垂直的平面。普通纸面石膏板产品品种的标记顺序为：产品名称、板材棱边形状代号、板宽、板厚及标准号。例如：板材棱边为楔形、宽900mm、厚12mm的普通纸面石膏板，其产品标记为“普通纸面石膏板PC900×2GB9775”。

普通纸面石膏板具有质轻、抗弯和抗冲击性高，防火、保温隔热、抗震性好，并具有较好的隔声性和可调节室内湿度等优点。普通纸面石膏板的耐火极限一般为5～15min。板材的耐水性差，受潮后强度明显下降，且会产生较大变形或较大的挠度。普通纸面石膏板还具有可锯、可钉、可刨等良好的可加工性。板材易于安装，施工速度快、工效高、劳动强度小，是目前广泛使用的轻质板材之一。

普通纸面石膏板适用于办公楼、影剧院、饭店、宾馆、候车室、候机楼、住宅等建筑的室内吊顶、墙面、隔断、内隔墙等的装饰。普通纸面石膏板适用于干燥环境中，不宜用于厨房、卫生间、厕所以及空气相对湿度大于65%的潮湿环境中。

一般使用9.5mm厚的普通纸面石膏板来做吊顶或间墙，在潮湿条件下，由于9.5mm普通纸面石膏板比较薄、强度不高，容易发生变形，建议选用12mm以上的石膏板。

2. 耐水纸面石膏板（代号S）

耐水纸面石膏板以建筑石膏为主要原料，掺入适量纤维增强材料和耐水外加剂等，在与水搅拌后，浇筑于耐水护面纸的面纸与背纸之间，并与耐水护面纸牢固地粘结在一起，旨在改善防水性能，如图3-5所示。

耐水纸面石膏板的长度分为1800mm，2100mm，2400mm，2700mm，3000mm，3300mm和3600mm；宽度分为900mm和1200mm；厚度分为9mm，12mm和15mm。板材的棱边形状分为矩形（代号SJ）、45°倒角（代号SD）、楔形（代号SC）、半圆形（代号SB）和圆形（代号SY）五种。

耐水纸面石膏板的板芯和护面纸均经过了防水处理，必须达到一定的防水要求（表面吸水量不大于160g，吸水率不超过10%）。耐水纸面石膏板具有较高的耐水性，其他性能与普通纸面石膏板相同。

耐水纸面石膏板适用于连续相对湿度不超过95%的使用场所，主要用于厨房、卫生间、厕所等潮湿场合的装饰，如图3-6所示。

图3-5 耐水纸面石膏板

图3-6 耐水纸面石膏板的应用

3. 耐火纸面石膏板（代号H）

耐火纸面石膏板是以建筑石膏为主要原料，掺入无机耐火纤维增强材料和外加剂等，在与水搅拌后，浇筑于护面纸的面纸与背纸之间，并与护面纸牢固地粘结在一起，旨在提高防火性能的建筑板材。如图3-7所示。

耐火纸面石膏板的长度分为1800mm，2100mm，2700mm，3000mm，3300mm和3600mm；宽度分为900mm和1200mm；厚度分为9mm，12mm，15mm，18mm，21mm和25mm。板材的棱边形状有矩形（代号HJ）、45°倒角（代号HD）、楔形（代号HC）、半圆形（代号HB）和圆形（代号HY）五种。

耐火纸面石膏板主要用于防火等级要求高的建筑物，其板芯内增加了耐火材料和大量玻璃纤维，如果切开石膏板，可以从断面处看见很多玻璃纤维。质量好的耐火纸面石膏板会选用耐火性能好的无碱玻纤，一般的产品都选用中碱或高碱玻纤。

耐火纸面石膏板属于难燃性建筑材料（B1级），具有较高的遇火稳定性，其遇火稳定时间大于20～30min。规范规定，当耐火纸面石膏板安装在钢龙骨上时，可作为A级装饰材料使用。

耐火纸面石膏板主要用作防火等级要求高的建筑物的装饰材料，如影剧院、体育馆、幼儿园、展览馆、博物馆、候机（车）大厅、售票厅、商场、娱乐场所及其通道、楼梯间、电梯间等的吊顶、墙面、隔断等，如图 3-8 所示。

图 3-7　耐火纸面石膏板

图 3-8　耐火纸面石膏板的应用

4. 耐水耐火纸面石膏板（代号 SH）

耐水耐火纸面石膏板是以建筑石膏为主要原料，掺入耐水外加剂和无机耐火纤维增强材料等，在与水搅拌后，浇筑于耐水护面纸的面纸与背纸之间，并与耐水护面纸牢固地粘结在一起，旨在改善防水性能和提高防火性能的建筑板材。

纸面石膏板韧性好，不燃，尺寸稳定，表面平整，可以锯割，便于施工，主要用于吊顶、隔墙、内墙贴面、天花板、吸声板等。

纸面石膏板应该按不同型号、规格在室内分类、水平堆放。堆放场地应坚实、平整、干燥。堆放时用垫条使板材和地面隔开，并不使板材在堆放时变形、受潮。在运输过程中应避免撞击破损，并防止板材受潮。

表 3-1 为常见纸面石膏板一览表。

常见纸面石膏板一览表　　表 3-1

品种	图片	性能特点	用途和规格
普通纸面石膏板（代号 P）		质轻，抗弯和抗冲击性高，防火，保温隔热、抗震性好，并具有较好的隔声性和可调节室内湿度等优点	适用于办公楼、影剧院、饭店、宾馆、候车室、候机楼、住宅等建筑的室内吊顶、墙面、隔断、内隔墙等的装饰。 规格： 宽度 900mm 长度 1800mm 厚度 2100mm
耐水纸面石膏板（代号 S）		具有较高的耐水性，质轻，抗弯和抗冲击性高，防火，保温隔热、抗震性好，并具有较好的隔声性和可调节室内湿度等优点	用于厨房、卫生间、厕所等潮湿场合的装饰。 规格： 宽度 900mm 长度 1800mm 厚度 2100mm

续表

品种	图片	性能特点	用途和规格
耐火纸面石膏板（代号 H）		属于难燃性建筑材料（B1 级），具有较高的遇火稳定性，其遇火稳定时间大于 20～30min	用作影剧院、体育馆、幼儿园、展览馆、博物馆等防火等级要求高的建筑的吊顶、墙面、隔断。 规格： 宽度 900mm 长度 1800mm 厚度 2100mm
耐水耐火纸面石膏板（代号 SH）		具有较高的耐水性和耐火性，质轻，抗弯和抗冲击性高，韧性好，尺寸稳定，表面平整，可以锯割，便于施工	用于防水、防火要求的建筑吊顶、隔墙、内墙贴面、顶棚、吸声板等。 规格： 宽度 900mm 长度 1800mm 厚度 2100mm

3.3 嵌装式装饰石膏板

3.3.1 嵌装式装饰石膏板的概念

嵌装式装饰石膏板是以建筑石膏为主要原料，掺入适量的纤维增强材料和外加剂，与水一起搅拌成均匀的料浆，经浇筑成型、干燥而成，不带护面纸的板材背面四边加厚，并带有嵌装企口，板材正面为平面、带孔或带浮雕图案。如图 3-9、图 3-10 所示。

图 3-9　嵌装式装饰石膏板

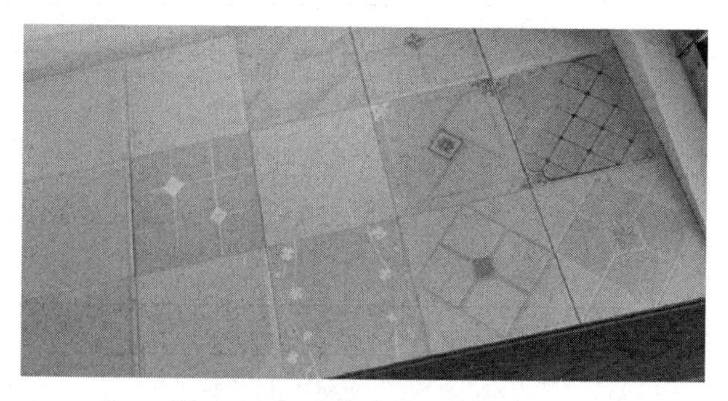

图 3-10　嵌装式装饰石膏板

嵌装式装饰石膏板为正方形，其棱角断面形状有直角形和倒角形两种，代号（QZ），其规格有 600mm×600mm×28mm、500mm×500mm×25mm，产品有优等品、一等品和合格品。

根据《嵌装式装饰石膏板》JC/T 800—2007，标记顺序为：产品名称，代号，边长，标准号。

示例：边长尺寸为 600mm×600mm 的普通嵌装式装饰石膏板，标记为：嵌装式装饰石膏板 Q600JC/T 800-2007

嵌装式装饰石膏板的性能除与装饰石膏板的性能相同之外，还有各种色彩、浮雕图案，不同孔洞形式及其不同的排列方式。在安装时，只需嵌固在龙骨上，无需另行固定，是板材的企口相互咬合，故龙骨不外露。

3.3.2　嵌装式装饰石膏板的类型

嵌装式装饰石膏板是带有嵌装企口的装饰石膏板，分为普通嵌装式石膏板和嵌装式吸声石膏板。在具有一定穿透孔洞的嵌装式石膏板的背面复合吸声材料，使之成为具有较强吸声性的板材，则称为嵌装式装饰吸声石膏板（代号 QS），简称嵌装式吸声石膏板。

嵌装式装饰石膏板分为平板、孔板、浮雕板，如图 3-11 所示。

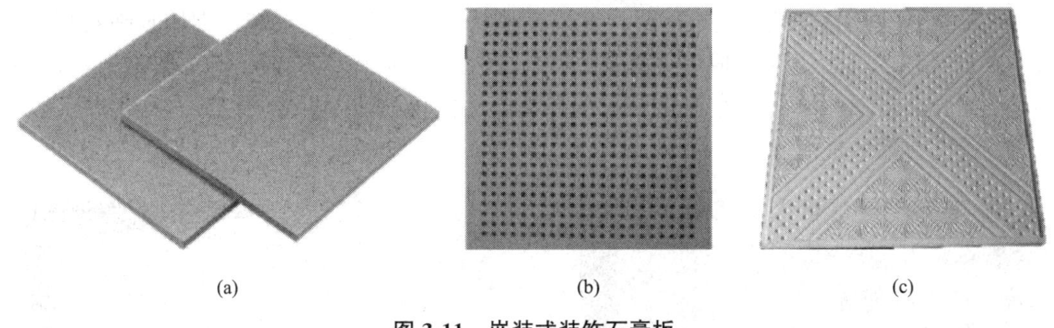

(a)　(b)　(c)

图 3-11　嵌装式装饰石膏板

(a) 平板；(b) 孔板；(c) 浮雕板

嵌装式装饰石膏板可用于音乐厅、礼堂、影剧院、播演室、录音室等吸声要求较高的建筑物装饰。

3.4　石膏制品

3.4.1　石膏制品的概念

石膏制品是用优质建筑石膏为原料，加入纤维增强材料等外加剂，与水一起制成料浆，再经浇筑入模，干燥硬化后而制得的一类产品。主要包括浮雕艺术石膏线角、线板、花角、灯圈、壁炉、罗马柱、圆柱、方柱、麻花柱、灯座、花饰等。在色彩上，可利用优质建筑石膏本身洁白高雅的色彩；造型上可洋为中用，古为今用，可将石膏这一传统材料赋予新的装饰内涵。如图 3-12、图 3-13 所示。

图 3-12　石膏制品应用

图 3-13　石膏制品应用

3.4.2　石膏制品的类型

1. 浮雕艺术石膏线角、线板、花角

装饰石膏线角是长条状装饰部件，其断面形状为一字形或 L 形等，多用高强石膏或加筋建筑石膏制作，用浇筑法成型，如图 3-14、图 3-15 所示。其表面呈现雕花型和弧型，具有表面光洁、颜色洁白高雅、花形和线条清晰、立体感强、尺寸稳定、强度高、无毒、防火、施工方便等优点。

图 3-14　石膏线板

图 3-15　石膏线角

装饰石膏线角宽度一般为 45～300mm，长度一般为 1800～2300mm。石膏线板的宽度一般为 50～150mm，厚度为 15～25mm 左右，每条长约 1500mm。石膏线角、线板、花角在室内装修中组合使用，可直接用粘贴石膏腻子和螺钉进行固定安装，是一种造价低廉、装饰效果好、调节室内湿度、防火的理想装饰装修材料。广泛用于高档宾馆、饭店、写字楼和居民住宅的吊顶装饰。

2. 装饰石膏柱、石膏壁炉

装饰石膏柱有罗马柱、麻花柱、圆柱、方柱等多种，柱上、下端分别配以浮雕艺术石膏柱头和柱基，柱高和周边尺寸由室内层高和面积大小而定。柱身纵向浮雕条纹，可显得室内空间更加高大。在室内门厅、走道、墙壁等处设置装饰石膏板，既丰富了室内的装饰层次，更给人一种欧式装饰艺术和风格的享受。如图 3-16～图 3-18 所示。

图 3-16　石膏柱

图 3-17　石膏柱的应用

图 3-18　石膏壁炉

3. 浮雕艺术石膏灯圈

作为一种良好的吊顶装饰材料，浮雕艺术石膏灯圈与灯饰形成一个整体，表现出相互烘托、相得益彰的装饰气氛，如图 3-19、图 3-20 所示。石膏灯圈外形一般加工成圆形板材，也可根据室内装饰设计要求和用户要求制作成圆形或花瓣形，其直径有 500～1800mm 等多种，板厚一般为 10～30mm。室内吊顶装饰的各种吊挂灯或吸顶灯，配以浮雕艺术石膏灯圈，使人进入一种高雅美妙的装饰意境。

图 3-19　石膏灯圈

图 3-20　石膏灯圈的应用

4. 石膏花饰、壁挂

石膏花饰是按设计图先制作阴模（软模），然后浇入石膏麻丝料浆成型，再经硬化、脱模、干燥而成的一种装饰材料，板厚一般为 15～30mm。石膏花饰的花形图案、品种规格很多，表面可为石膏天然白色，也可以制成描金或象牙白色、暗红色、淡黄色等多种颜色。用于建筑物室内顶棚或墙面装饰。建筑石膏还可以制作成浮雕壁挂，表面可涂饰不同色彩的涂料，也是室内装饰的新型艺术制品。如图 3-21、图 3-22 所示。

总之，石膏线角、灯饰、花饰、造型等，充分利用了石膏制品质轻、细腻、高雅而又方便制作、成本不高的特点，并已构成系列产品，它们在建筑室内装饰中有着较为广泛的应用。表 3-2 为常见石膏制品一览表。

图 3-21　石膏壁画

图 3-22　石膏壁画的应用

常见石膏制品一览表　　表 3-2

品种	图片	性能特点	用途和规格
石膏线角		表面呈现雕花形和弧形，具有表面光洁、颜色洁白高雅、花形和线条清晰、立体感强、尺寸稳定、强度高、无毒、防火、施工方便等优点	广泛用于高档宾馆、饭店、写字楼和居民住宅的吊顶装饰。 规格： 宽度 45～300mm 长度 1800～2300mm
石膏柱		具有细腻、高雅而又方便制作的特点，显得室内空间更加高大	用于室内门厅、走道、墙壁等处，既丰富了室内的装饰层次，更给人一种欧式装饰艺术和风格的享受
石膏灯圈		与灯饰作为一个整体，表现出相互烘托、相得益彰的装饰气氛	室内吊顶装饰的各种吊挂灯或吸顶灯，配以浮雕艺术石膏灯圈，使人进入一种高雅美妙的装饰意境。 规格： 直径 500～1800mm 板厚 10～30mm
石膏花饰		花形图案、品种规格多，色彩丰富，表面可为石膏天然白色，也可以制成描金或象牙白色、暗红色、淡黄色等多种颜色	用于建筑物室内顶棚或墙面装饰。建筑石膏还可以制作成浮雕壁挂，表面可涂饰不同色彩的涂料，也是室内装饰的新型艺术制品。 规格： 板厚 15～30mm

单元总结

本单元对建筑装饰材料、石膏装饰制品和纸面石膏板作了详细的阐述。

介绍了石膏的原料、主要性能和用途，阐述了装饰石膏板、嵌装式装饰石膏板、纸面石膏板的性能特点和使用范围，介绍了艺术装饰石膏制品的用途和应用效果。

实训指导书

了解装饰石膏的定义、分类等，熟悉其特点性能，掌握建筑纸面石膏板、嵌装式石膏板和石膏制品的性能特点、种类及应用情况，根据装饰要求，能够正确并合理地选择建筑纸面石膏板、嵌装式石膏板和石膏制品使用。

一、实训目的

让学生自主地到建筑装饰材料市场和建筑装饰施工现场进行考察和实训，了解常用建筑纸面石膏板、嵌装式石膏板和石膏制品的价格，熟悉建筑纸面石膏板、嵌装式石膏板和石膏制品的应用情况，能够准确识别各种常用建筑纸面石膏板、嵌装式石膏板和石膏制品的名称、规格、种类、价格、使用要求及适用范围等。

二、实训方式

1. 建筑装饰材料市场的调查分析

学生分组：3～5人一组，自主地到建筑装饰材料市场进行调查分析。

调查方法：学会以调查、咨询为主，认识各种建筑纸面石膏板、嵌装式石膏板和石膏制品，调查材料价格，收集材料样本图片，掌握材料的选用要求。

重点调查：各类建筑纸面石膏板、嵌装式石膏板和石膏制品的常用规格。

2. 建筑装饰施工现场装饰材料使用的调研

学生分组：10～15人一组，由教师或现场负责人指导。

调查方法：结合施工现场和工程实际情况，在教师或现场负责人指导下，熟知建筑纸面石膏板、嵌装式石膏板和石膏制品在工程中的使用情况和注意事项。

重点调查：施工现场建筑纸面石膏板、嵌装式石膏板和石膏制品的施工方法。

三、实训内容及要求

（1）认真完成调研日记。

（2）填写材料调研报告。

（3）实训小结。

思考及练习

一、填空题

1. 建筑石膏的孔隙率可达________，并且体积密度为________。

2. 板材边长尺寸为 600mm×600mm 的普通嵌装式装饰石膏板，标记为________。

3. 纸面石膏板主要用于建筑物内隔墙，有________、________、________和________四类。

4. ________浆体在凝结硬化过程中，其体积发生微小膨胀。

5. 建筑石膏硬化后，在潮湿环境中，其强度显著________，遇水则________，受冻后________。

二、选择题

1. 下列（　　）不是陶瓷胚体的主要原料。

A. 可塑性原料　　B. 瘠性原料　　C. 熔剂原料　　D. 辅助原料

2. 下列选项中不属于石膏制品的特点的是（　　）。

A. 水化作用快、凝结硬化快　　B. 孔隙率大、强度低

C. 防火性差　　D. 耐水性差

3. （　　）的表面光滑、细腻、尺寸精确形状饱满，因而装饰性好。

A. 石灰　　B. 石膏　　C. 菱苦土　　D. 水玻璃

4. 石膏制品不宜用于（　　）。

A. 吊顶材料　　B. 影剧院穿孔贴面板

C. 非承重隔墙板　　D. 冷库内的墙贴面

5. 有关建筑石膏的性质，下列（　　）是不正确的。

A. 加水后凝结硬化快，且凝结时像石灰一样，出现明显的体积收缩

B. 加水硬化后有很强的吸湿性，耐水性与抗冻性均较差

C. 石膏制品具有较好的抗火性能，但不宜长期用于靠近 65℃以上的高温部位

D. 适用于室内装饰绝热、保温、吸声等

三、简答题

1. 为什么说建筑石膏是功能性较好的建筑装饰材料?

2. 建筑石膏具有哪些性质?

3. 叙述纸面石膏板的性质和应用。

4. 叙述嵌装式装饰石膏板的性质和应用。

教学单元4 Chapter 04

建筑装饰陶瓷

教学目标

1. 知识目标

- 掌握陶瓷的原料、分类和生产工艺，建筑陶瓷的性能特点、规格和使用范围；
- 掌握卫生陶瓷的类型、规格和选用要求；
- 了解艺术陶瓷的基本特性。

2. 能力目标

- 能够分析建筑装饰陶瓷的特性；
- 能够正确选用建筑装饰陶瓷。

3. 思政目标

- 培养学生对中国传统文化的热爱，培养学生爱国情怀和文化自信。

思维导图

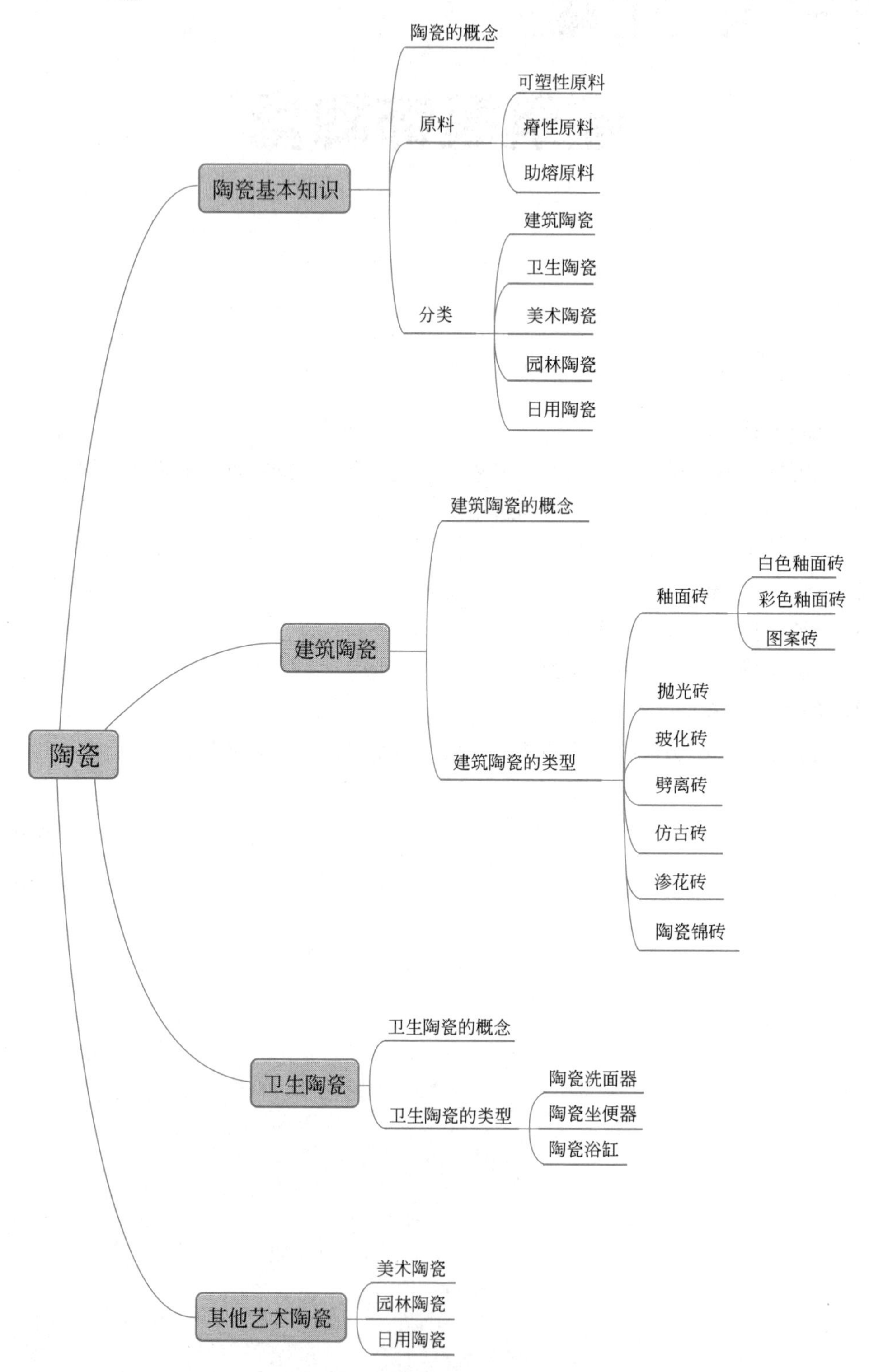
陶瓷
陶瓷基本知识
陶瓷的概念
原料
可塑性原料
瘠性原料
助熔原料
分类
建筑陶瓷
卫生陶瓷
美术陶瓷
园林陶瓷
日用陶瓷
建筑陶瓷
建筑陶瓷的概念
建筑陶瓷的类型
釉面砖
白色釉面砖
彩色釉面砖
图案砖
抛光砖
玻化砖
劈离砖
仿古砖
渗花砖
陶瓷锦砖
卫生陶瓷
卫生陶瓷的概念
卫生陶瓷的类型
陶瓷洗面器
陶瓷坐便器
陶瓷浴缸
其他艺术陶瓷
美术陶瓷
园林陶瓷
日用陶瓷

4.1 陶瓷的基本知识

4.1.1 陶瓷的概念

陶瓷是陶器与瓷器的统称。传统陶瓷又称普通陶瓷，是以黏土等天然硅酸盐为主要原料烧成的制品。现代陶瓷又称新型陶瓷、精细陶瓷或特种陶瓷。常用非硅酸盐类化工原料或人工合成原料，如氧化物（氧化铝、氧化锆、氧化钛等）和非氧化物（氮化硅、碳化硼等）制造。

陶瓷具有绝缘、耐腐蚀、耐高温、硬度高、密度低、耐辐射等诸多优点，已在国民经济各领域得到广泛应用，如图 4-1、图 4-2 所示，包括日用陶瓷、建筑装饰陶瓷、卫生陶瓷、工业美术陶瓷、化工陶瓷、电气陶瓷等，种类繁多，性能各异。

图 4-1 日用陶瓷

图 4-2 建筑装饰陶瓷

陶瓷是一种良好的建筑装饰材料，随着现代科学技术的发展，陶瓷在花色、品种和性能等方面都有了巨大的变化，为现代建筑装饰装修工程提供了越来越多的实用性装饰材料。

随着高新技术工业的兴起，各种新型特种陶瓷也获得较大发展，陶瓷已日趋成为卓越的结构材料和功能材料。它们具有比传统陶瓷更高的耐温性能、力学性能、特殊的电性能和优异的耐化学性能。

4.1.2 陶瓷材料的原料

陶瓷使用的原料品种很多，从来源说，一类是天然矿物原料，一类是化工原料。使用天然矿物类原料制作的陶瓷较多，其又可分为可塑性原料（黏土）、瘠性原料、助熔原料和有机原料四类。

1. 黏土

黏土是由天然岩石经过长期风化、沉积而成的多种微细矿物的混合料。其主要的组成颗粒称作黏土质颗粒，其余为砂和杂质，如图 4-3 所示。按黏土的耐火度、杂质含量及用途可分为高岭土、砂黏土、陶黏土和耐火黏土四种。

图 4-3 黏土

2. 瘠性原料

瘠性原料是为防止坯体收缩产生缺陷而掺入的，其本身无塑性，而且在焙烧过程中不与可塑性原料起化学作用，在坯体和制品中起到骨架作用的原料。最常用的瘠性原料是石英、熟料和瓷粉。如图 4-4 所示。

图 4-4 石英

3. 助熔原料

助熔原料亦称熔剂。在陶瓷坯体焙烧过程中可降低原料的烧结温度，增加密实度和强度，但同时可降低制品的耐火度、体积稳定性和高温抗变形能力。常用的熔剂有长石、碳酸钙或碳酸镁等。如图 4-5、图 4-6 所示。

4. 有机原料

有机原料主要包括天然腐殖质或锯末、糠皮、煤粉等，能提高原料的可塑性。如图 4-7、图 4-8 所示。在焙烧过程中本身碳化成强还原剂，使原料中的氧化铁还原成氧化铁，并与二氧化硅生成硅酸亚铁，起到助熔剂的作用。但掺量过多，会使成品产生黑色熔洞。

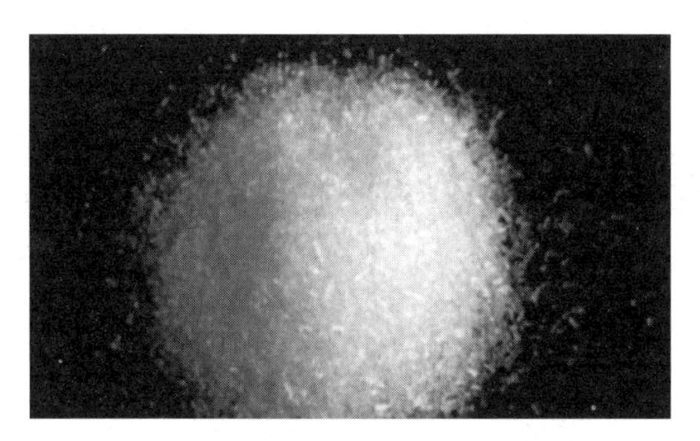

图 4-5　长石

图 4-6　碳酸钙

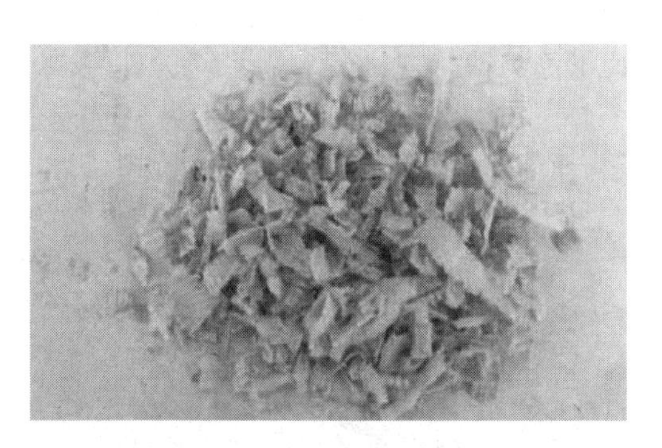

图 4-7　锯末

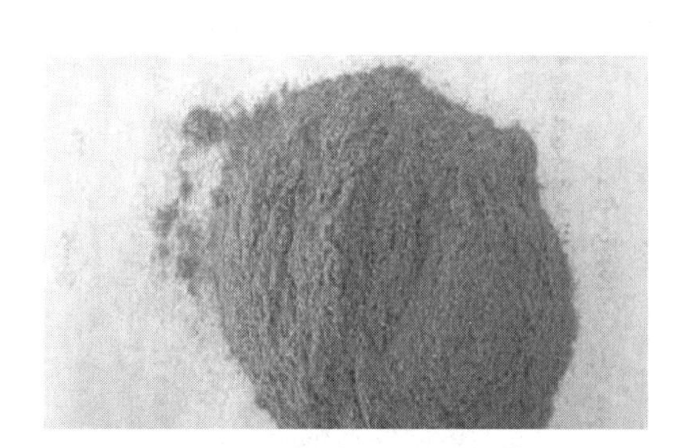

图 4-8　糠皮

4.1.3　陶瓷材料的类型

在一般情况下，陶瓷按原料和烧制温度不同分类，可分为陶器、瓷器和炻器。也可按其用途不同分类，分为建筑陶瓷、卫生陶瓷、美术陶瓷、园林陶瓷、日用陶瓷、特种陶瓷等六种。

凡以陶土、河砂等为主要原料，经低温烧制而成的制品称为陶器。陶器断面粗糙无光，不透明，气孔率较高，强度较低。陶器又分为粗陶和精陶两种。粗陶一般由含杂质较多的黏土制成，精陶坯体以可塑黏土为原料。建筑上用的红砖、陶管属于粗陶，釉面砖属于精陶。

凡以磨细的岩石粉如瓷土粉、长石粉、石英粉等为主要原料，经高温烧制而成的制品称为瓷器。瓷器结构致密、气孔率较小、吸水率低、强度较大、断面细致，敲之有金属声，有一定的半透明性。与陶器相比，其质地较坚硬但较脆。建筑装饰工程中所用的陶瓷锦砖及全瓷地砖属于硬瓷。

炻器是介于陶器和瓷器之间的产品，也称为半瓷器，我国俗称石胎瓷。其坯体比陶器致密，吸水率低于陶器但高于瓷器，断面多数带有颜色，而无半透明性。炻器又分为粗炻器和细炻器两种。炻器与陶器的区别在于陶器坯是多孔的，炻器与瓷器的区别主要是炻器坯多数带有颜色而无半透明性。建筑装饰工程上所用的普通外墙面砖、铺地砖多为粗炻器，其吸水率一般小于2%。

4.2 建筑陶瓷

4.2.1 建筑陶瓷的概念

建筑陶瓷制品是指建筑物室内外装修用的烧土制品，用于建筑装饰工程中的陶瓷制品种类很多，主要有瓷质砖、陶瓷锦砖（马赛克）、细砖、仿古砖、彩釉砖、劈离砖和釉面砖等。该类产品具有良好的耐久性和抗腐蚀性，其花色品种及规格尺寸繁多（边长在5～100cm），主要用作建筑物内外墙和室内外地面的装饰。如图4-9、图4-10所示为陶瓷砖在建筑中的应用。

图4-9　陶瓷砖

图4-10　陶瓷砖装饰效果

4.2.2 建筑陶瓷的类型

1. 釉面砖

釉面砖是用于建筑物内墙面装饰的薄板状精陶制品，又称内墙面砖，习惯上称“瓷砖”。表面施釉，制品经烧成后表面光滑、光亮、颜色丰富多彩，图案五彩缤纷，是一种高级内墙装饰材料，除装饰功能外，还具有强度高、防水、耐火、耐酸碱抗腐蚀、抗急冷急热性较好、易清洗等特点。釉面砖的品种繁多、形状及规格尺寸不一。颜色方面，釉面砖也由单色向彩色图案方向发展。

陶瓷砖案例

常用的釉面砖有以下几种：

（1）白色釉面砖

砖色纯白，釉面光亮，粘贴于墙面清洁大方，常用于厨房、卫生间、洁净车间以及医院等各类洁净房间。如图4-11、图4-12所示。

图 4-11　白色釉面砖

图 4-12　白色釉面砖装饰效果

（2）彩色釉面砖

彩色釉的釉面效果是由釉的化学组成、色彩添加量、施釉厚度与均匀性、烧成时窑炉温度等因素决定的。釉面的颜色主要是采用多种金属氧化物作用而成，黑色氧化钴是釉料中最强烈的着色剂，能形成鲜艳的蓝色；氧化钴在釉中可以形成红色、黄色、粉红色和棕色；二氧化锰可以形成黑色、红色、粉红色与棕色；钒与钴可以制成钒钴黄、钒钴蓝等成色稳定的色釉；氧化铁可形成淡蓝灰色、淡黄色、绿色、蓝色或黑色等。有光泽、彩色的釉面砖，釉面光亮晶莹，色彩丰富雅致。如图 4-13、图 4-14 所示。

图 4-13　彩色釉面砖

图 4-14　彩色釉面砖装饰效果

（3）图案砖

在有光或无光彩色釉面砖上，装饰各种图案经高温烧成，产生浮雕、缎光、绒毛、彩漆等效果，做内墙饰面，别具风格。如图 4-15、图 4-16 所示。

图 4-15　图案砖

图 4-16　图案砖装饰效果

2. 抛光砖

抛光砖是最广为人知的一种瓷砖，是通过把一般的通体砖进行打磨抛光工序而制作出来的地面装饰材料。抛光砖坚硬耐磨，适合在洗手间、厨房以外等室内空间中使用，如图 4-17、图 4-18 所示。在运用渗花技术的基础上，抛光砖可以做出各种仿石、仿木效果。

图 4-17　抛光砖

图 4-18　抛光砖装饰效果

3. 玻化砖

玻化砖又称全瓷玻化砖、玻化瓷砖（玻化的意思就是烧透的瓷砖），是采用优质瓷土经高温焙烧，经过机械研磨、抛光而成的高档装饰材料。如图 4-19、图 4-20 所示。

图 4-19　玻化砖

图 4-20　玻化砖装饰效果

玻化砖的坯体属于高度致密的瓷质坯体，烧结程度很高，表面呈镜面光泽，表面不需上釉。

玻化砖具有天然石材的质感，而且具有高光度、高硬度、高耐磨、吸水率低、色差少以及规格多样化和色彩丰富等优点。同时玻化砖还具有抗折强度高（可达 46MPa）、吸水率低（<0.5%）、抗冻性高、抗风化性强、耐酸碱性高、色彩多样、不褪色、易清洗、洗后不留污渍、防滑等优良特性。

玻化砖按照表面的抛光情况可以分为抛光和亚光两种，目前最为常见的是抛光的。主要规格为300mm×300mm，350mm×350mm，400mm×400mm，450mm×450mm，

500mm×500mm 等。此外，还有踢脚板玻化砖、带有防滑沟槽的玻化砖等。

玻化砖产品原料中不含对人体有害的放射性元素，是高品质环保建材。适用于商业建筑、写字楼、酒店、饭店商场等的室内外地面、外墙面等的装饰。

4. 劈离砖

劈离砖又称劈裂砖，是由于成型时为双砖背联坯体，烧成后再劈离成两块砖，故称劈离砖，如图 4-21 所示。

劈离砖种类很多，色彩丰富（有红、红褐、橙红、黄、深黄、咖啡、灰白、黑、金、米、灰等十多种颜色），颜色自然柔和不褪不变。表面质感变幻多样，细质的清秀，粗质的浑厚。表面上釉的，光泽晶莹，富丽堂皇；表面无釉的，质朴而典雅大方，无反射眩光。劈离砖坯体密实，强度高，其抗折强度大于 30MPa；吸水率小；表面硬度大，耐磨防滑，耐腐抗冻，耐急冷急热。背面凹槽纹与粘结砂浆形成楔形结合，可保证铺贴砖时粘结牢固。

适用于各类建筑物的外墙装饰，也适用于办公楼、图书馆、商场、车站、候车室、餐厅等室内地面及楼梯的铺设。厚砖适于广场、公园、停车场、走廊、人行道等露天地面铺设，也可用做游泳池、浴池池底和池岸的贴面材料。如图 4-22 所示。

图 4-21　劈离砖

图 4-22　劈离砖装饰效果

5. 仿古砖

仿古砖本质上是一种釉面装饰砖。其表面一般采用亚光釉或无光釉，产品不磨边，砖面采用凹凸模具。其坯体有两种：一种是直接采用瓷质砖坯体原料，烧成后的吸水率在 3%左右，即瓷质仿古砖；另一种是吸水率在 8%左右，类似一次烧成水晶地板砖，即炻质仿古砖。如图 4-23 所示。

仿古砖是仿造以往的样式做旧，用带着古典的独特韵味吸引人们的目光，为体现岁月的沧桑、历史的厚重，仿古砖通过样式、颜色、图案，营造出怀旧的氛围。这种砖表面具有仿古效果，很像是在自然中经历了日久天长的风化磨损而产生的。仿古砖是釉面砖，即由胚体和釉面两个部分构成，是在瓷砖胚体的表面施釉经过高温高压烧制而成。如图 4-24 所示。

图 4-23　仿古砖

图 4-24　仿古砖装饰效果

6. 渗花砖

渗花砖是一种装饰材料，也是抛光砖的一种，渗花砖的装饰效果金碧辉煌，集天然花岗岩、天然大理石、彩釉砖的装饰效果于一身。渗花砖的生产不同于在坯体表面施釉的墙地砖，它是利用呈色较强的可溶性无机化工原料，经过适当的工艺处理，采用丝网印刷方法将预先设计好的图案印刷到瓷质砖坯体上，依靠坯体对渗花釉的吸附和助溶剂对坯体的润湿作用，渗入到坯体 2mm 以上，经过高温烧成后，这些可溶性无机盐与坯体发生化学反应而着色，抛光后可呈现清晰的彩色图案。由于渗花砖表面要抛光，一般要求渗花的深度必须大于 2mm，且要均匀。渗花砖不仅强度高、耐磨、耐腐蚀、不吸脏、经久耐用，而且表面抛光处湿后光滑晶莹，亮如镜面，色泽花纹丰富多彩。如图 4-25、图 4-26 所示。

图 4-25　渗花砖（一）

图 4-26　渗花砖（二）

渗花砖属于高档装饰材料，主要用于写字楼、酒店、饭店、娱乐场所、广场、停车场等的室内外地面、外墙面等。

7. 陶瓷锦砖

陶瓷锦砖是陶瓷什锦砖的简称，俗称纸皮砖，又称马赛克（外来语 Mosaic 的译音），它是由边长不大于 50mm、具有多种色彩和不同形状的小块砖，镶拼成各种花色图案的陶瓷制品。如图 4-27 所示。

陶瓷锦砖是一种良好的墙地面装饰材料，它不仅具有质地坚实、色泽美观、图案多样的优点，而且具有抗腐蚀、耐火、耐磨、耐冲击、耐污染、自质较轻、吸水率小、防滑、抗压强度高、易清洗、永不褪色、价格低廉等优质性能。如图 4-28 所示。

图 4-27　陶瓷锦砖

图 4-28　陶瓷锦砖装饰效果

陶瓷锦砖由于其砖块较小、抗压强度高，不易被踩碎，所以主要用于地面铺贴。不仅可用于工业与民用建筑的清洁车间、门厅、走廊、卫生间、餐厅、厨房、浴室、化验室、居室等内墙和地面，而且也可用于高级建筑物的外墙饰面装饰，它对建筑立面有较好的装饰效果，并可增强建筑物的耐久性。如图 4-29、图 4-30 所示为陶瓷锦砖拼花。

图 4-29　陶瓷锦砖拼花（一）

图 4-30　陶瓷锦砖拼花（二）

常用建筑陶瓷见表 4-1。

常用建筑陶瓷一览表　　　　表 4-1

品种	图片	性能特点	用途和规格
釉面砖		表面光滑、光亮、颜色丰富多彩，图案五彩缤纷，是一种高级内墙装饰材料	常用于厨房、卫生间、洁净车间以及医院等各类洁净房间。 规格： 400mm×400mm 500mm×500mm 600mm×600mm

续表

品种	图片	性能特点	用途和规格
抛光砖		花色一致，基本无色差，砖体薄、重量轻。在防滑性能上，抛光砖与亚光瓷砖是一样的	适合在洗手间、厨房以外等室内空间中使用。 规格： 400mm×400mm 500mm×500mm 600mm×600mm
玻化砖		具有天然石材的质感，而且具有高光度、高硬度、高耐磨、吸水率低、色差少以及规格多样化和色彩丰富的特点	适用于商业建筑、写字楼、酒店、饭店商场等的室内外地面、外墙面等的装饰。 规格： 400mm×400mm 500mm×500mm 600mm×600mm
劈离砖		表面硬度大，耐磨防滑，耐腐抗冻，耐急冷急热。背面凹槽纹与粘结砂浆形成楔形结合，可保证铺贴砖时粘结牢固	适用于办公楼、图书馆、商场、车站、候车室、餐厅等室内地面及楼梯的铺设。 规格： 240mm×52mm×11mm 240mm×115mm×11mm 194mm×94mm×11mm
仿古砖		有极强的耐磨性，经过精心研制的仿古砖兼具了防水、防滑、耐腐蚀的特性	可以作为客厅的装饰品，不少住宅的客厅与餐厅是相连的。 规格： 150mm×150mm 300mm×300mm 600mm×600mm
渗花砖		渗花砖不仅强度高、耐磨、耐腐蚀、不吸脏、经久耐用，而且表面抛光处湿后光滑晶莹，亮如镜面，色泽花纹丰富多彩	主要用于写字楼、酒店、饭店、娱乐场所、广场、停车场等的室内外地面、外墙面等。 规格： 600mm×600mm 800mm×800mm 1000mm×1000mm
陶瓷锦砖		具有质地坚实、色泽美观、图案多样的优点，而且具有抗腐蚀、耐火、耐磨、耐冲击、耐污染、自质较轻、吸水率小、防滑、抗压强度高、易清洗、永不褪色、价格低廉等优质性能	主要用于清洁车间、门厅、走廊、卫生间、餐厅、厨房、浴室、化验室、居室等内墙和地面，而且也可用于高级建筑物的外墙饰面装饰。 规格： 边长不大于 50mm

4.3 卫生陶瓷

4.3.1 卫生陶瓷的概念

卫生陶瓷是卫生间、厨房和试验室等场所用的带釉陶瓷制品，也称卫生洁具。按制品材质有熟料陶（吸水率小于 18%）、精陶（吸水率小于 12%）、半瓷（吸水率小于 5%）和瓷（吸水率小于 0.5%）四种，其中以瓷制材料的性能为最好。熟料陶用于制造立式小便器、浴盆等大型器具，其余三种用于制造中、小型器具。各国的卫生陶瓷根据其使用环境条件，选用不同的材质制造。

卫生陶瓷耐污性、热稳定性和抗腐蚀性良好，具有多种形状、颜色及规格，且配套比较齐全，主要用作卫生间、厨房、实验室等处的卫生设施。卫生陶瓷在建筑中的应用如图 4-31、图 4-32 所示。

图 4-31 卫生陶瓷的应用效果（一）

图 4-32 卫生陶瓷的应用效果（二）

4.3.2 卫生陶瓷的类型

卫生陶瓷主要包括陶瓷洗面器、坐便器、陶瓷浴缸等。如图 4-33 所示。

1. 陶瓷洗面器

陶瓷洗面器又称面盆，是现代家居卫洁器具，供人们洗脸、洗手用的有釉陶瓷质卫生设备，是一种家庭卫生设备必需品。主要由陶瓷面盆、水嘴和水箱构成；面盆由黏土或其他无机物质经混练、成型、高温烧制而成，分为吸水率≤0.5%的有釉瓷质和 8.0%≤吸水率≤15.0%的有釉陶质洗面器。如图 4-34、图 4-35 所示。

按类型方式分为：台式、立柱式、壁挂式。按安装方式分为：台上、台下、平板、陶瓷柱、金属架、明挂、暗挂。按龙头孔分为：单孔、双孔、三孔。

立柱式洗面器推荐尺寸（长×宽×高）：590mm×495mm×205mm，580mm×490mm×200mm。

图 4-33　卫生陶瓷的应用

台面式、台上式洗面器装饰效果好，多用于高档建筑；台下式洗面器台面溅水易清理，适用于一般的公共洗手间。

图 4-34　洗面器（一）

图 4-35　洗面器（二）

2. 坐便器

坐便器也叫马桶，是大小便用的有盖的桶，以人体取坐式为特点的便器，属于建筑给水排水材料领域的一种卫生器具。如图 4-36、图 4-37 所示。

按冲洗方式分为直冲式和虹吸式。

选择连体式还是分体式主要是根据卫生间空间大小而定。分体式马桶较为传统，生产上是后期用螺丝和密封圈连接底座和水箱而成，所占空间较大，连接缝处容易藏污垢；连体式马桶较为现代高档，体形美观，选择丰富，一体成型，但价格相对贵一些。

图 4-36　坐便器（一）

图 4-37　坐便器（二）

3. 陶瓷浴缸

浴缸是一种水管装置，供沐浴或淋浴之用，通常装置在家居浴室内。

按功能分为：普通浴缸和按摩浴缸。按外形分为：带裙边浴缸和不带裙边浴缸。如图 4-38、图 4-39 所示。

图 4-38　陶瓷浴缸

图 4-39　陶瓷浴缸

陶瓷浴缸由陶瓷瓷土烧制而成，外观釉面光洁度高，能提高浴室整体档次。优点为观赏性好，材质厚实，耐使用；缺点是笨重不易运输，保温性差。

表 4-2 为常用卫生陶瓷一览表。

常用卫生陶瓷一览表　　表 4-2

品种	图片	性能特点	用途和规格
陶瓷洗面器		外观简洁，风格别致，台盆造型独特，宽大舒适，个性和适用性完美融合	台面式、台上式洗面器装饰效果好，多用于高档建筑；台下式洗面器台面溅水易清理，适用于一般的公共洗手间。 规格： 长 × 宽 × 高：590mm × 495mm ×205mm

续表

品种	图片	性能特点	用途和规格
坐便器		体形美观，选择丰富，一体成型	广泛地用于住宅和公共卫生间中。 规格： 长×宽×高： 660mm×420mm×760mm
陶瓷浴缸	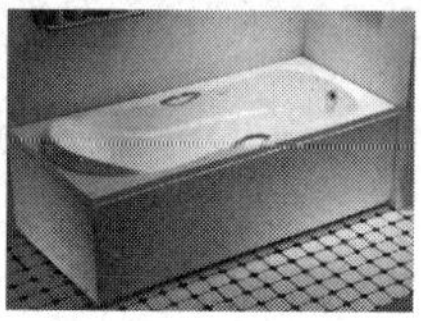	光洁度高，观赏性好，材质厚实，耐使用	适宜在各类卫生间中使用。 规格： 长×宽×高： 1520mm×765mm×360mm

4.4 其他艺术陶瓷

4.4.1 美术陶瓷

美术陶瓷主要包括陶塑人物、陶塑动物、微塑、器皿等。该类产品造型生动、逼真传神，具有较高的艺术价值，不仅花色绚丽，而且款式、规格繁多，主要用作室内艺术陈列及装饰，并为许多陶瓷艺术品爱好者所珍藏。如图4-40、图4-41所示。

图4-40　美术陶瓷（一）

图4-41　美术陶瓷（二）

4.4.2　园林陶瓷

园林陶瓷主要包括中式、西式琉璃制品及花盆等。该类产品具有良好的耐久性和艺术性，并有多种形状、颜色及规格，特别是中式琉璃的瓦件、脊件、饰件配套齐全，是仿古园林式建筑装饰不可缺少的材料。如图 4-42、图 4-43 所示。

图 4-42　园林陶瓷（一）

图 4-43　园林陶瓷（二）

4.4.3　日用陶瓷

日用陶瓷主要包括细炻餐具、陶制砂锅等。该类产品热稳定性良好，基本上没有铅、镉的溶出，有多种款式及规格，主要用作餐饮、烹饪用具。如图 4-44、图 4-45 所示。

图 4-44　日用陶瓷（一）

图 4-45　日用陶瓷（二）

单元总结

本单元重点介绍了建筑陶瓷、卫生陶瓷和其他艺术陶瓷的品种、性能和应用范围以及陶瓷砖的技术要求。

通过介绍陶瓷的基本知识、陶瓷材料的原料和陶瓷材料的类型，认识原料在陶瓷中的作用，理解釉面砖和墙地砖的生产。介绍了建筑陶瓷的特性和分类，对釉面砖、抛光砖、玻化砖、劈离砖、仿古砖、渗花砖和陶瓷锦砖作了详细的阐述。介绍了卫生陶瓷的规格和适用范围，对陶瓷洗面器、坐便器、陶瓷浴缸的形式、特点和功能进行了详细阐述。还介绍了其他陶瓷制品，包括琉璃制品、陶土板、陶瓷艺术砖和软性陶瓷以及其装饰效果。

实训指导书

了解陶瓷的定义、分类等，熟悉其特点性能，掌握建筑陶瓷、卫生陶瓷和艺术陶瓷的性能特点、规格及应用情况，根据装饰要求，能够正确并合理地选择建筑陶瓷、卫生陶瓷和艺术陶瓷的使用。

一、实训目的

让学生自主地到建筑装饰材料市场和建筑装饰施工现场进行考察和实训，了解常用建筑陶瓷、卫生陶瓷和艺术陶瓷的价格，熟悉建筑陶瓷、卫生陶瓷和艺术陶瓷的应用情况，能够准确识别各种常用建筑陶瓷、卫生陶瓷和艺术陶瓷的名称、规格、种类、价格、使用要求及适用范围等。

二、实训方式

1. 建筑装饰材料市场的调查分析

学生分组：3～5 人一组，自主地到建筑装饰材料市场进行调查分析。

调查方法：学会以调查、咨询为主，认识各种建筑陶瓷、卫生陶瓷和艺术陶瓷毯，调查材料价格，收集材料样本图片，掌握材料的选用要求。

重点调查：各类建筑陶瓷、卫生陶瓷和艺术陶瓷的常用规格。

2. 建筑装饰施工现场装饰材料使用的调研

学生分组：10～15 人一组，由教师或现场负责人指导。

调查方法：结合施工现场和工程实际情况，在教师或现场负责人指导下，熟知建筑陶瓷、卫生陶瓷和艺术陶瓷在工程中的使用情况和注意事项。

重点调查：施工现场建筑陶瓷、卫生陶瓷和艺术陶瓷的施工方法。

三、实训内容及要求

（1）认真完成调研日记。

（2）填写材料调研报告。

（3）实训小结。

思考及练习

一、填空题

1. 陶瓷制品按概念和用途可以分为两大类，即________和________。

2. 凡是吸水率不大于________的陶瓷砖均称瓷质砖。

3. 彩色釉面墙地砖可用于各类建筑的室内外________及________装饰。

4. 陶瓷锦砖是指由边长不大于________，具有多种色彩和不同形状的小块砖，镶拼组成的陶瓷制品。

5. 卫生陶瓷也包括卫浴产品，主要有________、________、________等。

二、选择题

1. 下列不是陶瓷胚体的主要原料的是（　　）。

A. 可塑性原料　　B. 瘠性原料　　C. 熔剂原料　　D. 辅助原料

2. 判断关于釉面内墙砖的描述，正确的是（　　）。

A. 釉面内墙砖属于陶质砖，是精陶制品，孔隙率高，吸水率大，一般不宜用于室外

B. 釉面内墙砖又称彩釉砖，可以用于室内墙面、地面、柱面、台面以及外墙面装饰

C. 因为釉面内墙砖表面施釉，提高了抗冻性，所以也可以用作建筑物外墙饰面砖

D. 釉面内墙砖可用于室内墙面和地面

3. 陶质制品可分为粗陶和精陶两种，建筑上所用的（　　）一般属于精陶制品。

A. 釉面内墙砖　　B. 黏土砖　　C. 瓦　　D. 地砖

4. 陶瓷马赛克就是（　　）。

A. 玻化砖　　B. 陶瓷锦砖　　C. 劈离砖　　D. 彩胎砖

5. 我国将凡是以（　　）等为主要原料，通过烧结方法制成的无机多晶产品均称之为陶瓷。

A. 石灰石　　B. 纯碱　　C. 长石　　D. 黏土

三、问答题

1. 陶瓷制品的表面釉层是如何制成的？

2. 釉面内墙砖具有怎样的特点，为何不能用于室外？

3. 仿古砖的特点是什么？可用在哪些方面？

4. 简述渗花砖的主要特点和用途。

5. 常用装饰釉面砖种类有哪些？

教学单元5 Chapter 05

建筑玻璃

1. 知识目标

- 了解玻璃的组成及特性；
- 掌握平板玻璃的性能及应用；
- 掌握各类常用装饰玻璃的性能及应用；
- 掌握各类常用安全玻璃的性能及应用；
- 掌握各类常用节能装饰玻璃的性能及应用。

2. 能力目标

- 能够在学习中正确认识各类建筑玻璃的特性及应用；
- 具备鉴别各类建筑玻璃质量优劣的操作能力。

3. 思政目标

- 学习过程中向学生介绍建筑玻璃在一些大型建筑中的应用（例如：上海中心大厦玻璃外墙），向学生展示快速发展的工程现状，引导学生感受日新月异的建筑发展，培养学生对科学技术的敬畏之心，让学生理解精益求精之“工匠精神”。鼓励学生不断关注科技新动向，利用新知识完善自己的知识结构，提升自己的综合能力，更好地为社会主义现代化建设服务。

- 通过学习建筑玻璃的种类，了解以“建筑节能”为导向的工程材料发展趋势，增强环境保护与生态平衡意识。

思维导图

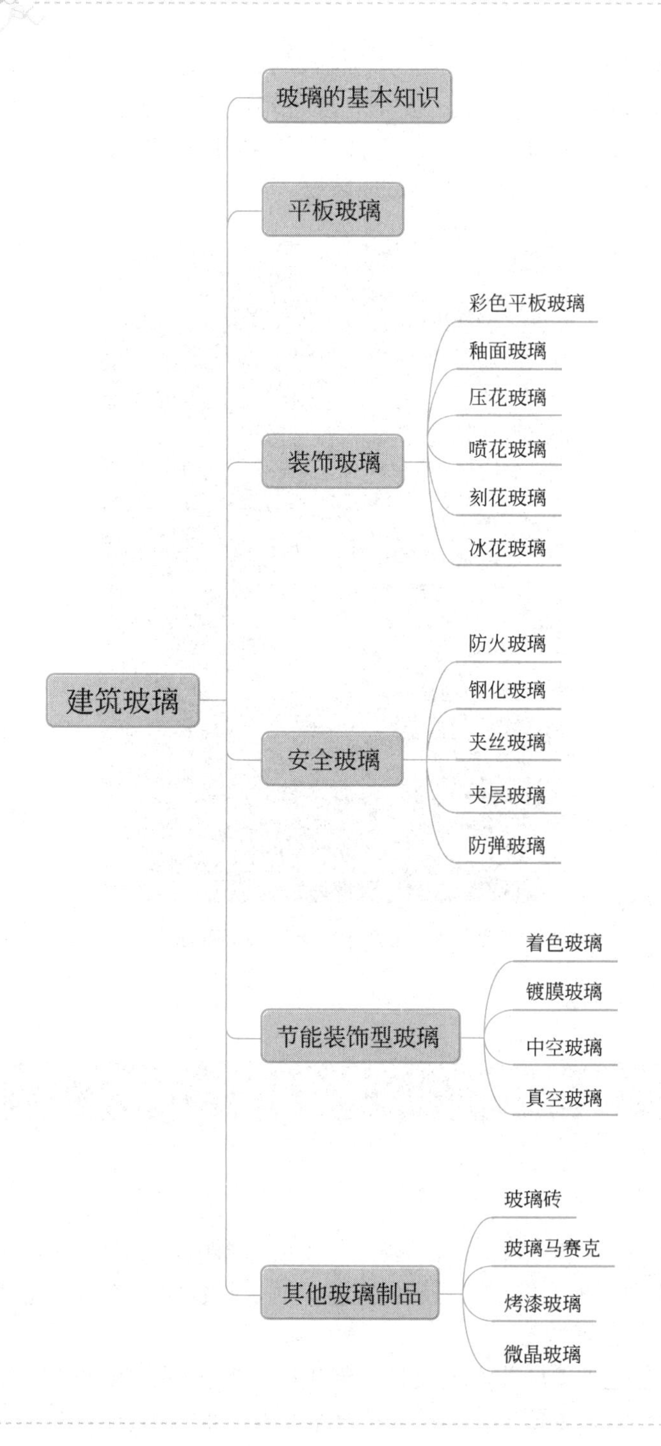

玻璃可以说是一种古老的材料，经考查证明，在公元前 2200 年以前人类已经开始生产玻璃了，自 1908 年垂直引上法生产平板玻璃在比利时获得成功，玻璃在建筑中得到推广应用。1925 年水平拉引法制作玻璃在美国出现，并迅速进行了商品化生产。1952 年，英国发明了浮法玻璃。玻璃在生产工艺上得到了发展，功能也越来越多，品种越来越丰富。

玻璃因其独特的光学性能，成为建筑物构件的重要组成部分。近年来，建筑玻璃从采光、装饰向着高效节能、控制光线、安全、改善环境等多功能化方向发展。智能调光玻璃、低辐射节能玻璃、真空玻璃、防火玻璃等新型功能玻璃已成为建筑玻璃行业的新宠。如图 5-1 所示为上海中心大厦外墙双层玻璃幕墙。

图 5-1　上海中心大厦玻璃幕墙

5.1 玻璃的基本知识

1. 概念

玻璃是以石英砂、纯碱、石灰石和长石等主要原料以及一些辅助材料在高温下的熔融成型、急冷而形成的一种无定形非晶态硅酸盐物质，是各向同性的脆性材料。

2. 主要成分

普通玻璃的化学组成是二氧化硅、氧化钙、氧化钠以及少量的氧化镁和氧化铝等，主要成分是硅酸盐复盐，是一种无规则结构的非晶态固体。另有混入了某些金属的氧化物或者盐类而显现出颜色的有色玻璃，和通过物理或者化学的方法制得的钢化玻璃等。有时把一些透明的塑料（如聚甲基丙烯酸甲酯）也称作有机玻璃。

3. 特性

（1）良好的透视、透光性能；

（2）隔声，有一定的保温性能；

（3）抗拉强度远小于抗压强度，是典型的脆性材料；

（4）有较高的化学稳定性，通常情况下，对酸碱盐及化学试剂盒气体都有较强的抵抗能力，但长期遭受侵蚀性介质的作用也能导致变质和破坏，如玻璃的风化和发霉都会导致外观破坏和透光性能降低；

（5）普通玻璃热稳定性较差，极冷极热易发生炸裂；

（6）玻璃装饰性强。

4. 用途

玻璃的用途较为广泛，涉及交通运输、建筑工程、机电、化工、国防等各领域。

5. 玻璃的分类

按生产工艺可分为：热熔玻璃、浮雕玻璃、锻打玻璃、晶彩玻璃、琉璃玻璃、夹丝玻璃、聚晶玻璃、玻璃马赛克、钢化玻璃、夹层玻璃、中空玻璃、调光玻璃、发光玻璃。

按生产方法可分为：平板玻璃和深加工玻璃。

6. 生产工艺

玻璃的生产工艺主要包括：

（1）原料预加工。将块状原料（石英砂、纯碱、石灰石、长石等）粉碎，使潮湿原料干燥，将含铁原料进行除铁处理，以保证玻璃质量。

（2）配合料制备。

（3）熔制。玻璃配合料在池窑或坩埚窑内进行高温（1550～1600℃）加热，使之形成均匀、无气泡，并符合成型要求的液态玻璃。

（4）成型。将液态玻璃加工成所要求形状的制品，如平板、各种器皿等。

（5）热处理。通过退火、淬火等工艺，消除或产生玻璃内部的应力、分相或晶化，以及改变玻璃的结构状态。

5.2 平板玻璃

1. 概念

平板玻璃，也称净片玻璃、白片玻璃，是指未经过其他特殊加工的平板状玻璃制品，它是深加工成各种技术玻璃的基础材料，是生产量最大，使用最多的一种。

2. 特性

（1）具有良好的透视、透光性能（3mm、5mm 厚的无色透明平板玻璃的可见光透射比分别为 88%和 86%）。无色透明平板玻璃对太阳光中紫外线的透过率较低。

（2）隔声，有一定的保温性能。

（3）是典型的脆性材料，抗拉强度远小于抗压强度。

（4）有较高的化学稳定性，通常情况下，对酸、碱、盐及化学试剂及气体有较强的抵抗能力。

（5）热稳定性较差，急冷急热，易发生炸裂（图 5-2）。

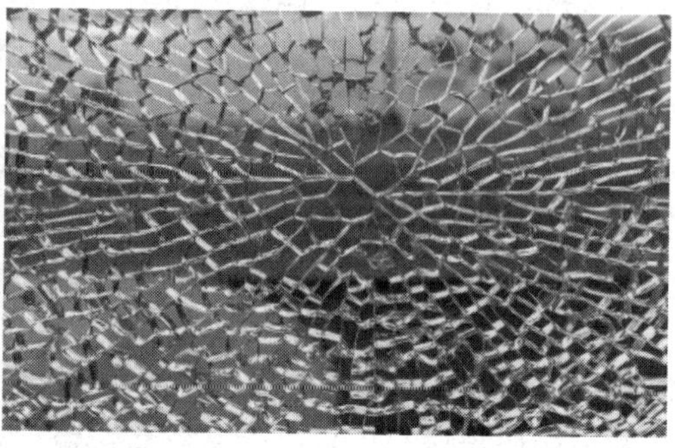

图 5-2　普通平板玻璃破裂

3. 分类及规格

平板玻璃按颜色属性分为无色透明平板玻璃和本体着色平板玻璃。

根据国家标准《平板玻璃》GB 11614—2009 的规定，平板玻璃按其公称厚度，可分为 2mm、3mm、4mm、5mm、6mm、8mm、10mm、12mm、15mm、19mm、22mm、25mm 共 12 种规格。

4. 等级

按照国家标准，平板玻璃根据其外观质量分为优等品、一等品和合格品三个等级。

5. 应用

平板玻璃市场主要包括两大方面，即建筑用平板玻璃（含加工玻璃）和汽车用玻璃。一般用于民用建筑、商店、饭店、办公大楼、机场、车站等建筑物的门窗、橱窗等，也可用于加工制造钢化、夹层等安全玻璃。3～5mm 的平板玻璃一般直接用于有框门窗的采光，8～12mm 的平板玻璃可用于隔断、橱窗、无框门（图 5-3、图 5-4）。平板玻璃的另外一个重要用途是作为钢化、夹层、镀膜、中空等深加工玻璃的原片。

图 5-3　普通平板玻璃

图 5-4　平板玻璃隔断

6. 平板玻璃板材的检验

外观质量主要是检查尺寸偏差、对角线差、厚度偏差、厚薄差及外观质量（点状缺陷、点状缺陷密集度、线道、划伤、裂纹、光学变形、断面缺陷）、弯曲度。存在缺陷的玻璃，在使用中会发生变形，会降低玻璃的透明度、机械强度和玻璃的热稳定性，工程上不宜选用。由于玻璃是透明物体，在挑选时经过目测，基本就能鉴别出质量好坏。国家标准《平板玻璃》GB 11614—2009 规定，平板玻璃的尺寸偏差、厚度偏差和厚薄偏差、平板玻璃合格品外观质量、一等品外观质量、优等品外观质量要符合表 5-1～表 5-5 的要求。

平板玻璃的尺寸偏差（单位：mm）　　表 5-1

公称厚度	尺寸偏差	
	尺寸≤3000	尺寸＞3000
2～6	±2	±3
8～10	＋2，－3	＋3，－4
12～15	±3	±4
19～25	±5	±5

厚度偏差和厚薄偏差（单位：mm）　　表 5-2

公称厚度	厚度偏差	厚薄偏差
2～6	±0.2	0.2
8～12	±0.3	0.3
15	±0.5	0.5
19	±0.7	0.7
22～25	±1.0	1.0

平板玻璃合格品外观质量　　表 5-3

缺陷种类	质量要求	
点状缺陷	尺寸 L(mm)	允许个数限度
	0.5≤L≤1.0	2×S
	1.0＜L≤2.0	1×S
	2.0＜L≤3.0	0.5×S
	L＞3.0	0
点状缺陷密集度	尺寸≥0.5mm 的点状缺陷最小间距不小于 300mm；直径 100mm 圆内尺寸≥0.3mm 的点状缺陷不超过 3 个	
线道	不允许	
裂纹	不允许	
划伤	允许范围	允许条数限度
	宽≤0.5mm 长≤60mm	3×S

续表

缺陷种类	质量要求		
光学变形	公称厚度	无色透明平板玻璃	本体着色平板玻璃
	2mm	≥40°	≥40°
	3mm	≥45°	≥40°
	≥4mm	≥50°	≥45°
断面缺陷	公称厚度不超过 8mm 时，不超过玻璃板的厚度；8mm 以上时，不超过 8mm		

注：1. 点状缺陷：气泡、夹杂物、斑点等缺陷的统称。
2. 光学变形：在一定角度透过玻璃观察物体时出现变形的缺陷。其变形程度用入射角（俗称斑马角）来表示。
3. 断面缺陷：玻璃板断面凸出或凹进的部分。包括爆边、边部凹凸、缺角、斜边等缺陷。
4. L 是相应缺陷的长度，S 是以平方米为单位的玻璃板面积数值。

平板玻璃一等品外观质量　　表 5-4

缺陷种类	质量要求		
点状缺陷	尺寸 L(mm)	允许个数限度	
	$0.3 \leqslant L \leqslant 0.5$	$2 \times S$	
	$0.5 < L \leqslant 1.0$	$0.5 \times S$	
	$1.0 < L \leqslant 1.5$	$0.2 \times S$	
	$L > 1.5$	0	
点状缺陷密集度	尺寸≥0.3mm 的点状缺陷最小间距不小于 300mm；直径 100mm 圆内尺寸≥0.2mm 的点状缺陷不超过 3 个		
线道	不允许		
裂纹	不允许		
划伤	允许范围	允许条数限度	
	宽≤0.5mm 长≤60mm	$3 \times S$	
光学变形	公称厚度	无色透明平板玻璃	本体着色平板玻璃
	2mm	≥40°	≥40°
	3mm	≥45°	≥40°
	≥4mm	≥50°	≥45°
断面缺陷	公称厚度不超过 8mm 时，不超过玻璃板的厚度；8mm 以上时，不超过 8mm		

注：1. 点状缺陷：气泡、夹杂物、斑点等缺陷的统称。
2. 光学变形：在一定角度透过玻璃观察物体时出现变形的缺陷。其变形程度用入射角（俗称斑马角）来表示。
3. 断面缺陷：玻璃板断面凸出或凹进的部分。包括爆边、边部凹凸、缺角、斜边等缺陷。
4. L 是相应缺陷的长度，S 是以平方米为单位的玻璃板面积数值。

平板玻璃优等品外观质量　　表 5-5

<table>
<tr><th>缺陷种类</th><th colspan="3">质量要求</th></tr>
<tr><td rowspan="4">点状缺陷</td><td>尺寸 L(mm)</td><td colspan="2">允许个数限度</td></tr>
<tr><td>$0.3 \leqslant L \leqslant 0.5$</td><td colspan="2">$1 \times S$</td></tr>
<tr><td>$0.5 < L \leqslant 1.0$</td><td colspan="2">$0.2 \times S$</td></tr>
<tr><td>$L > 1.0$</td><td colspan="2">0</td></tr>
<tr><td>点状缺陷密集度</td><td colspan="3">尺寸≥0.3mm 的点状缺陷最小间距不小于 300mm；直径 100mm 圆内尺寸≥0.1mm 的点状缺陷不超过 3 个</td></tr>
<tr><td>线道</td><td colspan="3">不允许</td></tr>
<tr><td>裂纹</td><td colspan="3">不允许</td></tr>
<tr><td rowspan="2">划伤</td><td>允许范围</td><td colspan="2">允许条数限度</td></tr>
<tr><td>宽≤0.1mm
长≤30mm</td><td colspan="2">$2 \times S$</td></tr>
<tr><td rowspan="5">光学变形</td><td>公称厚度</td><td>无色透明平板玻璃</td><td>本体着色平板玻璃</td></tr>
<tr><td>2mm</td><td>≥40°</td><td>≥40°</td></tr>
<tr><td>3mm</td><td>≥45°</td><td>≥40°</td></tr>
<tr><td>4～12mm</td><td>≥50°</td><td>≥45°</td></tr>
<tr><td>≥15mm</td><td>≥55°</td><td>≥50°</td></tr>
<tr><td>断面缺陷</td><td colspan="3">公称厚度不超过 8mm 时，不超过玻璃板的厚度；8mm 以上时，不超过 8mm</td></tr>
</table>

注：1. 点状缺陷：气泡、夹杂物、斑点等缺陷的统称。
2. 光学变形：在一定角度透过玻璃观察物体时出现变形的缺陷。其变形程度用入射角（俗称斑马角）来表示。
3. 断面缺陷：玻璃板断面凸出或凹进的部分。包括爆边、边部凹凸、缺角、斜边等缺陷。
4. L 是相应缺陷的长度，S 是以平方米为单位的玻璃板面积数值。

7. 标志、包装、运输、贮存

(1) 标志

玻璃包装上应有标志或标签，标明产品名称、生产厂、注册商标、厂址、质量等级、颜色、尺寸、厚度、数量、生产日期、拉引方向和本标准号，并印有“轻搬轻放、易碎品、防水防湿”字样或标志。

(2) 包装

玻璃包装应便于装卸运输，应采取防护和防霉措施，包装数量应与包装方式相适应，如图 5-5 所示。

(3) 运输

运输时应防止包装剧烈晃动、碰撞、滑动和倾倒。在运输和装卸过程中应有防雨措施。

(4) 贮存

玻璃应贮存在通风、防潮、有防雨设施的地方，以免玻璃发霉，如图 5-6 所示。

图 5-5　普通平板玻璃的包装

图 5-6　普通平板玻璃的贮存

5.3 装饰玻璃

装饰玻璃花色各异，经过雕刻、磨砂、彩绘等工艺的加工，造型多样，美观时尚，具有很好的装修效果。主要包括以装饰性能为主要特性的彩色平板玻璃、釉面玻璃、压花玻璃、喷花玻璃、刻花玻璃、冰花玻璃等。

5.3.1　彩色平板玻璃

1. 概念

彩色平板玻璃（图 5-7）又称有色玻璃或饰面玻璃，分为透明和不透明两种。透明的彩色玻璃是在平板玻璃中加入一定量的着色金属氧化物，按一般的平板玻璃生产工艺生产而成；不透明的彩色玻璃又称为饰面玻璃。

图 5-7　彩色平板玻璃

2. 特性

彩色平板玻璃的颜色有茶色、黄色、桃红色、宝石蓝色、绿色等。彩色玻璃可以拼成各种图案，并有耐腐蚀、抗冲刷、易清洗等特点。

3. 应用

彩色平板玻璃主要用于建筑物的内外墙、门窗装饰及对光线有特殊要求的部位。

5.3.2　釉面玻璃

1. 概念

釉面玻璃是指在按一定尺寸裁切好的玻璃表面上涂敷一层彩色的易熔釉料，经烧结、退火或钢化等处理工艺，使釉层与玻璃牢固结合，制成的具有美丽的色彩或图案的玻璃，如图 5-8 所示。

2. 特性

釉面玻璃的图案精美，不褪色，不掉色，易于清洗，可按用户的要求或艺术设计图案制作，具有很高的功能性和装饰性、良好的化学稳定性和装饰性。

3. 应用

广泛用于室内饰面层、一般建筑物门厅和楼梯间的饰面层及建筑物外饰面层，如图 5-9 所示。

图 5-8　釉面玻璃

图 5-9　釉面玻璃外墙

5.3.3　压花玻璃

1. 概念

压花玻璃又称为花纹玻璃或滚花玻璃。在玻璃硬化前，用刻有各种花纹、图案的滚筒，在玻璃单面或双面滚压图案、花纹。主要有普通压花玻璃、真空镀膜压花玻璃和彩色膜压花玻璃，如图 5-10 所示。

2. 特性

具有透光不透明的特点，表面有各种图案花纹，表面凹凸不平，光线通过时产生漫反射，从玻璃的一面看另一面时，物象模糊。

3. 应用

适用于室内的间壁，接待室、浴室等需要透光装饰又需要遮挡视线的场所，朝着街道的外窗、门等，如图 5-11 所示。

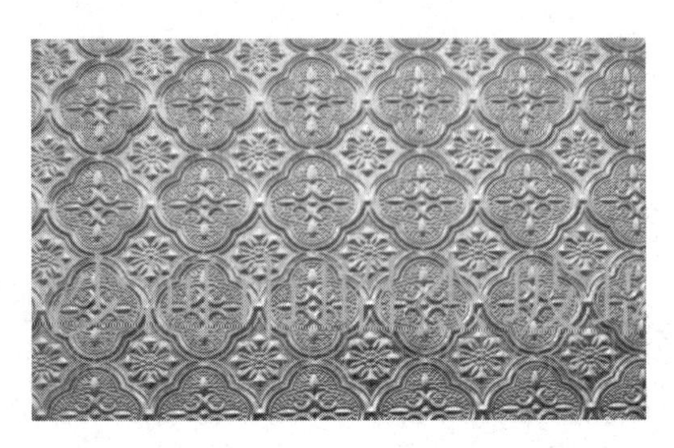

图 5-10　压花玻璃

图 5-11　压花玻璃隔断

5.3.4　喷花玻璃

1. 概念

喷花玻璃又称为胶花玻璃，是在平板玻璃表面贴以图案，抹以保护面层，经喷砂处理形成透明与不透明相间的图案，如图 5-12 所示。

2. 特性

喷花玻璃给人以高雅、美观的感觉。

3. 应用

适用于室内门窗、隔断和采光等，如图 5-13 所示。

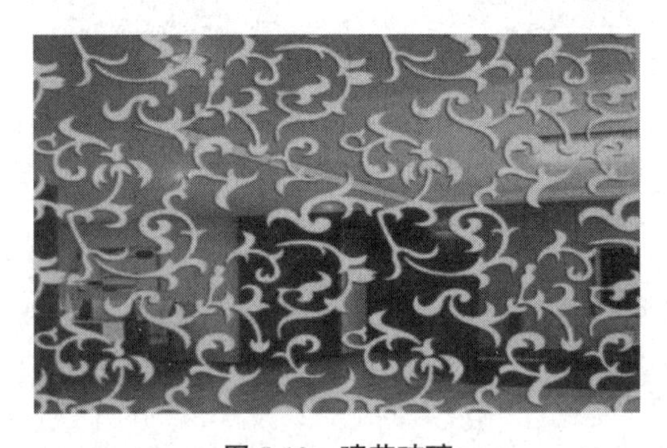

图 5-12　喷花玻璃

图 5-13　喷花玻璃隔断

5.3.5　刻花玻璃

1. 概念

刻花玻璃由平板玻璃经涂漆、雕刻、围蜡与酸蚀、研磨而成。有人工雕刻和电脑雕刻两种。人工雕刻利用娴熟刀法的深浅和转折配合，更能表现出玻璃的质感，使所绘图案予人呼之欲出的感受，如图 5-14 所示。

2. 特性

图案的立体感非常强，似浮雕一般，隔而不断，藏而不露。在室内灯光的照耀下，更是熠熠生辉。

3. 应用

主要用于高档场所的室内隔断或屏风等，如图 5-15 所示。

图 5-14　刻花玻璃

图 5-15　刻花玻璃隔断

5.3.6　冰花玻璃

1. 概念

冰花玻璃是一种利用平板玻璃经特殊处理而形成的具有随机裂痕似自然冰花纹理的玻璃，如图 5-16 所示。

图 5-16　冰花玻璃

2. 特性

冰花玻璃具有良好的透光性和艺术装饰效果，它对通过的光线有漫射作用。它具有花纹自然、质感柔和、透光不透明、视感舒适的特点。冰花玻璃装饰效果优于压花玻璃，给人以典雅清新之感，是一种新型的室内装饰玻璃。

3. 应用

用于宾馆、酒楼、饭店、酒吧间等场所的门窗、隔断、屏风和家庭装饰。

5.4 安全玻璃

玻璃在建筑中得到广泛运用，一直是市场需求量较大的产品。通过使用特定的工艺进行处理，能够使玻璃的特性充分发挥，还能够弥补其缺陷，不再受制于玻璃的天然属性。

5.4.1 防火玻璃

1. 概念

防火玻璃是经特殊工艺加工和处理、在规定的耐火试验中能保持其完整性和隔热性的特种玻璃。防火玻璃原片可选用浮法平板玻璃、钢化玻璃，复合防火玻璃原片还可选用单片防火玻璃制造，是一种新型建筑防火材料，如图 5-17 所示。

图 5-17 防火玻璃

2. 分类

(1) 按结构可分为：复合防火玻璃（以 FFB 表示）、单片防火玻璃（以 DFB 表示）。单片完整型防火玻璃是由单层玻璃构造的防火玻璃，主要用于大型公共建筑的隔断、防火分区、室外幕墙等建筑部位。复合防火玻璃是由两层或两层以上玻璃复合而成或由一层玻璃和有机材料复合而成，并满足相应耐火性能要求的特种玻璃。

(2) 按耐火性能可分为：隔热型防火玻璃（A 类）、非隔热型防火玻璃（C 类）。隔热型防火玻璃（A 类）是耐火性能同时满足耐火完整性、耐火隔热性要求的防火玻璃。非隔热型防火玻璃（C 类）是耐火性能仅满足耐火完整性要求的防火玻璃。

(3) 按耐火极限可分为五个等级：0.50h、1.00h、1.50h、2.00h、3.00h。

3. 特性

防火玻璃具有阻缓火势蔓延、隔热、隔烟等优点。

4. 标记

标记方式是：按结构分类（FFB 或 DFB）-公称厚度（单位 mm，不足 10mm 时前面加 0）-按耐火性能分类（A 类或 C 类）-耐火极限等级。

例如：一块公称厚度为 25mm，耐火性能为隔热类（A 类），耐火等级为 2.00h 的复合防火玻璃的标记是：FFB-25-A-2.00。

5. 应用

防火玻璃主要用于制作防火门、防火墙、防火隔断等。用于有防火隔热要求的建筑幕墙、隔断等构造和部位，如图 5-18 所示。

图 5-18　防火玻璃门

6. 防火玻璃的技术要求

防火玻璃的技术要求和检验方法要符合《建筑用安全玻璃 第 1 部分：防火玻璃》GB 15763.1—2009 中的相关要求，见表 5-6、表 5-7。

复合防火玻璃的外观质量　表 5-6

缺陷名称	要求
气泡	直径 300mm 圆内允许长 0.5～1.0mm 的气泡 1 个
胶合层杂质	直径 500mm 圆内允许长 2.0mm 以下的杂质 2 个
划伤	宽度≤0.1mm，长度≤50mm 的轻微划伤，每平方米面积内不超过 4 条
	0.1mm＜宽度＜0.5mm，长度≤50mm 的轻微划伤，每平方米面积内不超过 1 条
爆边	每米边长允许有长度不超过 20mm，自边部向玻璃表面延伸深度不超过厚度一半的爆边 4 个
叠差、裂纹、脱胶	脱胶，裂纹不允许存在；总叠差不应大于 3mm

注：复合防火玻璃周边 15mm 范围内的气泡、胶合层杂质不作要求。

单片防火玻璃的外观质量　表 5-7

缺陷名称	要求
划伤	宽度≤0.1mm，长度≤50mm 的轻微划伤，每平方米面积内不超过 2 条
	0.1mm＜宽度＜0.5mm，长度≤50mm 的轻微划伤，每平方米面积内不超过 1 条
爆边	不允许存在
结石、裂纹、缺角	不允许存在

5.4.2 钢化玻璃

1. 概念

钢化玻璃也称强化玻璃，是用物理或化学的方法，在玻璃的表面上形成一个压应力层，机械强度和耐热冲击强度得到提高，并具有特殊的碎片状态，玻璃本身具有较高的抗压强度，表面不会造成破坏的玻璃品种。当玻璃受到外力作用时，这个压应力层可将部分拉应力抵消，避免玻璃的碎裂，从而达到提高玻璃强度的目的。如图 5-19～图 5-21 所示。

图 5-19 钢化玻璃

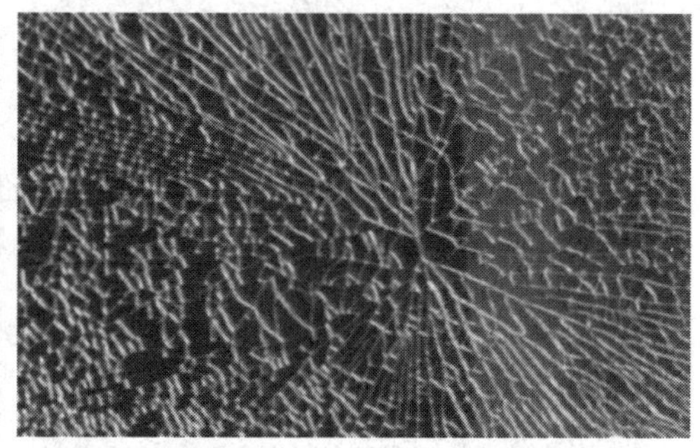

图 5-20 破碎后的钢化玻璃

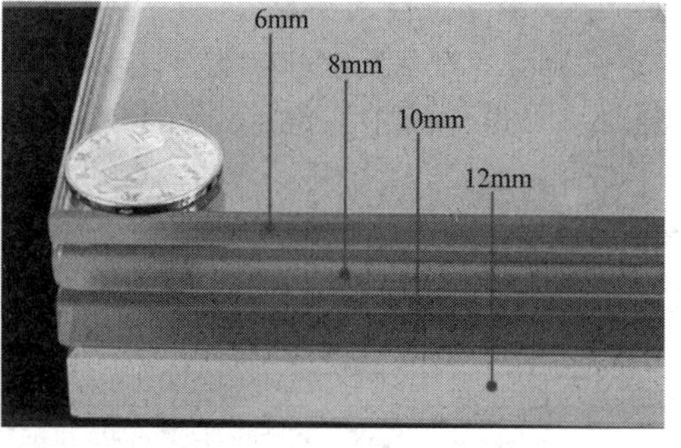

图 5-21 钢化玻璃

生产钢化玻璃所使用的玻璃，其质量应符合相应的产品标准的要求。对于有特殊要求的，用于生产钢化玻璃的玻璃，玻璃的质量由供需双方确定。

2. 特性

钢化玻璃具有机械强度高、耐热冲击强度高；弹性好；热稳定性好；碎后不易伤人；可发生自爆等特性。

3. 分类

按生产工艺可分为：

（1）垂直法钢化玻璃：在钢化过程中采取夹钳吊挂的方式生产出来的钢化玻璃。

（2）水平法钢化玻璃：在钢化过程中采取水平辊支撑的方式生产出来的钢化玻璃。

按形状分为：平面钢化玻璃和曲面钢化玻璃。

4. 钢化玻璃的外观质量要求

钢化玻璃的技术性能指标应符合《建筑用安全玻璃 第 2 部分：钢化玻璃》GB 15763.2—2005 的要求，外观质量要求见表 5-8。

钢化玻璃的外观质量要求　　表 5-8

缺陷名称	说明	允许缺陷数
爆边	每片玻璃每米边长上允许有长度不超过 10mm，自玻璃边部向玻璃板表面延伸深度不超过 2mm，自板面向玻璃厚度延伸深度不超过厚度 1/3 的爆边个数	1 处
划伤	宽度在 0.1mm 以下的轻微划伤，每平方米面积内允许存在条数	长度≤100mm 时 4 条
划伤	宽度大于 0.1mm 的划伤，每平方米面积内允许存在条数	宽度 0.1～1mm， 长度≤100mm 时 4 条
夹钳印	夹钳印与玻璃边缘的距离≤20mm，边部变形量≤2mm	
裂纹、缺角	不允许存在	

5. 识别

(1) 看标志

看玻璃边角是否有钢化的 3C 标志，打 3C 标志（刮不掉）的大部分是钢化玻璃。

(2) 看玻璃的碎片

钢化夹胶玻璃粉碎以后是颗粒的，会变成蜂窝状的裂痕，对人的伤害较小。

(3) 听声音

用金属轻轻敲击，钢化玻璃声音清脆，普遍平板玻璃声音闷沉。

6. 应用

常用于有安全要求的门、窗、幕墙、扶梯、护栏、隔断、建筑屏蔽、室内装饰、家具、家电。但钢化玻璃使用时不能切割、磨削，边角亦不能碰击挤压，需按现成的尺寸规格选用或提出具体设计图纸进行加工定制。用于大面积玻璃幕墙的玻璃在钢化程度上要予以控制，宜选择半钢化玻璃（即没达到完全钢化，其内应力较小），以避免受风荷载引起振动而自爆。

5.4.3　夹丝玻璃

1. 概念

夹丝玻璃也称防碎玻璃或钢丝玻璃。它是由压延法生产的，即在玻璃熔融状态时将经预热处理的钢丝或钢丝网压入玻璃中间，经退火、切割而成。夹丝玻璃表面可以是压花的或磨光的，颜色可以制成无色透明或彩色的。如图 5-22 所示。

2. 特性

(1) 安全性：夹丝玻璃由于钢丝网的骨架作用，不仅提高了玻璃的强度，而且遭受到冲击或温度骤变而破坏时，碎片也不会飞散，避免了碎片对人的伤害作用。

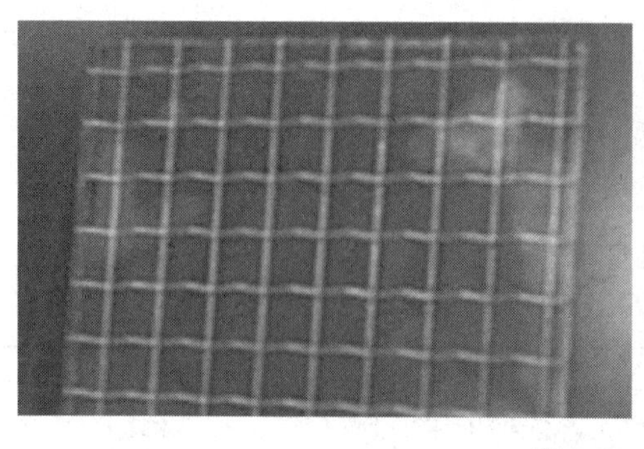

图 5-22 夹丝玻璃

(2) 防火性：当遭遇火灾时，夹丝玻璃受热炸裂，但由于金属丝网的作用，玻璃仍能保持固定，可防止火焰蔓延。

(3) 防盗性：当遇到盗抢等意外情况时，夹丝玻璃虽玻璃破碎但金属丝仍可保持一定的阻挡性，起到防盗、防抢的安全作用。

(4) 隔声降噪：夹丝玻璃夹层中的胶片和金属丝料能阻挡声音的传播，降低噪声。

3. 应用

夹丝玻璃是近年来玻璃装饰材料的"新宠"，在门窗、隔断等地方有着广泛的应用，常用于建筑的天窗、采光屋顶、阳台及须有防盗、防抢功能要求的营业柜台的遮挡部位。当用作防火玻璃时，要符合相应耐火极限的要求。夹丝玻璃可以切割，但断口处裸露的金属丝要作防锈处理，以防锈体体积膨胀，引起玻璃"锈裂"。

5.4.4 夹层玻璃

1. 概念

夹层玻璃也称夹胶玻璃，是将玻璃与玻璃和（或）塑料等材料用中间层分隔，并通过处理使其粘结为一体的复合材料的统称。如图 5-23 所示。

图 5-23 夹层玻璃

常用的是玻璃与玻璃用中间层分隔并通过处理使其粘结为一体的玻璃构件。夹层玻璃的层数有 2、3、5、7 层，最多可达 9 层。

夹层玻璃所采用的玻璃可选用：浮法玻璃、普通平板玻璃、压花玻璃、抛光夹丝玻璃、夹丝压花玻璃等。也可以是：无色的、本体着色的或镀膜的；透明的、半透明的或不透明的；退火的、热增强的或钢化的等。

夹层玻璃所采用的塑料可选用：聚碳酸酯、聚氨酯和聚丙烯酸酯等。可以是：无色的、着色的、镀膜的；透明的或半透明的。

夹层玻璃中间层可选用：材料种类和成分、力学和光学性能等不同的材料，如离子性中间层、PVB 中间层、EVA 中间层等。

2. 特性

（1）安全性：一旦破碎，碎片仍与中间层粘在一起，很少有玻璃碎片脱落，避免玻璃掉落造成人身伤害或财产损失。

（2）防范性：抗冲击性能高，因此在一定时间内可以承受铁锤、撬棒、砖块等工具的攻击。

（3）隔热性：彩色的 PVB 胶片可以控制热量的获得，吸收的大部分热量可经过再辐射和对流被带走。

（4）隔声性：夹层玻璃是通过吸收的方法使声音的能量衰减，声音的能量被吸收并转化为热能。

3. 应用

一般在建筑上用于高层建筑的门窗、天窗、楼梯栏板和有抗冲击作用要求的商店、银行、橱窗、隔断及水下工程等安全性能高的场所或部位等。

5.4.5　防弹玻璃

1. 概念

防弹玻璃是由两片以上玻璃（无机或有机玻璃）中间层用 PVB、SGB 胶片在一定温度、一定压力下胶合而成，能阻止高速穿透，对人体和财产提供预防的多层玻璃组合体，总厚度在 20mm 以上，是一种能防止子弹穿透的安全玻璃。如图 5-24 所示。

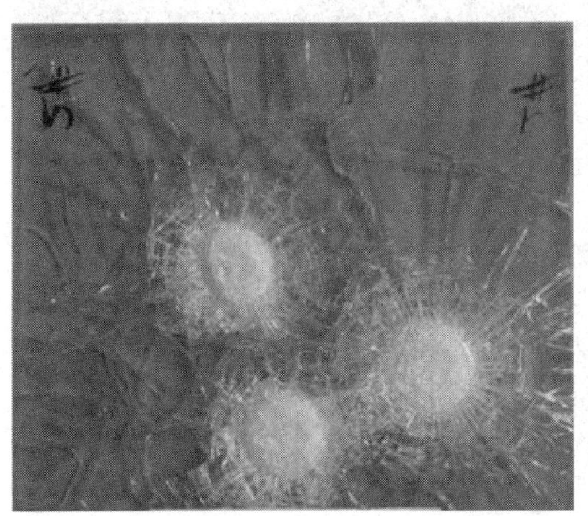

图 5-24　防弹玻璃

2. 特性

防弹玻璃具有防弹、防爆、防盗功能。

3. 应用

适用于金融系统、银行、珠宝行、证券公司等的门窗和柜台，文物馆、豪华别墅、商务楼等的阳台和门窗。

5.5 节能装饰型玻璃

建筑节能是我国节能减排的重点之一，目前我国建筑能耗约占社会总能耗的 1/3。据测算，在我国建筑能耗中，通过门窗传热能源消耗约占建筑能耗的 28%，通过门窗空气渗透能源消耗约占建筑能耗的 27%，总计门窗能耗占建筑能耗的 55%。节能玻璃成为建筑装饰门窗的首选材料。

5.5.1 着色玻璃

1. 概念

着色玻璃也称为着色吸热玻璃，是一种能显著地吸收阳光中的热射线，并保持良好透明度的节能装饰性玻璃，通常都带有一定的颜色。如图 5-25 所示。

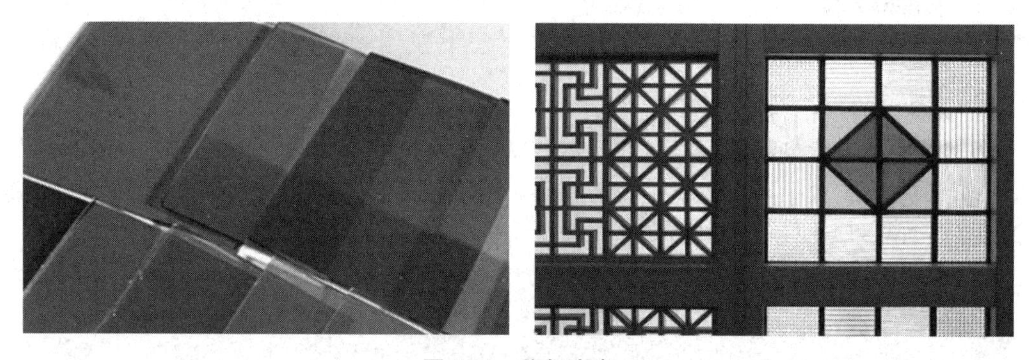

图 5-25 着色玻璃

2. 特性

(1) 能有效吸收太阳的辐射热，达到蔽热节能的效果。

(2) 吸收较多的可见光，使透过的阳光变得柔和，避免眩光并改善室内色泽。

(3) 能较强地吸收太阳的紫外线，有效地防止紫外线对室内物品的褪色和变质作用。

(4) 具有一定的透明度，能清晰地观察室外景物。

(5) 色泽鲜丽，经久不变，能增加建筑物的外形美观。

3. 应用

着色玻璃在建筑装修工程中应用得比较广泛。凡既需采光又需隔热之处均可采用。一般多用作建筑物的门窗或玻璃幕墙。

5.5.2　镀膜玻璃

镀膜玻璃是由无色透明的平板玻璃镀覆金属膜或金属氧化物而制得，是一种既能保证可见光良好透过又可有效反射热射线的节能装饰型玻璃。分为阳光控制镀膜玻璃和低辐射镀膜玻璃。根据外观质量，阳光控制镀膜玻璃和低辐射镀膜玻璃可分为优等品和合格品。如图 5-26 所示。

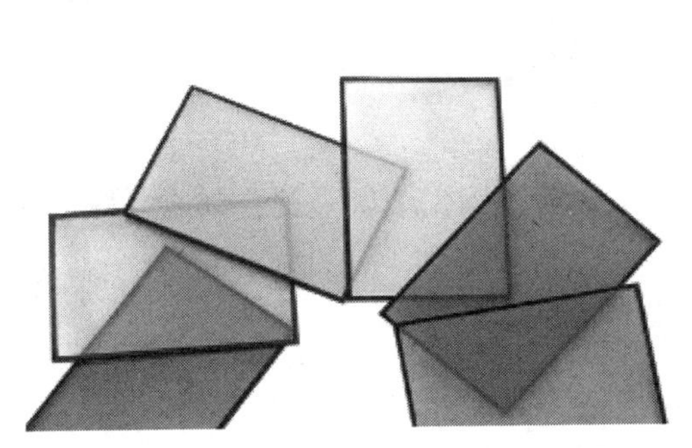

图 5-26　阳光控制镀膜玻璃

1. 阳光控制镀膜玻璃

（1）概念

阳光控制镀膜玻璃是对太阳光具有一定控制作用的镀膜玻璃。

（2）特性

具有良好的隔热性能，在保证室内采光柔和的条件下，可有效地屏蔽进入室内的太阳辐射能。可以避免暖房效应，节约室内降温空调的能源消耗。阳光控制镀膜玻璃的镀膜层具有单向透视性，故又称为单反玻璃。

（3）应用

可用作建筑门窗玻璃、幕墙玻璃，还可用于制作高性能中空玻璃。

2. 低辐射镀膜玻璃

（1）概念

低辐射镀膜玻璃，又称 Low-E 玻璃，是在玻璃表面镀上多层金属或其他化合物组成的膜系产品。其镀膜层具有对可见光高透过及对中远红外线高反射的特性，具有优异的隔热效果和良好的透光性。如图 5-27 所示。

（2）特性

对可见光有较高的透过率；有良好的保温效果；具有阻止紫外线透射的功能，具有节能减排效果。

（3）分类

分为单银 Low-E 玻璃、双银 Low-E 玻璃。单银 Low-E 玻璃通常只含有一层功能层（银层），加上其他的金属及化合物层，膜层总数达到 5 层。双银 Low-E 玻璃具有两层功能层（银层），加上其他的金属及化合物层，膜层总数达到 9 层。然而，双银 Low-E 玻璃的技术工艺控制难度比单银大得多。

图 5-27 低辐射镀膜玻璃

（4）应用

一般不单独使用，往往与普通平板玻璃、浮法玻璃、钢化玻璃等配合制成高性能的中空玻璃。

5.5.3 中空玻璃

1. 概念

中空玻璃是由两片或多片玻璃以有效支撑均匀隔开并周边粘结密封，使玻璃层间形成带有干燥气体的空间，从而达到保温隔热效果的节能玻璃制品。中空玻璃按玻璃层数，有双层和多层之分，一般是双层结构。可采用无色透明玻璃、热反射玻璃、吸热玻璃或钢化玻璃等作为中空玻璃的基片。如图 5-28 所示。

图 5-28 中空玻璃

单片玻璃厚度 3～15mm；最大尺寸 2500mm×4500mm；最小尺寸 150mm×150mm。

2. 特性

（1）防结露性：中空玻璃的露点温度是－40℃，比普通玻璃要低 15℃左右。

（2）隔声性能：由于中空玻璃采用两片或多片玻璃组成，其对声音的阻隔、吸收能力优于普通玻璃。

（3）隔热性能：由于中空玻璃两片玻璃之间是密封的，中间的气体是不流动的干燥空气或惰性气体，它的热阻比要比普通玻璃大得多。

（4）节能性：由于组成中空玻璃的材料比较多（着色玻璃、阳光控制镀膜玻璃、低辐射镀膜玻璃、彩釉玻璃、单片防火玻璃、夹层玻璃等等），其节能效果得到了充分的发挥。

(5) 复合性能：由于中空玻璃采用了着色玻璃、阳光控制镀膜玻璃、低辐射镀膜玻璃、彩釉玻璃、单片防火玻璃、夹层玻璃、防弹玻璃等材质，所以能够得到其组件产品的特性。

3. 外观质量

中空玻璃的技术性能指标和外观质量要符合《中空玻璃》GB/T 11944—2012 的要求。外观质量要求见表 5-9。

中空玻璃的外观质量要求　　表 5-9

缺陷	质量要求
外观	不得有妨碍透视的污迹、夹杂物及密封胶飞溅现象
密封性能	20 块 4mm＋12mm＋4mm 试样全部满足以下两条规定为合格：(1)在试验压力低于环境气压 10kPa±0.5kPa 下，初始偏差必须≥0.8mm；(2)在该气压下保持 2.5h 后，厚度偏差的减少应不超过初始偏差的 15%。 20 块 5mm＋9mm＋5mm 试样全部满足以下两条规定为合格：(1)在试验压力低于环境气压 10kPa±0.5kPa 下，初始偏差必须≥0.5mm；(2)在该气压下保持 2.5h 后，厚度偏差的减少应不超过初始偏差的 15%。 其他厚度的样品供需双方商定
露点	20 块试样露点均≤－40℃为合格
耐紫外线辐射性能	2 块试样紫外线照射 168h，试样内表面上均无结雾或污染的痕迹、玻璃原片无明显错位和产生胶条蠕变为合格。如果有 1 块或 2 块试样不合格，可另取 2 块备用试样重新试验，2 块试样均满足要求为合格
气候循环耐久性能	试样经循环试验后进行露点测试。4 块试样露点≤－40℃为合格

4. 应用

中空玻璃主要用于保温隔热、隔声等功能要求较高的建筑物及对结露有严格要求的场所，如宾馆、住宅、医院、商场、写字楼等。

5.5.4 真空玻璃

1. 概念

真空玻璃（图 5-29）是指两片或两片以上平板玻璃以支撑物隔开，周边密封，在玻璃间形成真空层的玻璃制品。两片玻璃之间的间隙仅为 0.1～0.2mm，而且两片玻璃中一般至少有一片是低辐射玻璃。

2. 特性

真空玻璃比中空玻璃有更好的隔热、隔声、保温性能。

真空玻璃是新型、高科技含量的节能玻璃深加工产品，是我国玻璃工业中为数不多的具有自主知识产权的前沿产品，它的研发推广符合国家鼓励自主创新的政策，也符合国家

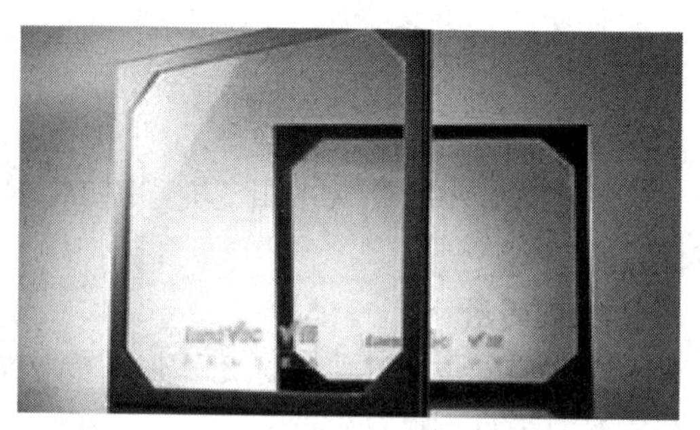

图 5-29　真空玻璃

大力提倡的节能政策，在绿色建筑的应用上具有良好的发展潜力和前景。真空玻璃工艺复杂，合格率低于中空玻璃，是其成本高居不下的原因之一。

3. 应用

适用于普通门窗、幕墙，更适用于高架、公路两边的高层建筑的隔声玻璃。

5.6 其他玻璃制品

玻璃制品的种类较多，除了平板玻璃、装饰玻璃、安全玻璃、节能玻璃之外，还有玻璃砖、微晶玻璃、烤漆玻璃等。

5.6.1 玻璃砖

1. 概念

玻璃砖是用透明或颜色玻璃制成的块状、空心的玻璃制品或块状表面施釉的制品，是一种隔声、隔热、防水、节能、透光良好的非承重装饰材料。

目前市面上流行的玻璃砖，其品种主要有玻璃饰面砖及玻璃锦砖（马赛克）及空心玻璃砖等。

2. 空心玻璃砖

（1）概念

以石英砂、纯碱、石灰石等硅酸盐无机矿物为主要原料，经高温熔融、精制成型、冷却而成的非透明空心砖块。按形状可以分为正方形、长方形、异形；按颜色可以分为无色透明和本体颜色。如图 5-30 所示。

（2）特征

融合了玻璃的固有特性和空心砌块的特点。由于玻璃砖本身具有不同的规格、花纹、颜色及质感，因而具有极强的装饰功能。无毒、无害、无污染、无异味、无刺激性、抗腐蚀，不对人体构成任何危害，易于回收利用。具有隔声、隔热、透光、防结露等优良性能。

图 5-30　空心玻璃砖

（3）技术要求

① 颜色均匀性。正面应无明显偏离主色调的色带或色道；同一批次的产品之间，其正面颜色应无明显色差。

② 单块质量。单块质量的允许偏差小于或等于其公称质量的 10%。

③ 抗压强度。平均抗压强度≥7.0N/mm²，单块最小值≥6.0N/mm²。

④ 抗冲击性。以钢球自由落体方式做抗冲击试验，试样不允许破裂。

⑤ 抗热震性。冷、热水温差应保持 30℃，试验后试样不允许出现裂纹或其他破损现象。

（4）应用

空心玻璃砖广泛应用于客厅、厨房、卫生间、门窗、玄关、吧台、电视背景墙等部分的室内隔断以及装饰装修等，另外玻璃砖还多应用于外墙建筑，解决整栋大厦的采光隔声隔热问题。如图 5-31 所示。

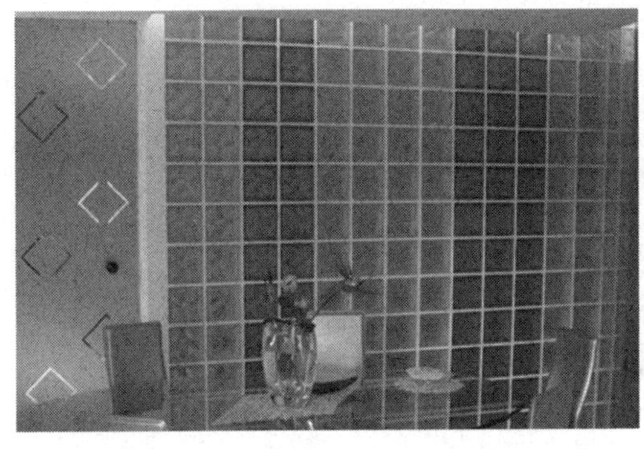

图 5-31　空心玻璃砖墙

3. 玻璃锦砖（玻璃马赛克）

（1）概念

玻璃锦砖又称玻璃马赛克，是一种小规格的方形彩色饰面玻璃。单块的玻璃马赛克断面略呈倒梯形，正面为光滑面，背面略带凹状沟槽，以利于铺贴时有较大的吃灰深度和粘贴面积，粘结牢固而不易脱落。如图 5-32 所示。

图 5-32　玻璃马赛克

（2）特征

表面光滑、色彩鲜艳、亮丽感好、不吸水、抗污性好，具有较高的化学稳定性和耐急冷、急热性能。

（3）应用

适用于各类公共建筑物的门面，也多用于建筑物的外墙贴面装饰或住宅的厨房、卫生间等内墙装饰，还可以镶嵌成各种特色的大型壁画及醒目的标记等。

5.6.2　烤漆玻璃

1. 概念

烤漆玻璃也称背漆玻璃，分平面烤漆玻璃和磨砂烤漆玻璃。指在玻璃的背面喷漆，然后在 30～45℃的烤箱中烤 8～12h 制作而成的玻璃种类，是一种极富表现力的装饰玻璃品种，可以通过喷涂、滚涂、丝网印刷或者淋涂等方式来体现。如图 5-33 所示。

图 5-33　烤漆玻璃

2. 特征

耐水性、耐酸碱性强；使用环保涂料，健康安全；附着力极强，不易脱落；防滑性能优越；色彩的选择性强；耐污性强，易清洗。

3. 应用

用于形象墙、私密空间、玻璃台面、玻璃背景墙、玻璃围栏店面内部和外部空间设计等。

5.6.3 微晶玻璃

1. 概念

微晶玻璃是指在玻璃中加入某些成核物质，通过热处理、光照射或化学处理等手段，在玻璃内均匀地析出大量的微小晶体，形成致密的微晶相和玻璃相的多相复合体。集中了玻璃、陶瓷及天然石材的三重优点，优于天然石材和陶瓷。如图 5-34 所示。

图 5-34 微晶玻璃

2. 特征

(1) 柔和的质感

微晶玻璃是在高温下使结晶从玻璃中析出而成的材料，由结晶相和部分玻璃相组成，尽管抛光板的表面光洁度远高于石材，但是光线不论由任何角度射入，经由结晶微妙的漫反射方式，均可形成自然柔和的质感，毫无光污染。

(2) 零吸水性，不污染

微晶玻璃的吸水率几近为零，所以水不易渗入，不必担心冻结破坏以及铁锈、混凝土泥浆、灰色污染物渗透内部，附着于表面的污物也很容易擦洗干净。

(3) 强度大，可轻量化

微晶玻璃比天然石更坚硬，不易受损，材料厚度可配合施工方法，符合现代建筑物轻巧、坚固的主流。

(4) 丰富多变的颜色

微晶玻璃，以白色为基本色搭配出丰富的色彩系统，又以白、米、灰三个色系较常使用。

(5) 耐候性及耐久性

微晶玻璃的耐酸性和耐碱性都比花岗岩、大理石优良，即便暴露于风雨及污染空气中，也不会产生变质、褪色、强度低劣等现象。

(6) 弯曲成型容易

微晶玻璃可用加热方式，制造出重量轻、强度大、价格便宜的曲面板。

3. 应用

广泛用于建筑物的装饰上，如用作内外墙装饰材料、高档地面砖、屋顶、橱柜材料等。如图 5-35、图 5-36 所示。

图 5-35　微晶玻璃橱柜

图 5-36　微晶玻璃幕墙

单元总结

本单元对各类常见的平板玻璃、装饰玻璃、安全玻璃、节能玻璃和其他玻璃制品作了比较详细的阐述。

介绍了玻璃的概念和组成，详细阐述了各类常见建筑玻璃的性能及应用。

实训指导书

了解建筑装饰中常用的各类建筑玻璃性能特点及应用情况，根据适用功能及装饰效果要求，能够正确并合理地选择玻璃。

一、实训目的

让学生自主地到建筑装饰材料市场和建筑装饰施工现场进行考察和实训，了解常用建筑玻璃的种类和价格，熟悉建筑玻璃应用情况，能够准确识别各种常用建筑玻璃的名称、性能、使用要求及适用范围等。

二、实训方式

1. 建筑装饰材料市场的调查分析

学生分组：3～5 人一组，自主地到建筑装饰材料市场进行调查分析。

调查方法：以调查、咨询为主，认识各种建筑玻璃，调查材料价格，收集材料样本图片，掌握材料的选用要求。

重点调查：各类建筑玻璃的种类和特性。

2. 建筑装饰施工现场装饰材料使用的调研

学生分组：10～15 人一组，由教师或现场负责人指导。

调查方法：结合施工现场和工程实际情况，在教师或现场负责人指导下，熟知各类建筑玻璃在工程中的使用情况和注意事项。

重点调查：施工现场装饰石材的施工方法。

三、实训内容及要求

（1）认真完成调研日记。

（2）填写材料调研报告。

（3）实训小结。

思考及练习

一、填空题

1. 平板玻璃，也称________、________，是指未经过其他特殊加工的平板状玻璃制品，它是深加工成各种技术玻璃的基础材料，是生产量最大，使用最多的一种。

2. 平板玻璃按颜色属性分为________、________。按生产方法不同，可分为________、________两类。

3. 平板玻璃按其公称厚度共________种规格。

4. 平板玻璃根据其外观质量分为________、________、________三个等级。

5. ________的平板玻璃一般直接用于有框门窗的采光，________的平板玻璃可用于隔断、橱窗、无框门。

6. 装饰玻璃主要有________、________、________、________、刻花玻璃、冰花玻璃等。

7. 喷花玻璃又称为________，是在________表面贴以图案，抹以保护面层，经处理形成透明与不透明相间的图案。

8. 防火玻璃按结构可分为：________、________；按耐火性能可分为：________、________。

9. 夹丝玻璃也称________或________。它是由压延法生产的，即在玻璃熔融状态时将经预热处理的钢丝或钢丝网压入玻璃中间，经退火、切割而成。夹丝玻璃表面可以是压花的或磨光的，颜色可以制成________、________。

10. 镀膜玻璃分为________、________。

11. 低辐射镀膜玻璃分为________、________。

二、名词解释

1. 彩色平板玻璃
2. 压花玻璃
3. 防火玻璃
4. 钢化玻璃
5. 夹丝玻璃
6. 防弹玻璃
7. 低辐射镀膜玻璃
8. 真空玻璃

三、简答题

1. 简述玻璃及其特性。
2. 简述平板玻璃板材的检验。
3. 简述平板玻璃板材的标志、包装、运输、贮存要求。
4. 简述釉面玻璃的特性及应用。

5. 简述防火玻璃的分类。
6. 简述防火玻璃的标记及应用。
7. 简述钢化玻璃的特征及应用。
8. 如何识别钢化玻璃？
9. 简述夹层玻璃的概念及特性。
10. 简述着色玻璃的特性及应用。
11. 简述玻璃空心砖的特性及应用。

教学单元6 Chapter 06

建筑装饰塑料

教学目标

1. 知识目标

- 了解塑料的基本组成；
- 了解塑料制品的种类；
- 掌握常见塑料装饰板材的特性及应用；
- 掌握常见塑料壁纸的特性及应用；
- 掌握常见塑料地板的特性及应用；
- 掌握塑料门窗的特性及应用；
- 掌握常见塑料管材的特性及应用。

2. 能力目标

- 能够在学习中正确认识各类常见塑料制品的特性及应用。

3. 思政目标

• 学习过程中发扬艰苦奋斗精神，能自主查阅相关资料，增强对新知识、新理论的了解；

• 通过学习建筑装饰塑料的发展，引导学生关注重大工程进展以及新型材料研发与应用动态。

思维导图

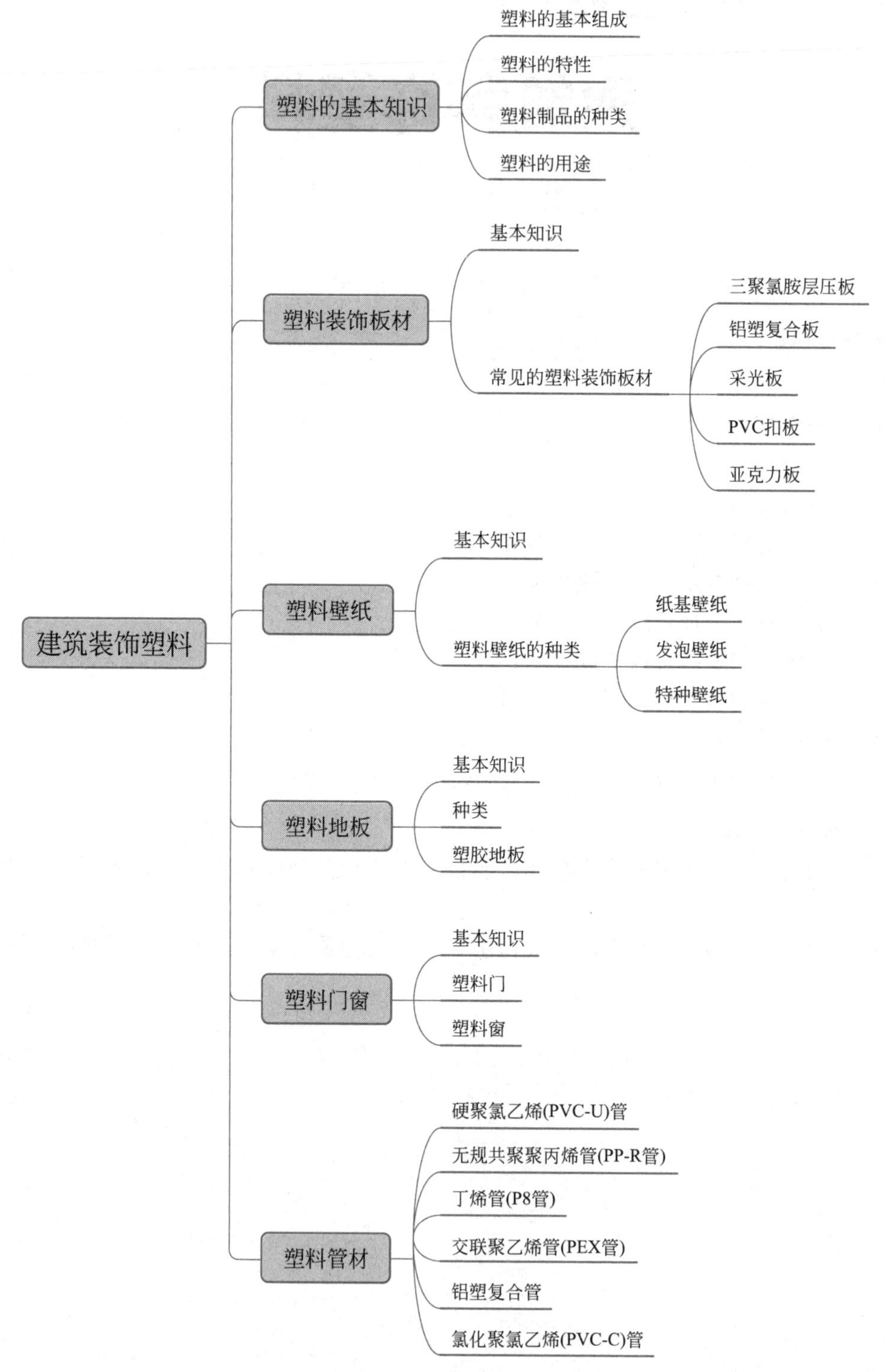
建筑装饰塑料
塑料的基本知识
塑料的基本组成
塑料的特性
塑料制品的种类
塑料的用途
塑料装饰板材
基本知识
常见的塑料装饰板材
三聚氯胺层压板
铝塑复合板
采光板
PVC扣板
亚克力板
塑料壁纸
基本知识
塑料壁纸的种类
纸基壁纸
发泡壁纸
特种壁纸
塑料地板
基本知识
种类
塑胶地板
塑料门窗
基本知识
塑料门
塑料窗
塑料管材
硬聚氯乙烯(PVC-U)管
无规共聚聚丙烯管(PP-R管)
丁烯管(P8管)
交联聚乙烯管(PEX管)
铝塑复合管
氯化聚氯乙烯(PVC-C)管

20 世纪中期我国就已经开始建筑塑料研制工作，但是生产量较小且鲜有应用于工程实际中的。从 20 世纪 70 年代开始，引进国外先进的技术和化工原材料奠定了一个较好的基础，从此建筑塑料开始快速发展。目前建筑塑料工业在中国已经自立门户成为一个独立的建筑工业体系。随着我国建筑业的不断蓬勃发展，建筑和装饰用塑料制品的需求越来越大，专家指出，无毒、无害、无污染的塑料建材，将成为市场需求的热点。我国的塑料建材业以年均增速超过 15%的速度已成为塑料行业中仅次于包装的第二大支柱产业。随着城镇化的进程加快和基础建设工程的不断增速进行，三大塑料建材，即型材、管材及板材已步入稳定增长期。

建筑塑料（图 6-1）通常会被运用到塑料门窗、管道和地板等多个方面。由于其具有价格上的优势，被广泛地运用到建筑装修之中。

图 6-1　建筑塑料

6.1　塑料的基本知识

6.1.1　塑料的基本组成

塑料是以合成或天然树脂为主要组成材料，按一定比例加入填充料、增塑剂、稳定剂、着色剂及其他助剂等，在一定条件下经混炼、塑化成型，在常温常压下能保持产品形状不变的材料。

1. 树脂

树脂是塑料中的主要成分，占塑料总含量的 40%～100%，主要起胶结作用，它决定塑料的类型和性质。

2. 填充料

填充料可以改善塑料的使用温度，提高塑料的强度、硬度、增强化学稳定性。常用的填充料有有机填料（木粉、棉布、纸屑）和无机填料（石棉、云母、滑石粉、玻璃纤维）。

3. 增塑剂

增塑剂可以增加塑料的可塑性，提高使用时的弹性和韧性，常用的增塑剂主要有樟脑、甘油、磷酸酯类等。

4. 稳定剂

塑料在成型加工和使用中，因受热、光等作用下，会出现降解、氧化断链等，造成颜色变深、性能降低。加入稳定剂后可防止塑料在成形和使用过程中过早老化，提高塑料的质量，延长使用寿命。

5. 着色剂

着色剂使塑料具有鲜艳的色彩和光泽，常用的着色剂主要有染料（用于制造透明的制品）、颜料（用于制造半透明或不透明制品）。

6. 润滑剂

塑料中加入润滑剂便于加工时脱模和使制品表面光洁。

根据建筑塑料使用及成型加工中的需要，在塑料中还可以添加固化剂、发泡剂、阻燃剂等。

6.1.2 塑料的特性

作为新型建筑材料的塑料得到广泛的应用和发展主要是得益于其以下特性：

1. 可塑性好

塑料可以采用多种方法加工成各种类型和形状的产品，可以根据建筑造型的要求加工成所需的形状，其工艺流程简单，可以批量生产。

2. 质量轻

塑料制品的密度小，接近木材的密度，约为铁的1/3，铝的1/2，混凝土的1/3，用于建筑的造型装修可以减轻自重。

3. 化学性能稳定

塑料是由高分子有机材料组成，具有良好的耐腐蚀性，比一般的金属材料和一些无机材料强，对环境水及盐类也有较好的抗腐蚀能力。

4. 保温隔热、吸声性好

塑料的导热系数小，尤其是泡沫塑料的导热性更小，是理想的保温隔热和吸声材料。

5. 设计性能好

塑料可以采用多种方法加工成各种类型和形状的产品，同时可以在塑料中加入添加剂，制成具有特殊性能的建筑塑料。

塑料具有很多优点，但也有易于老化、耐热性差、易燃烧、刚度小、热膨胀性大等缺点。因此在选用时要扬长避短，尤其注意安全防火等。

6.1.3 塑料制品的种类

用于建筑的塑料制品较多，几乎遍及建筑物的各个部位，建筑中常见的塑料制品主要有塑料管道、塑料装饰板材、塑料壁纸、塑料地板、塑料门窗、玻璃钢等。如图6-2～图6-8所示。

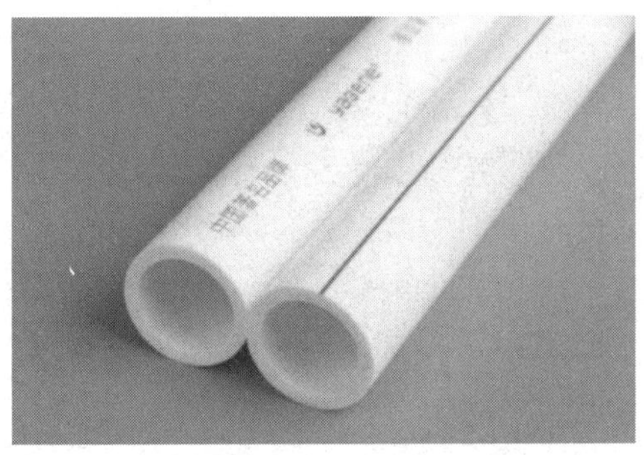

图 6-2 塑料管道

图 6-3 铝塑板

图 6-4 塑料壁纸

图 6-5 塑料地板

图 6-6 塑料窗

6.1.4 塑料的用途

塑料在建筑上可以作为装饰材料、绝热材料、吸声材料、防火材料、墙体材料、管道及卫生洁具等。

图 6-7　玻璃钢躺椅

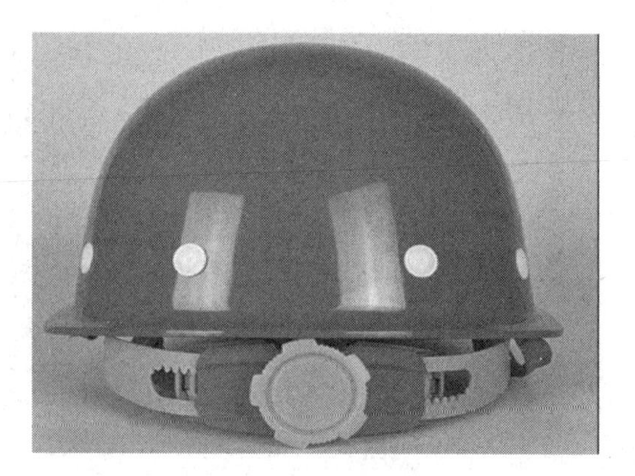

图 6-8　玻璃钢安全帽

6.2 塑料装饰板材

6.2.1　塑料装饰板材基本知识

1. 塑料装饰板材的概念

塑料装饰板材是以树脂为浸渍材料或以树脂为基材，采用一定的生产工艺制成的具有装饰功能的普通或异形断面的材料。

2. 塑料装饰板材的用途

塑料装饰板

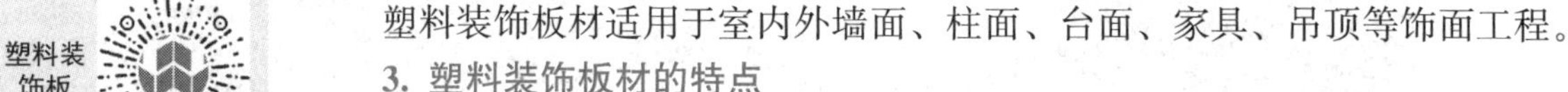

塑料装饰板材适用于室内外墙面、柱面、台面、家具、吊顶等饰面工程。

3. 塑料装饰板材的特点

塑料装饰板材生产工艺简单，加工成型方便，表面坚硬、耐磨损、耐热、耐水性能好，密度大，尺寸稳定性好，能耐一般酸、碱、油脂及酒精的腐蚀。装饰板具有韧性，可以弯曲成一定弧度，便于曲面的装饰，并易于与其他材料胶贴。

4. 塑料装饰板材的种类

塑料装饰板材的种类较多，可以按原材料的不同、结构和断面形式进行分类。

（1）按原材料分类

按原材料的不同可分为塑料金属复合板、硬质 PVC 板、三聚氰胺层压板、玻璃钢板、铝塑板、聚碳酸酯采光板等。如图 6-9～图 6-14 所示。

（2）按结构和断面形式分类

按结构和断面形式分类可分为平板、波形板、实体异形断面板、中空异形断面板、格子板、夹芯板等类型。

图 6-9　塑料金属复合板

图 6-10　硬质 PVC 板

图 6-11　三聚氰胺层压板

图 6-12　玻璃钢板

图 6-13　铝塑板

图 6-14　聚碳酸酯采光板

6.2.2　常见的塑料装饰板材

1. 三聚氰胺层压板

三聚氰胺层压板也称塑料贴面板，是以厚纸为骨架，浸渍三聚氰胺热固性树脂，多层叠合经热压固化而成的薄型贴面材料。三聚氰胺层压板是多层结构，即由表层纸、装饰纸和底层纸构成。

（1）特性：耐热性优良、耐烫、耐燃、耐磨、耐污、耐湿、耐擦洗以及耐酸、碱、油脂和酒精等溶剂的侵蚀，经久耐用。

（2）分类：按其表面的外观特性分为有光型、柔光型、双面型、滞燃型。按用途的不同分为平面板（耐磨性好）、平衡面板（只用于防止单面粘贴层压板引起的不平衡弯曲，作平衡材料使用，而不强调装饰性）。

（3）应用：常用于墙面、柜面、台面、家具、吊顶等饰面工程。

2. 铝塑复合板

铝塑复合板是一种以PVC塑料作芯板，正背两表面为铝合金薄板的复合材料，厚度为3mm、4mm、6mm、8mm。

（1）特性：重量轻，坚固耐久，具有比铝合金强得多的抗冲击性和抗凹陷性，可自由弯曲且弯后不反弹，具有较强的耐候性、较好的可加工性，易保养，易维修。板材表面铝板经阳极氧化和着色处理，色泽鲜艳。

（2）应用：广泛用于建筑幕墙，室内外墙面、柱面、顶面的饰面处理。如图6-15、图6-16所示。

图6-15　塑铝板外墙

图6-16　塑铝板吊顶

3. 聚碳酸酯采光板（PC阳光板）

聚碳酸酯采光板是以聚碳酸酯树脂为主要原料，添加各种助剂，经挤出成型。

（1）特性：聚碳酸酯采光板轻、薄、刚性大、抗冲击、色调多、外观美丽、耐水、耐湿、透光性好、隔热保温、阻燃、燃烤不产生有害气体、耐候性好、不老化、不褪色，长期使用的允许温度为−40～120℃，有足够的变形性。

（2）应用：适用于遮阳棚、采光天幕、温室花房的顶罩等。如图6-17所示。

4. PVC扣板

PVC扣板也就是塑料扣板，以聚氯乙烯树脂为主要原料，加入适量的抗老化剂、改性剂等，经过混炼、压延、真空吸塑等工艺而成。如图6-18所示。

（1）特性：具有轻质、隔热、保温、防潮、阻燃、施工简便等特点。

（2）应用：卫生间、厨房、阳台等吊顶的主导材料。

5. 亚克力板

亚克力板属于有机玻璃，是有机合成的塑胶材料，指聚甲基丙烯酸甲酯，是以丙烯酸

图 6-17　采光板的应用

图 6-18　PVC 扣板

及其脂类聚合而得到的聚合物，是一种具有优异综合性能的热塑性工程塑料。

有机玻璃是科学发展的产物，与合成橡胶、合成纤维共称为三大合成材料，不同于二氧化硅制成的无机玻璃。1948 年世界第一只亚克力浴缸的诞生，标志着亚克力的应用进入了新的时代。

（1）分类

1）按种类划分

普通板有透明板、染色透明板、乳白板、彩色板。

特种板有卫浴板、云彩板、镜面板、夹布板、中空板、抗冲板、阻燃板、超耐磨板、表面花纹板、磨砂板、珠光板、金属效果板等。

2）按生产工艺划分为浇铸板和挤压板。

3）按透光度可分为透明板、半透明板、色板。

（2）特性

1）亚克力具有无机玻璃的透明性，较之无机玻璃有不可比拟的韧性安全性高、质量轻的特点，透光率可达 92%以上，远高于其他材料，光泽性强。

2）亚克力板材质轻，约为普通玻璃的一半，金属铝的 43%，抗紫外线性能优越，至少五年不会褪色变黄，不会失去光泽，耐候性佳，抗开裂性能优良，电绝缘性良好。

3）色彩艳丽，可以通过在原材料配制时加入化学颜料来制成多种颜色、多种花样的亚克力板材，或加入夜光材料制成夜光有机玻璃，成为建筑装修外用板材。

4）亚克力具有较强的耐腐蚀。

5）亚克力作为一种典型的线型高聚物，在常温下抗冲击性强，是普通玻璃的 16 倍，适合于对安全有较高要求的地方；可塑性强，造型变化大，加工成型容易，既适合机械加工又易热成型，同时具有较强的硬度，较好的抗压、抗拉、抗弯曲等性能。

6）容易清洁、维护，雨水可自然洁净，或用肥皂和软布擦洗即可。

（3）应用

亚克力的应用十分广泛，如卫生洁具、家具、广告牌、采光体、屋顶、棚顶、楼梯和室内墙、壁护板等。如图 6-19、图 6-20 所示。

图 6-19　亚克力浴缸

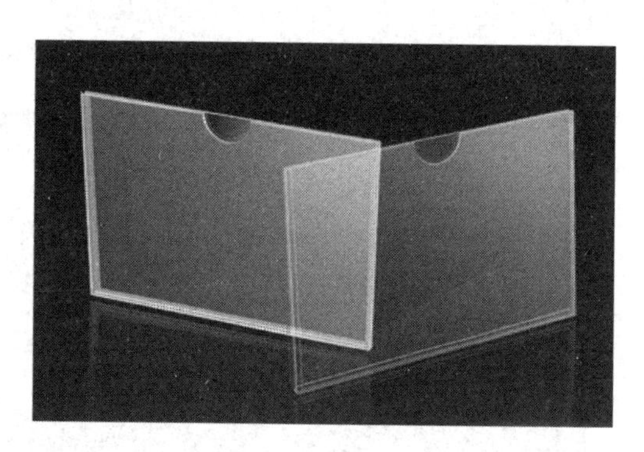

图 6-20　亚克力卡槽

塑料装饰板材的种类较多，除了以上介绍的板材之外还有广告板、PC 钻石板等等，在装饰工程中应用较为广泛。

6.3 塑料壁纸

6.3.1　塑料壁纸的基本知识

1. 塑料壁纸的概念

塑料壁纸是以纸为基材，以聚氯乙烯塑料为面层，经压延或涂布以及印刷、扎花、发泡等工艺而制成的双层复合贴面材料。由于塑料壁纸所用的树脂大多数为聚氯乙烯，所以也常称聚氯乙烯壁纸。

2. 塑料壁纸的用途

塑料壁纸是目前国内外使用广泛的一种室内墙面装饰材料，也可用于顶棚、梁柱等的贴面装饰。

3. 塑料壁纸的特点

塑料壁纸具有一定的伸缩性和耐裂强度；装饰效果好；性能优越；粘贴方便；使用寿

命长，易维修保养。

4. 塑料壁纸的规格

塑料壁纸的宽度为 530mm 和 90～1000mm，前者每卷长度为 10m，后者每卷长度为 50m。

6.3.2　塑料壁纸的种类

1. 纸基壁纸（普通壁纸）

普通壁纸是以 80～100g/m² 的纸作基材，涂塑 100g/m² 左右的聚氯乙烯糊，经印花、压花而成。主要有单色压花、印花压花、平光印花、有光印花等。如图 6-21 所示。

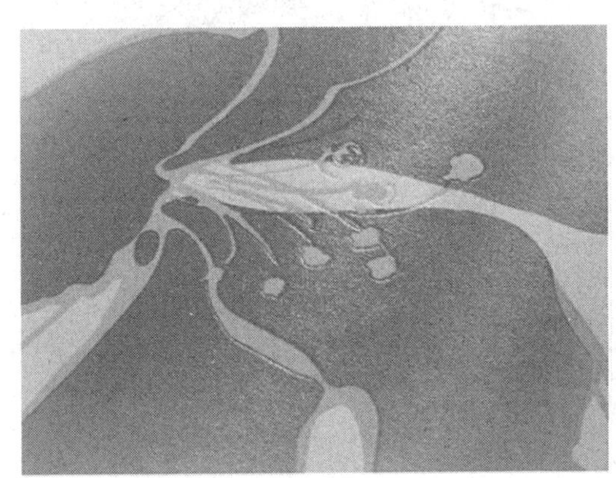
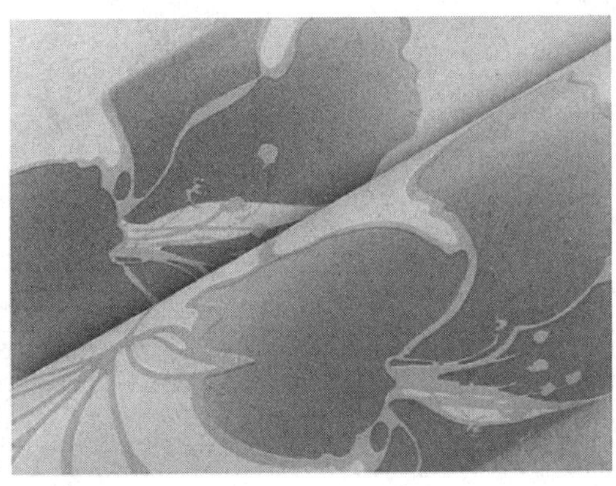

图 6-21　纸基壁纸

2. 发泡壁纸

发泡壁纸是以 100g/m² 的纸作基材，涂塑 300～100g/m² 掺有发泡剂的 PVC 糊，印花后再加热发泡而成。主要有低发泡印花壁纸、发泡压花壁纸、发泡印花壁纸、高发泡壁纸等。如图 6-22 所示。

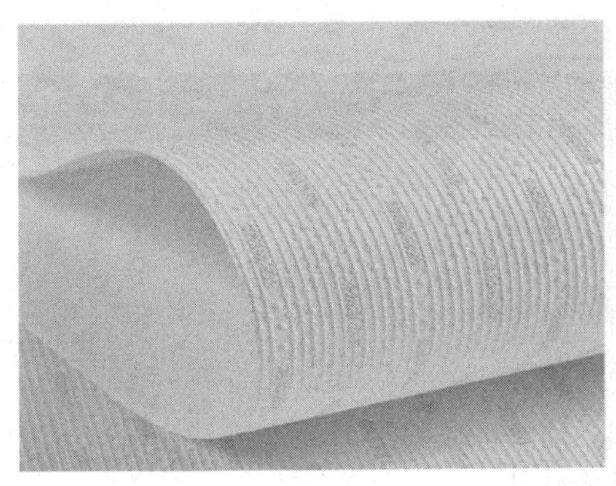

图 6-22　发泡壁纸

低发泡印花壁纸，是在掺有适量发泡剂的 PVC 糊涂层的表面印有图案或花纹，通过采用含有抑制发泡作用的油墨，使表面形成具有不同色彩的凹凸花纹图案，又叫化学浮雕。这种壁纸的图案逼真，立体感强，装饰效果好，并有一定的弹性。适用于室内墙裙客厅和内走廊装饰。

高发泡壁纸的发泡倍数大，表面呈富有弹性的凹凸花纹，是一种装饰兼吸声的多功能墙纸，常用于歌剧院、会议室住房的天花板装饰。

3. 特种壁纸

特种壁纸是指具有耐水、防火和特殊装饰效果的壁纸品种。主要有耐水壁纸、防火壁纸、特殊装饰壁纸。如图 6-23、图 6-24 所示。

图 6-23 耐水壁纸

图 6-24 特殊装饰壁纸

耐水壁纸是用玻璃纤维毡作基材，在 PVC 涂塑材料中，配以具有耐水性的胶粘剂，以适应卫生间、浴室等墙面的装饰要求。

防火墙纸是用 100～200g/m^2 的石棉纸作基材，并在 PVC 涂塑材料中掺有阻燃剂，使墙纸具有一定的阻燃防火功能，适用于防火要求很高的建筑。

特殊装饰效果的彩色砂粒壁纸，是在基材上散布彩色砂粒，再涂胶粘剂，使表面呈砂粘毛面，可用于门厅、柱头、走廊等局部装饰。

6.4 塑料地板

6.4.1 塑料地板的基本知识

1. 塑料地板的概念

塑料地板是以高分子合成树脂为主要材料，加入其他辅助材料，经一定的制作工艺制成的预制块状、卷材状或现场铺涂整体状的地面材料。

2. 塑料地板的特点

种类花色繁多；良好的装饰性能；性能多变，适应面广；质轻（比木地板施工后质量轻 10 倍），耐磨，柔韧性好，脚感舒适；防火阻燃，耐酸碱；施工、维修、保养方便。

6.4.2　塑料地板的种类

塑料地板的种类见表 6-1。

塑料地板的种类　　表 6-1

分类依据	种类	用途
按其外形分	块材（或地板砖）	适用于室内、外体育娱乐场所的铺装
	卷材（或地板革）	适用于办公室、会议室、快餐厅等场所
按材质分	硬质	适用于计算机房、实验室
	半硬质	适用于医院、机场
	软质（弹性）	适用于幼儿园、体育馆
按基本原料分	聚氯乙烯（PVC）地板	广泛地使用于室内家庭、医院、学校、办公楼、工厂、公共场所、超市、商业、体育场馆等场所
	聚丙烯（PE）地板	用于室内家庭、医院等地面
	聚乙烯-醋酸乙烯酯（PP）地板	能满足各类建筑物的使用要求

国内普遍采用的是硬质 PVC 塑料地板和半硬质 PVC 塑料地板。如图 6-25 所示。

图 6-25　PVC 塑料地板

6.4.3　塑胶地板

塑胶地板是分层的同质透心结构，由色彩层、玻璃纤维层和基本层组成。

1. 特点

具有防滑性、柔韧性，色彩丰富，具有良好的耐候性和耐水性，设计灵活，施工快捷。

2. 应用

适用于运动场所、办公场所等。如图 6-26 所示。

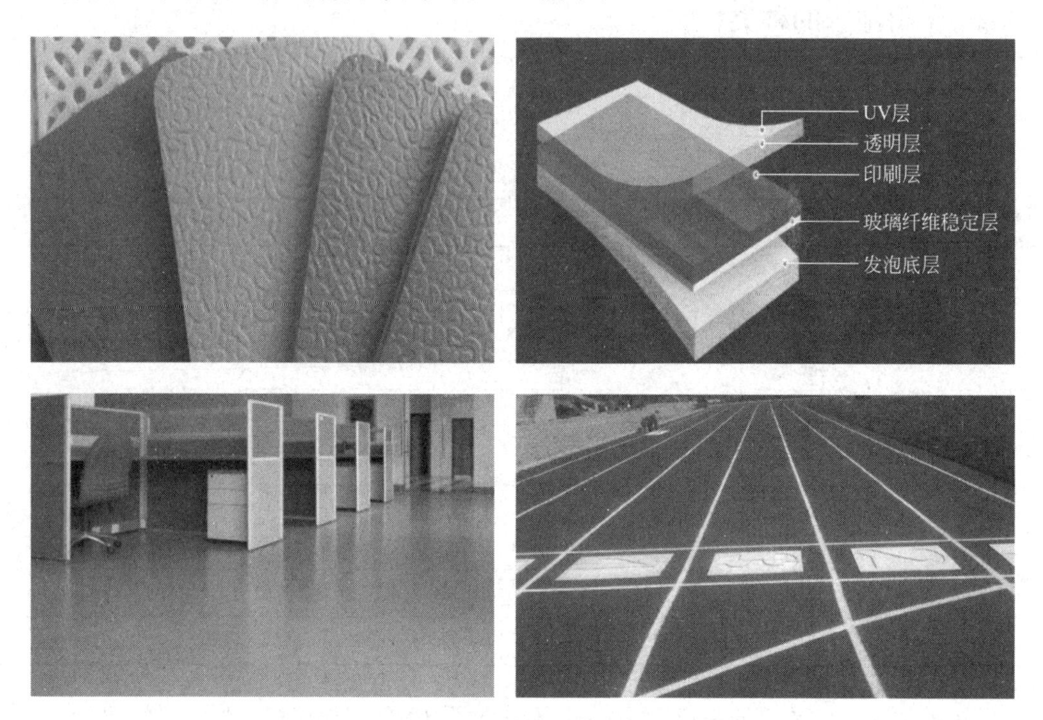

图 6-26 塑胶地板及应用

6.5 塑料门窗

6.5.1 塑料门窗的基本知识

1. 塑料门窗的概念

塑料门窗是以强化聚氯乙烯（UPVC）树脂为基料，以轻质碳酸钙做填料，掺以少量添加剂，经挤出法制成各种截面的异形材，并采用与其内腔紧密吻合的增强型钢做内衬，再根据门窗品种，选用不同截面的异形材组装而成。

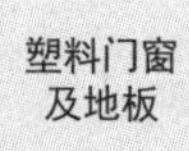

2. 塑料门窗的特点

塑料门窗色泽鲜艳，不需油漆；耐腐蚀，抗老化，保温，防水，隔声；在 30～50℃的环境下不变色，不降低原有性能，防虫蛀又不助燃。

3. 塑料门窗的应用

适用于工业与民用建筑，是建筑门窗的换代产品，但平开门窗比推拉门窗的气密性、水密性等综合性能要好。

6.5.2 PVC 塑料门

PVC 塑料门又称塑钢门，具有隔热、保温效果好，气密性好，隔声效果好，耐化学腐蚀，维护保养方便等特点。如图 6-27 所示。

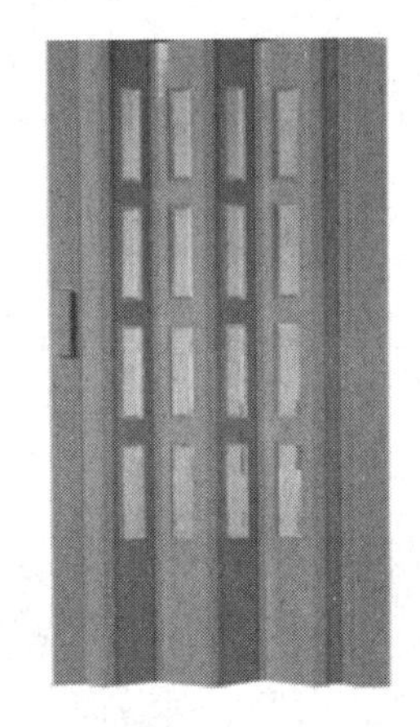

图 6-27 PVC 塑料门

6.5.3 塑料窗

以聚氯乙烯或其他树脂材料为主要原料，添加稳定剂、抗静电剂、增强剂、改性剂等提高塑料性能的添加剂，经挤出成各种截面的空腹窗材料，再根据所需尺寸、形状组成窗制品。主要有全塑型、复合型、聚氨酯型。

具有良好的气密性、隔热、隔声、阻燃、耐化学腐蚀性，节能和维护方便，价位低于铝合金制品，属于中档产品，适用于高层建筑。如图 6-28 所示。

图 6-28 塑料窗

6.6 塑料管材

塑料管材是高科技复合而成的化学建材，因具有水流损失小、节能、节材、保护生态、竣工便捷等优点，广泛应用于建筑给水排水、城镇给水排水以及燃气管等领域，常见的塑料管材主要有以下几种。

塑料管材

1. 硬聚氯乙烯（PVC-U）管

（1）特性

通常直径为 40～100mm。内壁光滑阻力小、不结垢、无毒、无污染、耐腐蚀。使用温度不大于 40℃，故为冷水管。抗老化性能好、难燃，可采用橡胶圈柔性接扣安装。如图 6-29 所示。

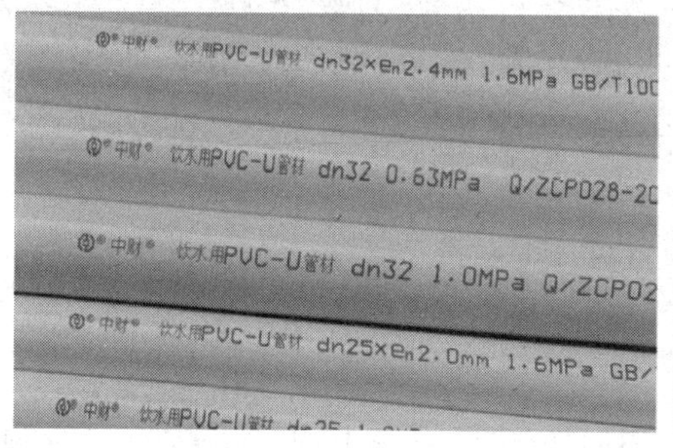

图 6-29 PVC-U 管

（2）应用

用于给水管道（非饮用水）、排水管道、雨水管道。

2. 氯化聚氯乙烯（PVC-C）管

（1）特性

高温机械强度高，适于受压的场合。使用温度高达 90℃左右，寿命可达 50 年。安装方便，连接方法为溶剂粘结、螺纹连接、法兰连接和焊条连接。阻燃、防火、导热性能低，管道热损少。如图 6-30 所示。

图 6-30 PVC-C 管

（2）应用

用于冷热水管、消防水管系统、工业管道系统。

3. 无规共聚聚丙烯管（PP-R 管）

（1）特性

无毒，无害，不生锈，不腐蚀，有高度的耐酸性和耐氯化物性。耐热性能好，使用寿命长达 50 年以上。耐腐蚀性好，不生锈，不腐蚀，不会滋生细菌，无电化学腐蚀，保温性能好，膨胀力小。适合采用嵌墙和地坪面层内的直埋暗敷方式，水流阻力小。管材内壁光滑，不会结垢，采用热熔连接方式进行连接，牢固不漏，施工便捷。如图 6-31 所示。

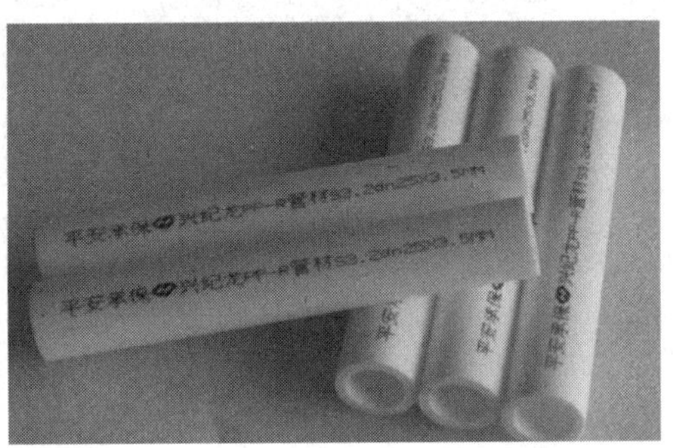

图 6-31　PP-R 管

缺点是管材规格少，抗紫外线能力差，长期在阳关照射下易老化，属于可燃性材料，不得用于消防给水系统。

（2）应用

用于饮用水管、冷热水管。

4. 聚丁烯管（PB 管）

（1）特性

强度较高，韧性好，无毒，不生锈、不腐蚀、不结垢、寿命长；易燃，热膨胀系数大，造价高；长期工作水温为 90℃左右，最高可达 110℃。如图 6-32 所示。

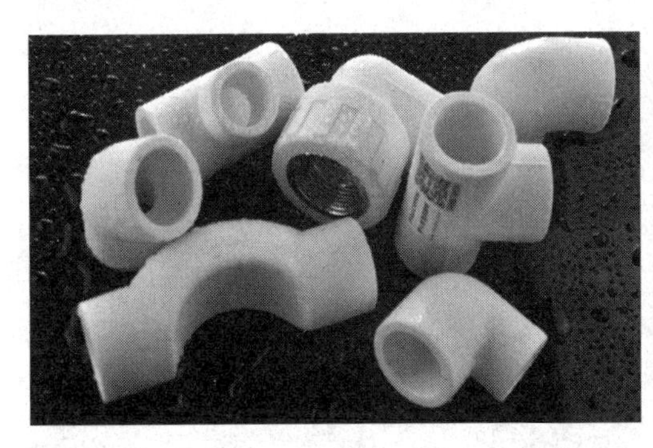

图 6-32　PB 管

（2）应用

用于饮用水、冷热水管。特别适用于薄壁小口径压力管道，如地板辐射采暖系统的盘管。

5. 交联聚乙烯管（PEX 管）

普通高、中密度聚乙烯管（PE 管）耐热性和抗蠕变能力差，因而普通 PE 管不适宜使用高于 45℃的水。交联是 PE 改性的一种方法，PE 经交联后变成三维网状结构的交联聚乙烯（PEX），提高了其耐热性和抗蠕变能力；同时，耐老化性能、力学性能和透明度等均有显著提高。如图 6-33、图 6-34 所示。

图 6-33　PEX 软管

图 6-34　PEX 地暖管

（1）特性

无毒、卫生、透明，不可热熔连接，热蠕动性小，使用寿命可达 50 年。可输送冷、热水、饮用水及其他的液体，在阳光照射下会加速老化。

（2）分类

PEX 管分为 A、B、C 三级：PEX-A（交联度大于 70%）、PEX-B（交联度大于 65%）、PEX-C（交联度大于 60%）。

（3）应用

主要用于地板辐射采暖系统的盘管。

6. 铝塑复合管

铝塑复合管是以焊接铝管或铝箔为中层，内外层均为聚乙烯材料（常温使用），或内外层均为高密度交联聚乙烯材料（冷水使用），通过专用机械加工方法复合成一体的管材。如图 6-35 所示。

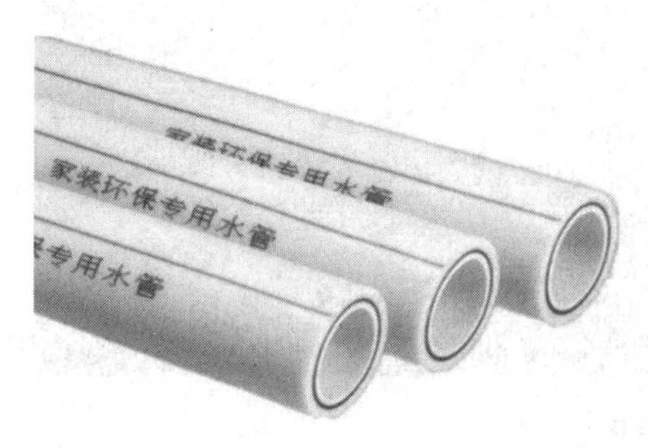

图 6-35　铝塑复合管

（1）特性

安全、无毒、耐腐蚀，不结垢，阻力小，柔性好，寿命长，弯曲后不反弹，安装简单。

（2）应用

适用于饮用水、冷、热水管。

单元总结

本单元对塑料及其基本组成成分、特性进行了简单的介绍，对塑料制品（塑料装饰板材、塑料壁纸、塑料地板、塑料地板、塑料管材）进行了详细的介绍。

介绍了塑料的基本组成及特性，详细阐述了常见塑料制品的定义、特点及用途。

实训指导书

了解建筑装饰中常用的塑料制品，掌握建筑装饰中常用的各类塑料制品的性能特点及应用情况，根据要求，能够正确并合理地选用塑料制品。

一、实训目的

让学生自主地到建筑装饰材料市场和建筑装饰施工现场进行考察和实训，了解常用塑料制品的种类和价格，熟悉各塑料制品的应用情况，能够准确认识各种常用塑料制品的名称、规格、种类、价格、使用要求及适用范围等。

二、实训方式

1. 建筑装饰材料市场的调查分析

学生分组：3～5 人一组，自主地到建筑装饰材料市场进行调查分析。

调查方法：以调查、咨询为主，认识各种装饰塑料制品，调查材料价格，收集材料样本图片，掌握材料的选用要求。

重点调查：各类塑料制品的种类和常用规格、应用。

2. 建筑装饰施工现场装饰材料使用的调研

学生分组：10～15 人一组，由教师或现场负责人指导。

调查方法：结合施工现场和工程实际情况，在教师或现场负责人指导下，熟知各类塑料制品在工程中的使用情况和注意事项。

重点调查：施工现场各塑料制品的施工方法。

三、实训内容及要求

（1）认真完成调研日记。

（2）填写材料调研报告。

（3）实训小结。

思考及练习

一、填空题

1. 塑料是以____________为主要组成材料，按一定比例加入________、________、

________、________及其他助剂等，在一定条件下经混炼、塑化成型，在常温常压下能保持产品形状不变的材料。

2. 建筑中常见塑料制品主要有________、________、________、________、________、玻璃钢等。

3. 三聚氰胺层压板也称________，是以________为骨架，浸渍三聚氰胺热固性树脂，多层叠合经热压固化而成的薄型贴面材料。

4. PVC 扣板也就是________，以________为主要原料，加入适量的________、改性剂等，经过________、________、真空吸塑等工艺而成。

5. 特种壁纸主要有：________、________、________。

6. PEX 管分为 A、B、C 三级：________、________、________。

7. 亚克力板属于________，它是有机合成的________。

二、名词解释

1. 塑料装饰板材
2. 铝塑复合板
3. 塑料壁纸
4. 塑料地板
5. 塑料门窗
6. 铝塑复合管
7. 有机玻璃，塑胶材料

三、简答题

1. 简述塑料的基本组成成分。
2. 简述塑料装饰板材的分类。
3. 简述三聚氰胺层压板的分类。
4. 简述采光板及其特性、应用。
5. 简述塑料壁纸的种类。
6. 简述塑料地板的种类。
7. 简述硬聚氯乙烯（PVC-U）管的特性及应用。
8. 简述亚克力板的分类和特点。

教学单元7 Chapter 07

建筑装饰织物与制品

教学目标

1. 知识目标

• 了解装饰织物的概念；

• 熟悉常用壁纸和地毯的类型和性能特征；

• 掌握壁纸、墙布、地毯的用途和规格。

2. 能力目标

• 能够在学习中正确认识壁纸的应用；

• 掌握地毯的构造要点及使用注意事项；

• 具备鉴别壁纸和地毯质量优劣的操作能力，具备独立解决问题的能力。

3. 思政目标

• 将绿色环保和安全教育、工匠精神融入本单元内容中；引导学生树立爱国敬业、诚实守信的职业道德。

思维导图

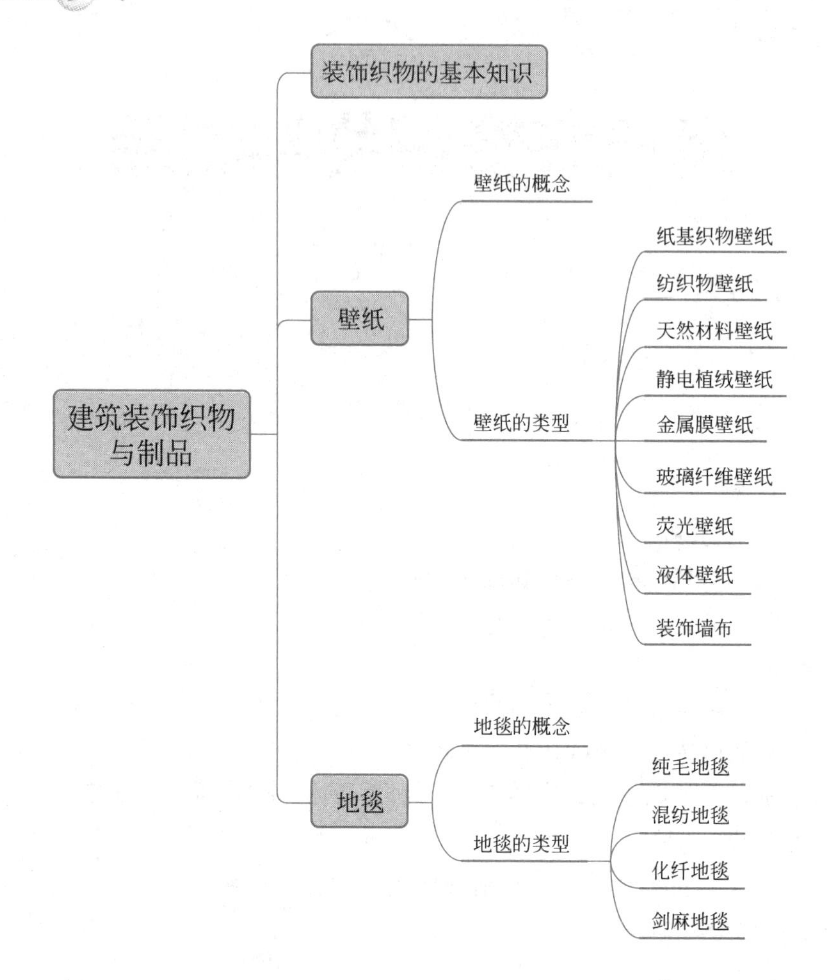

装饰织物是装饰工程中比较常用的材料之一，这类材料色彩多种多样，质地柔软富有弹性，对室内装饰的质感、色彩及整体装饰效果产生直接影响。合理选用装饰织物，能使空间更具温馨和舒适感，同时这类材料还具备保温、隔声效果，能够满足空间的功能需求。

7.1 装饰织物的基本知识

装饰织物是指以纺织物和编织物为面料制成的壁纸、墙布、地毯，其原料可以是丝、羊毛、棉、麻或化纤等，也可以是草、树叶等天然材料。墙面装饰织物一般用壁纸、墙布、布艺软包；地面装饰织物主要指地毯；其他装饰织物可应用于窗帘、家具织物、床上用品、卫生盥洗织物、装饰织物工艺品。装饰织物在建筑装饰工程中的应用如图 7-1～图 7-4 所示。

图 7-1　沙发套、块毯、顶部铂金壁纸

图 7-2　墙面壁纸、布艺软包、床上用品

图 7-3　墙面布艺软包、地毯、布艺椅子

图 7-4　墙面布艺软包、地毯、桌布、窗帘

7.2 壁纸

7.2.1 壁纸的概念

壁纸，也称为墙纸，是一种应用相当广泛的室内装饰材料。因为壁纸具有色彩多样、图案丰富、豪华气派、安全环保、施工方便、价格适宜等多种其他室内装饰材料所无法比拟的特点，故在欧美、东南亚、日本等发达国家和地区得到相当程度的普及。壁纸种类很多，通常用漂白化学木浆生产原纸，再经不同工序的加工处理，如涂布、印刷、压纹或表面覆塑，最后经裁切、包装后出厂。因为具有一定的强度、美观的外表和良好的抗水性能，广泛用于住宅、办公室、宾馆的室内装修等。

7.2.2 壁纸的类型

在装修过程中壁纸作为现在主流的墙面装饰、顶棚装饰已经进入了老百姓的家庭，选择一款经济实惠的壁纸非常重要。

1. 纸基织物壁纸

纸基织物壁纸是以棉、麻、毛等天然纤维制成各种色泽、花色和粗细不一的纺线，经过特殊处理和巧妙的艺术编排，粘接于纸基上而制成。

纸基壁纸具有色彩柔和、自然、墙面立体感强、吸声效果好的特点，不褪色，调湿性和透气性好，如图 7-5、图 7-6 所示。

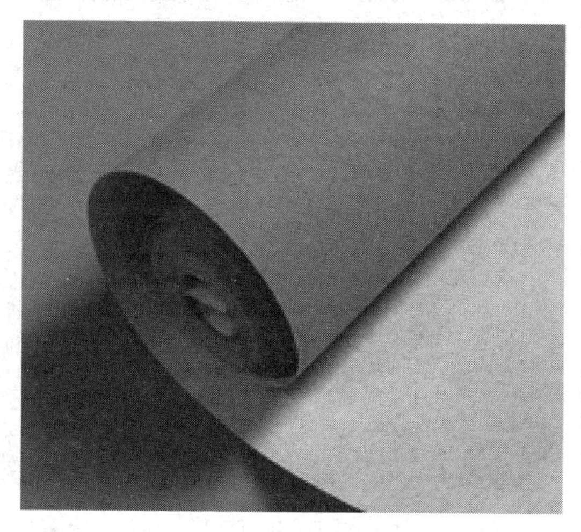

图 7-5 纸基织物壁纸

图 7-6 纸基织物壁纸的应用

2. 纺织物壁纸

这是壁纸中较高级的品种，主要是用丝、羊毛、棉、麻等纤维织成，质感佳、透气性好。用它装饰居室，给人以高雅、柔和、舒适的感觉。与其他壁纸之间的区别，主要体现在背衬材料的质地与厚度，另外，还应注意有无出现抽丝、跳丝现象。

纺织物壁纸分为锦缎壁纸、棉纺壁纸、化纤壁纸三种（图 7-7～图 7-9）。锦缎墙纸是更为高级的一种，缎面织有古雅精致的花纹，色泽绚丽多彩，质地柔软，裱糊的技术性和工艺性要求很高。其价格较贵，多用于室内高级装饰。棉纺壁纸是将纯棉平布处理后，经印花、涂层制作而成，具有强度高、静电小、无光、无味、吸声、花型繁多、色泽美观等特点。化纤壁纸是以涤纶、腈纶、丙纶等化纤布为基材，经过印花而成。

3. 天然材料壁纸

天然材料壁纸是用草、木材、树叶等制成面层的墙纸。一般是环保的壁纸，不含氯乙烯等有毒气体，燃烧生成的是二氧化碳和水。由于木纤维和木浆等材料具有呼吸功能，因此其具有良好的透气性、防潮及防霉变性能良好。另外，天然材料壁纸可重复粘贴，不容易出现褪色、起泡翘边现象，产品更新无需将原有墙纸铲除（凹凸纹除外），可直接张贴在原有墙纸上，并得到双重墙面保护的作用，如图 7-10 所示。

图 7-7　锦缎壁纸

图 7-8　化纤壁纸

图 7-9　棉纺壁纸

图 7-10　天然材料壁纸

4. 静电植绒壁纸

植绒壁纸是壁纸中一个很主要的种类，也是很多家庭在装修时会选择的一种产品，它立体感比其他任何壁纸都要出色，绒面带来的独特质感会使得图案的表现效果非常好，这种立体的材质同时还能增加壁纸的质感，得到一种完全不同于纸质品的特殊视觉效果。静电植绒壁纸是采用静电植绒法将合成纤维短绒植于纸基上的新型壁纸，常用于点缀性极强的局部装饰。同时具有消声、杀菌、耐磨等特性，安全环保，不掉色，密度均匀，手感好，花型、色彩丰富，如图 7-11 所示。

图 7-11　静电植绒壁纸

5. 金属膜壁纸

金属膜壁纸是指把金、银、铜、锡等金属进行特殊加工之后，制作成薄片然后贴在壁纸的表面。这种壁纸给人金碧辉煌、庄重大方的感觉，适合气氛浓烈的场合，一般用于歌厅、酒店等公共场所，家居环境不宜大面积选用。如图 7-12 所示。

图 7-12　金属膜壁纸

6. 玻璃纤维壁纸

玻璃纤维壁纸也称玻璃纤维墙布，是以中碱玻璃纤维为基材，表面涂以耐磨树脂，再印上彩色图案的新型墙壁装饰材料。其特点是色彩鲜艳、不褪色、不变形、不老化、防水、耐洗、施工简单、粘贴方便。在实际工程中也可以与涂料搭配使用，即在壁纸表面上涂装高档丝光乳胶漆，颜色根据设计要求任意调配，并可在上面随意作画，加上壁纸本身的肌理效果，能给人一种粗犷质朴的感觉，如图 7-13 所示。

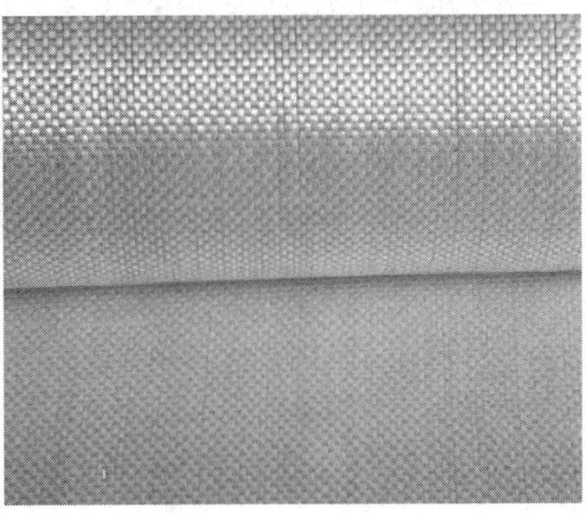

图 7-13　玻璃纤维壁纸

7. 荧光壁纸

这种壁纸在纸面镶有用发光物质制成的嵌条，能在夜晚发出亮光。嵌条的发光原理有两种：一种是采用可蓄光的天然矿物质，在有外界光照的情况下，吸收一部分光能，将其储存起来。当外界发暗时，它又将储存的部分光能自然释放出来，从而产生一种夜光的效果。另一种是采用无纺布作为原料，经紫光灯照射后，产生出发光的效果，由于必须借助紫光灯这个工具，所以价格比较昂贵。

目前市场上的荧光壁纸多数采用第一种发光原理，也就是用无机质酸性化合物为颜料制作而成，在明亮中积蓄光能，暗淡后又重新释放光能，熄灯后 5～20 分钟就呈现出迷人的色彩和图案。

对于荧光壁纸有的人可能会有顾虑，怕壁纸产生的视觉效果过于强烈，会影响正常睡眠。其实，蓄光壁纸的蓄光原理决定了光能的释放过程不会太长，一般 20 分钟过后壁纸就不会出现荧光效果了。而且这种壁纸的化合物成分无毒无害，可以放心使用在儿童房间里。如图 7-14 所示。

8. 液体壁纸

液体壁纸是一种新型艺术涂料，也称壁纸漆和墙艺涂料，是集壁纸和乳胶漆特点于一身的环保水性涂料。通过各类特殊工具和技法配合不同的上色工艺，使墙面产生各种质感纹理和明暗过渡的艺术效果。

液体壁纸采用高分子聚合物与进口珠光颜料及多种配套助剂精制而成，无毒无味、绿色环保、有极强的耐水性和耐酸碱性、不褪色、不起皮、不开裂，确保使用十五年以上。液体壁纸在所有的平面墙上都可以施工，无需对墙面刮白，墙面上刷一层液体壁纸专用的底漆，然后用模具将各种图案印在墙面，模具为不同图案的镂空纱网，第二层的壁纸漆就

图 7-14 荧光壁纸应用

通过镂空纱网印在墙面上。液体壁纸的图案颜色随着视角的不同、光线的强弱而变幻出不同的色彩效果。具有高级墙纸精致花纹、立体感强的特点。壁纸的图案有限，而液体壁纸将让人“随心所欲”，根据个人审美，定做不同图案的模具。

近几年来，壁纸漆产品开始在中国盛行，受到众多消费者的喜爱，成为墙面装饰的最新产品，是一种新型的艺术装饰涂料。通过专有模具，从而在墙面上做出风格各异的图案。该产品主要取材于天然贝壳类生物壳体表层，粘合剂也选用无毒、无害的有机胶体，是真正天然的、环保的产品。壁纸漆不仅克服了乳胶漆色彩单一、无层次感及墙纸易变色、翘边、起泡、有接缝、寿命短的缺点，而且又具有乳胶漆易施工、寿命长的优点和墙纸图案精美、装饰效果好的特征，是集乳胶漆与墙纸的优点于一身的高科技产品，如图 7-15 所示。

图 7-15 液体壁纸应用

9. 装饰墙布

墙布又称“壁布”，是裱糊墙面的织物。用棉布为底布，并在底布上施以印花或轧纹浮雕，也有以大提花织成，所用纹样多为几何图形和花卉图案。

墙布表面为纺织材料，也可以印花、压纹，视觉舒适、触感柔和、少许隔声、高度透气、亲和性佳。

墙布的装饰性主要体现的是文化，功能性方面体现的则是多功能的聚合所表现的安全环保、节能低碳。墙布的色彩、图案、质感都可以通过精心设计，更加适应各种环境的需要和满足各层次的现代人群的审美观，从而为人们营造出豪华、温馨、舒适、健康的环境，这是其他墙面装饰材料无法比拟的。墙布还可根据居室周长定剪，墙布幅宽大于或等于房间高度，一面墙用一块布粘贴，无需拼接。具有无缝粘贴、立体感强、手感好、装饰效果佳、防水、防油、防污、防尘、防静电、抗墙裂、易打理等各项特点。墙布的应用如图 7-16 所示。

图 7-16　墙布的应用

常用壁纸见表 7-1。

常用壁纸一览表　　　　表 7-1

品种	图片	性能特点	用途和规格
纸基织物壁纸		纸面可印图案或压花或织物，基底透气性好，能使墙体基层中的水分向外散发，不致引起变色、鼓包，透氧性好，可调节室内温度等	应用于办公室、会议室、计算机房、播音室、民用住宅的室内装饰。 规格：幅宽 0.53m，长度 10m/卷
纺织物壁纸		质感佳、透气性好、挺括、不易撕裂、富有弹性，表面光洁，而且色泽鲜艳，图案雅致，不易褪色，具有一定的透气性，可以擦洗	适用于室内墙面装饰，如客厅、主卧、次卧等地方。 规格：幅宽 0.53m，长度 10m/卷
天然材料壁纸		非常环保的一种材料，具有良好的透气性，防潮及防霉变性能良好	应用于高级的室内装饰工程。 规格：幅宽 0.53m，长度 10m/卷

续表

品种	图片	性能特点	用途和规格
静电植绒壁纸		壁纸不褪色，具有植绒布的美感，立体感强，同时具有消声、杀菌、耐磨的特性，价格相对高一点	环保，适用于宾馆、饭店、民宿、客厅、书房、办公楼、会议室、娱乐中心和住宅卧室、起居室等处的装饰。 规格：幅宽 0.53m，长度 10m/卷
金属膜壁纸		金属膜壁纸具有不锈钢、黄金、白银、黄铜等金属的质感与光泽，装饰效果华贵、耐老化、耐擦洗、无毒、无味、不易褪色，使用部位避免强光照射，否则会出现刺眼反光	适合气氛浓烈的场合，一般用于歌厅、酒店、中西餐厅等公共场所，家居环境局部使用，功能厅的顶面、柱面等装饰。 规格：幅宽 0.53m，长度 10m/卷
玻璃纤维壁纸		具有良好的遮光性，颜色可以覆盖，且壁纸具有轻微弹性	适用于宾馆、旅店、办公室、会议室和居民住宅的装饰装修工程。 规格：幅宽 0.53m，长度 10m/卷
荧光壁纸		荧光壁纸的夜光图案各不相同，有模仿星空的，也有卡通动画的，而且这种壁纸的化合物成分无毒无害，可以放心使用	运用在儿童房顶棚和墙面，公共娱乐空间的墙面或者顶棚上。 规格：幅宽 0.53m，长度 10m/卷
液体壁纸		液体壁纸采用丙烯酸乳液、钛白粉、颜料及其他助剂制成，也有采用贝壳类表体经高温处理而成。粘合剂选用无毒、无害的有机胶体，是真正天然的、环保的产品	壁纸漆适用于任何房间的涂刷，从客厅到卧室到厨房，都可以使用壁纸漆。 规格：5kg，10kg/桶
装饰墙布		无缝拼接、环保无味、视觉舒适、触感柔和、少许隔声、高度透气、亲和性佳，具备防水和防霉功能	住宅楼盘、公寓楼、写字楼。 规格：幅宽 2.7～3m

7.3 地毯

7.3.1 地毯的概念

地毯是一种高级地面装饰材料，有悠久的历史，也是世界通用的装饰材料之一。地毯是以棉、麻、毛、丝、草等天然纤维或化学合成纤维类原料，经手工或机械工艺进行编结、栽绒或纺织而成的地面铺敷物。它是世界范围内具有悠久历史传统的工艺美术品类之一。覆盖于住宅、宾馆、体育馆、展览厅、车辆、船舶、飞机等地面，有减少噪声、隔热和装饰的作用。

地毯弹性好、耐脏、不怕踩、不褪色、不变形，特别是它具有储尘的能力，当灰尘落到地毯之后，就不再飞扬，因而它又可以净化室内空气，美化室内环境。地毯具有质地柔软、脚感舒适、使用安全的特点。

地毯款式有卷毯和块毯两种。常见的纯毛地毯、混纺地毯、化纤地毯、剑麻地毯在市场销售时可以按米裁切计价，铺设卷毯能使空间显得宽敞，更有整体感，但是损坏更换不太方便。块毯价格相对较高，纯毛地毯一般以成品块状的形式生产、销售，高档的纯毛地毯还有成套产品，每套由多块形状、规格不同的地毯组成。图 7-17 所示为块毯的应用。

图 7-17　块毯的应用

7.3.2　地毯的类型

1. 纯毛地毯

纯毛地毯属于地毯中的高级制品，分为人工编织、机织和无纺三种，人工编织的纯毛地毯工艺多样，价格较贵。纯毛地毯的手感柔和、弹性好、色泽鲜艳且质地厚实、抗静电性能好、不易老化褪色。但它的防虫性、耐菌性和耐潮湿性较差。纯毛地毯有较好的吸声能力，可以降低各种噪声。毛纤维热传导性很低，热量不易散失。如图 7-18 为纯毛地毯。

(1) 区别纯毛地毯的优劣，主要从三步入手：

首先，毯面要求平整稠密、线条清晰、无色彩差别；毯面和毯背均无磨损。如粗细无规则、疏密厚薄不一致、丢针露底、疵点多，则为劣质品。

其次，用手摸试，厚度要够，厚薄均匀，用手轻轻按压，松手后，毯面立即恢复原样，无“倒毛”现象。

最后，铺地之后，花色图案对称，剪片均匀，有立体感。若色彩不一，单调为次品。检查麻背是否结实，有无稀疏现象，胶背坚韧，无开裂现象。如底基断线，开胶开裂，则

图 7-18 纯毛地毯

为劣质纯毛地毯。

（2）纯毛地毯的清洗方法

纯毛地毯正面要保持 3 天吸一次灰尘。掉毛对于纯毛地毯来说，是正常的，一般一年左右，浮毛掉干净了，就没有这个问题了。保养方法正确的话，纯毛地毯可以使用 10 年左右。

如果自己实在清洗不动，可以请专业的清洗地毯的公司来清洗，他们有专业的设备，但是前提是要保证自己经常吸尘。

如果地毯上有污渍，可以买专业的地毯清洗泡沫和清洗粉，按照说明使用，重要的是如果弄潮，一定要用烘干机彻底烘干。

（3）纯毛地毯的清洁步骤

1）吸尘：第一个步骤就是用吸尘器全面吸尘，特别是地面上的固体状垃圾和物体需要先清除干净。

2）局部处理：用专用的清洁剂对地毯上的油渍、果渍、咖啡渍单独进行处理。

3）稀释地毯泡沫清洁剂：将清洁剂注入打泡箱稀释。

4）手刷处理：用手刷处理地毯边缘、角落和机器推到之处。

5）干泡刷洗：用装有打泡器、地毯刷的单盘扫地机，以干泡刷洗地毯。等清洁剂对地毯产生作用一会后，再重复刷洗工作。

6）梳理：用地毯梳或耙梳起地毯纤毛，这对地毯外观非常重要，尤其是纤维较长的棉绒地毯，而且有加快地毯干燥的作用。

7）吸污：等地毯的毛完全干透后，再用吸尘器吸去污垢和干泡结晶体。

2. 混纺地毯

混纺地毯是以纯毛纤维和各种合成纤维混纺如尼龙、锦纶等混合编织而成的地毯。如图 7-19 所示。

混纺地毯的耐磨性能比纯羊毛地毯高出五倍，同时克服了化纤地毯静电吸尘的缺点，也可克服纯毛地毯易腐蚀等缺点，还具有保温、耐磨、抗虫蛀、强度高等优点。弹性、脚感比化纤地毯好，价格适中，特别适合使用在经济型装修的住宅中，为不少消费者所青睐。

在选购混纺地毯时，最直观的方法就是把地毯平铺在光线明亮处，观看全毯颜色是否

图 7-19　混纺地毯

协调，不可有变色和异色之处，染色也应均匀，忌讳忽浓忽淡。另外，地毯的整体构图要完整，图案的线条要清晰圆润，颜色与颜色之间的轮廓要鲜明。优质地毯的毯面不但平整，而且应该线头密、无瑕疵。

3. 化纤地毯

化纤地毯也称为合成纤维地毯，是采用化学合成纤维做面料，再以背衬材料复合加工制作而成。化纤地毯品种极多，有尼龙（锦纶）、聚丙烯（丙纶）、聚丙烯腈（腈纶）、聚酯（涤纶）等不同种类。化纤地毯外观与手感类似羊毛地毯，耐磨而富弹性，具有防污、防虫蛀等特点，价格低于其他材质地毯，化纤资料丰富，因此化纤地毯在工业发达国家发展很快，目前也成为我国应用最广泛的新型地面装饰材料。

（1）化纤地毯的组成

化纤地毯由面层、防松涂层和背衬三部分组成。

1）面层

化纤地毯的面层是以丙纶、腈纶、涤纶、锦纶等化学纤维为原料，采用机织和簇绒等方法加工而成。化纤地毯所用化学纤维随着地毯的不同功能要求，可以用锦纶与丙纶混纺、锦纶与涤纶混纺或锦纶与腈纶混纺等不同形式。

机织法地毯毯面纤维密度较大，毯面的平整性好，但织造速度不及簇绒法快，工序较多，故成本较高。

2）防松涂层

为了防止地毯绒面纤维的松动，增加纤维在初级背衬的固着能力，使之不易脱落，在背衬上涂一层以氯乙烯乳液为基料，掺入增塑剂、增稠剂以及填料等配制而成的水溶性防松层涂料。它是用涂胶滚筒和刮刀敷在地毯的初级背衬上，通过热风道进行熟化、干燥、成膜而成。进口地毯较多采用丁苯乳胶。

丁苯乳胶如加入发泡剂成为发泡丁苯乳胶，可代替初级背衬中所用的黄麻。

3）背衬

背衬由初级背衬和次级背衬两部分组成。初级背衬主要是对化纤绒圈起固着作用，使地毯外形稳定，并要求有一定的抗磨损性。它所用的材料是黄麻平织网。次级背衬是附在初级背衬后面的材料，是将黄麻与已经过防松涂层处理的初级背衬相粘合形成的，然后经加热、加压、烘干等工序，即成为卷材成品。次级背衬增强了地毯背面的耐磨性，同时也加强了地毯的厚实程度，使人有步履轻松之感。如图 7-20 所示为化纤地毯。

图 7-20　化纤地毯

（2）化纤地毯的性能鉴别

各种不同的化纤地毯具有不同的性能特点。这些性能与地毯的种类、毯面纤维的种类、背衬材料毯面密度有关。为便于选择，必须对化纤地毯的性能和如何鉴别有所了解。

1）地毯密度

地毯密度的大小决定了地毯的使用功能，例如耐磨性、耐倒伏性、耐污性等。一般认为毯面绒头越厚越密，地毯就越耐用。

2）耐污和藏污性

对地毯的污染主要来源于两个方面：一方面是尘土砂粒等固体污物；另一方面是有色液体污物（如酒、果汁、酱料、墨水等）。化纤地毯主要对固体行染物有很好的藏污性。对液体污染物，由于较易沾污和着色，使用时要注意。受到污染时可用市售的地毯清洗剂进行清洗。

3）地毯的耐倒伏性

倒伏性是指毯面纤维在长期受压或摩擦后向一边倒伏而不能回弹的性质。耐倒伏性主要取决于毯面纤维的高度、密度及性质。密度高的手工编制地毯耐倒伏好，而密度小的绒头较高的簇绒地毯则耐倒伏性差。

4）耐磨性

人的步行、家具移动、轮椅车辆的滚动挤压等都会引起绒头的磨损。耐磨性主要与毯面纤维的性质有关。化纤地毯的耐磨性比羊毛地毯好，其中锦纶化纤地毯的耐磨性最好。耐磨性好是化纤地毯使用寿命较长的原因之一。

5）耐燃性

化纤地毯的耐燃性差，特别是阴燃，即无火焰燃烧现象（如未熄灭的烟头引起的燃烧），会造成火焰蔓延，而引起火灾，如加入阻燃剂可提高耐燃性。

6）防静电性

静电性是指地毯在使用过程中由于摩擦产生的静电积累和放电性能。未经处理的化纤地毯因摩擦易产生静电及放电，使其极易吸收灰尘并难以除尘，放电时对某些场合易造成危害（如对电脑操作有一定的影响）。一般采用加涂抗静电剂的方法处理，或纤维表面镀银、掺加导电纤维等。

7）抗老化性

抗老化性主要是对化纤地毯而言的。这是因为化学合成纤维在空气、光照等因素作用下会发生氧化，性能指标明显下降。通常是用经紫外光照射一定时间后，化纤地毯的耐磨次数、回弹性、光泽和色泽的变化及纤维老化后经撞击出现粉末等情况来加以评定的。

8）耐菌性

地毯作为地面覆盖物，在使用过程中，较易被虫、菌所侵蚀而引起霉变。凡能经受八种常见霉菌和五种常见细菌的侵蚀而不长菌和霉变者认为合格。化纤地毯的耐菌性优于羊毛地毯。

9）剥离强度

剥离强度是衡量毯面纤维与背衬的复合强度（粘结强度）的一项性能数据，也是能衡量地毯复合后耐水性的指标。剥离强度越高，说明质量越好。

10）粘合力

粘合力是衡量地毯绒毛固着于背衬上的牢固度指标。粘合力的大小与所用的防松涂层材料、背衬材料有关。

4. 剑麻地毯

剑麻地毯（图 7-21）是一种新型地毯，是近期才出现的一种地毯，剑麻地毯采用天然剑麻纤维编制而成，而这种天然的材料比较符合现代人对清新自然的追求。剑麻地毯中的剑麻纤维经过纺纱、编制、涂胶、硫化等工序制成，分为素色和染色两种，一般有斜纹、鱼骨纹、帆布平纹、多米诺纹等多种花色。剑麻地毯耐酸碱、耐磨、无静电，有吸声、隔热、阻燃效果，但质感粗糙、弹性较差。

图 7-21　剑麻地毯

剑麻地毯易纺织，织成后质地坚韧，是一种质地较好的地毯产品。由于它纺织精细，由纤维制成，所以具有吸湿及防水的功效，适合不同节气使用，能调节环境及空气湿度。但是剑麻地毯放在阳光下会容易变色，因此最好不要放在紫外线比较强的地方。

剑麻地毯相比其他地毯吸水性更强，但正由于它具有这一特性，导致它容易随环境变化而收缩或膨胀，在铺设时应考虑剑麻地毯规格的大小，尽量选择规格尺寸适中的，即使膨胀或收缩也不会带来太大的影响。

（1）剑麻地毯的清洁

不管剑麻地毯抗污性能有多好，日常还是要做好清洁，若清洁没做好，剑麻地毯很容易坏掉，使用寿命也大大缩短。在使用时，应注意地毯表面污渍的去除。如果地毯表面有油渍，可以用柠檬水清洗，清洗时用刷子沾柠檬水，轻轻擦拭地毯表面，然后再用清水冲洗干净，这样可以达到去污的效果。如果地毯表面有茶渍或咖啡渍，可以用洗衣液清洗。

（2）剑麻地毯的养护

对于剑麻地毯的养护，主要通过除尘和平衡受力来进行。地毯上经常会积满很多灰尘，应经常用吸尘器吸取灰尘。另外，地毯各部位受力强度有所差异，如果持续踩踏同一位置，地毯表面局部位置磨损厉害，看起来非常难看，应加以措施进行防护。常用地毯见表 7-2。

常用地毯一览表　　表 7-2

品种	图片	性能特点	用途和规格
纯毛地毯		纯毛地毯质地厚实，能调节室内的干湿度，具有一定的阻燃性能。羊毛纤维能够吸收空气中的污染物及有害气体，净化室内空气，手工编织纯毛地毯图案优美，柔软舒适、保温隔热以及吸声隔声	一般用在高级宾馆、酒店、会客厅、接待室、别墅、国家场馆等高级场所，家庭使用一般选用小块羊毛地毯进行局部铺设。 常见规格：幅宽 1m，1.5m，2m
混纺地毯		性能介于纯毛和化纤地毯之间，混编的合成纤维不同，其性能也不同。在羊毛纤维中加入 20%的尼龙纤维，可使地毯的耐磨性提高，装饰效果类似纯毛地毯，但价格较便宜	适合使用在经济型装修的住宅中，可以在室内空间内大面积铺设，餐厅、酒店套房、家具卧室以及娱乐空间等。 常见规格：幅宽 1m，1.5m，2m
化纤地毯		质轻，耐磨，色泽鲜艳，脚感舒适，铺设简单，价格较低	适用于宾馆、饭店、餐厅、住宅居室等地面的装饰铺设，还可以铺在走廊、楼梯、客厅等走动频繁的区域，应用较广泛。 常见规格：幅宽 1m，1.5m，2m
剑麻地毯		剑麻地毯容易纺织，织成后质地坚韧，耐磨损防滑，是一种质地较好的地毯产品。由于它纺织精细，由纤维制成，所以具有吸湿及防水的功效，适合不同节气使用，能调节环境及空气湿度	常用于高度耐磨的地面，但不宜用在潮湿的环境当中。 常见规格：1.4m×2.0m，1.6m×2.3m，2.0m×3.0m，也可以根据需要定制

单元总结

本单元对装饰壁纸、墙布、地毯作了比较详细的阐述。

介绍了室内装饰壁纸的分类、地毯的分类，比较详细地阐述了墙纸和地毯的性能特点、地毯的选用标准，还介绍了壁纸和墙布的用途和规格，介绍了壁纸和地毯的清洗和保养等内容。

实训指导书

了解壁纸和地毯的定义、分类等，熟悉其特点性能，掌握各类壁纸和各类地毯的性能特点、规格及应用情况，根据装饰要求，能够正确并合理地选择装饰壁纸、地毯的使用。

一、实训目的

让学生自主地到建筑装饰材料市场和建筑装饰施工现场进行考察和实训，了解常用装饰壁纸和地毯的价格，熟悉装饰壁纸和地毯的应用情况，能够准确识别各种常用装饰壁纸和地毯的名称、规格、种类、价格、使用要求及适用范围等。

二、实训方式

1. 建筑装饰材料市场的调查分析

学生分组：3～5 人一组，自主地到建筑装饰材料市场进行调查分析。

调查方法：学会以调查、咨询为主，认识各种装饰壁纸和地毯、调查材料价格、收集材料样本图片、掌握材料的选用要求。

重点调查：各类装饰壁纸和地毯的常用规格。

2. 建筑装饰施工现场装饰材料使用的调研

学生分组：10～15 人一组，由教师或现场负责人指导。

调查方法：结合施工现场和工程实际情况，在教师或现场负责人指导下，熟知装饰壁纸和地毯在工程中的使用情况和注意事项。

重点调查：施工现场装饰壁纸和地毯的施工方法。

三、实训内容及要求

（1）认真完成调研日记。

（2）填写材料调研报告。

（3）实训小结。

思考及练习

一、选择题

1. 装饰织物是指以纺织物和编织物为面料制成的（　　）、墙布、地毯，其原料可以是丝、羊毛、棉、麻或化纤等，也可以是草、树叶等天然材料。

A. 壁纸　　B. 木材　　C. 塑料　　D. 石材

2. 壁纸，也称为墙纸，它是一种应用相当广泛的（　　）装饰材料。

A. 地面　　B. 室外　　C. 室内　　D. 家具

3.（　　）是以棉、麻、毛等天然纤维制成各种色泽、花色和粗细不一的纺线，经过特殊处理和巧妙的艺术编排，粘接于纸基上而制成。

A. 纸质壁纸　　B. 纸基织物壁纸　　C. 纺织物壁纸　　D. 地毯

4. 墙布又称（　　），是裱糊墙面的织物。用棉布为底布，并在底布上施以印花或轧纹浮雕，也有以大提花织成。

A. 布艺　　B. 壁布　　C. 纤维布　　D. 纺织物

5. 混纺地毯的耐磨性能比纯羊毛地毯高出（　　），同时克服了化纤地毯静电吸尘的缺点，也可克服纯毛地毯易腐蚀等缺点。

A. 三倍　　B. 六倍　　C. 四倍　　D. 五倍

6. 天然材料壁纸是用（　　）、木材、树叶等制成面层的墙纸。

A. 草　　B. 金属　　C. 布　　D. 有机材料

二、填空题

1. 墙面装饰织物一般用壁纸、墙布、布艺软包；地面装饰织物主要指________；其他装饰织物可应用于窗帘、家具织物、床上用品、卫生盥洗织物、装饰织物工艺品。

2. 壁纸具有色彩多样、图案丰富、豪华气派、安全环保、________、价格适宜等多种其他室内装饰材料所无法比拟的特点。

3. 在装修过程中________作为现在主流的墙面装饰、顶棚装饰已经进入了老百姓的家庭，选择一款经济实惠的壁纸非常重要。

4. ________具有色彩柔和、自然、墙面立体感强、吸声效果好，不褪色、调湿性和透气性好的特点。

5. 纺织壁纸分为锦缎壁纸、棉纺壁纸、________三种。

6. ________是以棉、麻、毛、丝、草等天然纤维或化学合成纤维类原料，经手工或机械工艺进行编结、栽绒或纺织而成的地面铺敷物。

三、简答题

1. 地毯的款式有哪两种？

2. 什么是装饰织物？

3. 什么是化纤地毯？简述化纤地毯的种类。

4. 如何养护剑麻地毯？

5. 简述地毯的耐倒伏性。

教学单元8 装修必备的涂料油漆

Chapter 08

教学目标

1. 知识目标

- 了解建筑涂料的组成及特性；
- 熟悉常用的建筑装饰工程涂料的性能、特点及使用；
- 掌握装修必备涂料油漆的用途和规格。

2. 能力目标

- 了解涂料的分类、性能和用途；
- 掌握常用涂料的选择和应用；
- 提高解决问题的能力，具备自主学习、独立分析问题的能力；具有较强的与客户交流沟通的能力、良好的语言表达能力。

3. 思政目标

- 培养具有严谨的工作作风和爱岗敬业的工作态度，自觉遵守安全文明的职业道德和行业规范，培养学生的爱国主义情怀，树立绿色环保理念。

思维导图

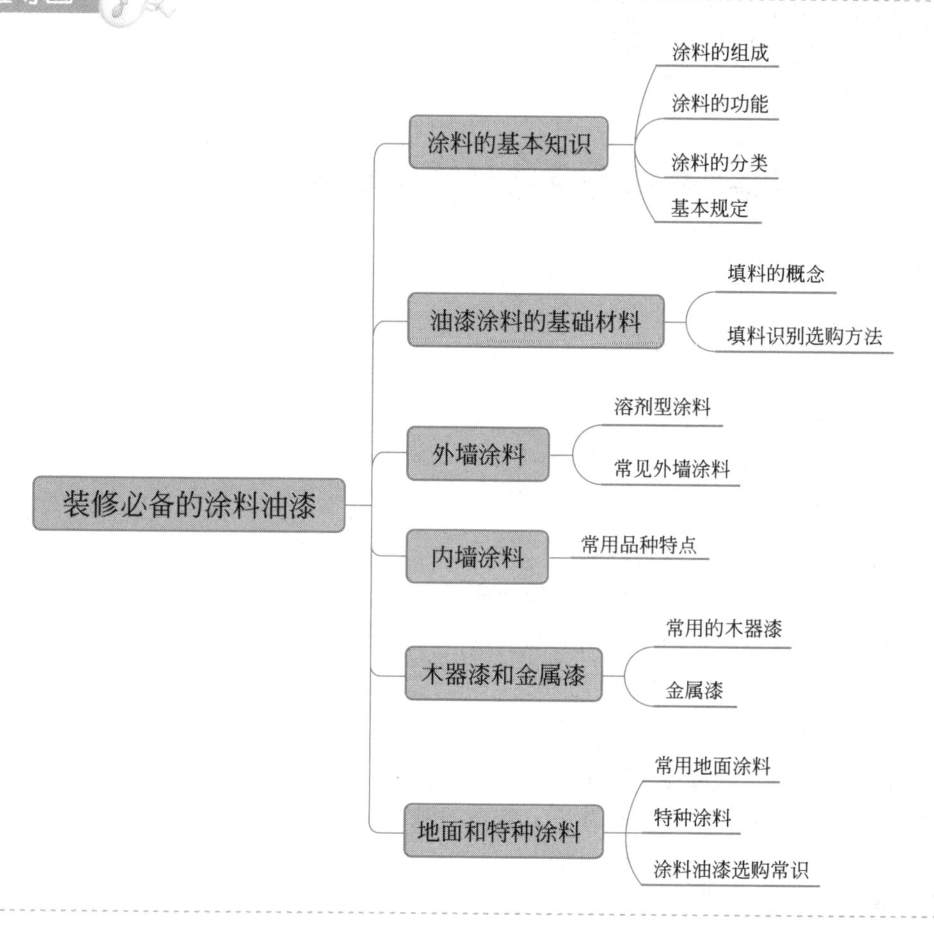

如图 8-1 所示，在进行建筑装修时，如何根据建筑空间界面要求，选择合适的空间六界面材料？市场上有哪些材料可以使用，材料又有何区别和装饰效果呢？若选用乳胶漆、壁纸、石材、墙布、木质、软包、玻璃等，怎么根据空间的功能、使用要求、装饰效果、界面装饰材料从众多品种中挑选？

图 8-1　室内空间装饰

8.1 涂料的基本知识

涂料是指涂敷于建筑物表面，能与建筑物粘接牢固形成完整而坚韧的保护膜的一种材料，具有防护、装饰、防锈、防腐、防水或其他特殊功能。涂料是装饰工程中的常用材料，施工方法简单方便，具有装饰性好、工期短、工效高、自重轻、维修方便等特点，其使用范围非常广泛。

8.1.1 涂料的组成

按涂料中各组分所起的作用，可将其分为主要成膜物质、次要成膜物质和辅助成膜物质。建筑涂料的组成如下：

1. 主要成膜物质

主要成膜物质也称胶粘剂或固化剂，是涂膜的主要成分，包括各种合成树脂、天然树脂和植物油料，还包括部分不挥发的活性稀释剂，它是使涂料牢固附着于被涂物面上形成坚韧的保护膜的主要物质，是构成涂料的基础，决定着涂料的基本性能。

2. 次要成膜物质

次要成膜物质的主要组分是颜料和填料，它能提高涂膜的机械强度和抗老化性能，使涂膜具有一定的遮盖能力和装饰性。但它不能离开主要成膜物质而单独构成涂膜。

3. 辅助成膜物质

辅助成膜物质不能构成涂膜或不是构成涂膜的主体，但对涂膜的成膜过程有很大影响，或对涂膜的性能起一些辅助作用。辅助成膜物质主要包括溶剂和辅助材料两大类。

8.1.2 涂料的功能

1. 保护建筑物

建筑涂料通过刷涂、滚涂或喷涂等施工方法，涂覆在建筑物的表面上，形成连续的薄膜，厚度适中，有一定的硬度和韧性，并具有耐磨、耐候、耐化学侵蚀以及抗污染等功能，可以提高建筑物的使用寿命。

2. 装饰建筑物

建筑涂料所形成的涂层能装饰美化建筑物。若在涂料中掺加粗、细骨料，再采用拉毛、喷涂和滚花等方法进行施工，可以获得各种纹理、图案及质感的涂层，使建筑物产生不同凡响的艺术效果，以达到美化环境、装饰建筑的目的。

3. 调节建筑物使用功能

建筑涂料能提高室内的自然亮度，保持环境清洁，给人们创造一种生活与学习的气氛。

4. 改善建筑物的使用特殊要求

特殊涂料还能具备防火、防水、隔热保温、防辐射、防霉、防结露、杀虫、发光、吸声隔声等功能。

8.1.3 涂料的分类

建筑涂料是当今产量最大、应用最广的建筑装饰材料之一。涂料主要分为内墙和顶面涂料、外墙涂料、地面涂料、门窗、家具涂料、特种功能性涂料等。

8.1.4 基本规定

建筑内外墙饰面涂料及其配套材料的性能应符合国家现行标准的规定，进场前应提供有资质检测单位出具的检验报告和产品合格证书。

内外墙装饰涂料有害物质限量应符合《建筑用墙面涂料中有害物质限量》GB 18582 和《民用建筑工程室内环境污染控制标准》GB 50325 等现行国家标准的规定。

涂料施工温度宜在 5～35℃，墙体基层温度应高于 5℃。空气相对湿度宜小于 85%，当遇雨雪天气及风力大于 4 级时，应停止室外工程施工。室内施工应通风换气。

涂饰工程施工时应对与涂层衔接的其他装修材料、邻近的设备等采取有效的保护措施。有防火设计要求的各类建筑墙体等应按设计要求的规定在墙面涂刷饰面型防火涂料。

建筑内外墙涂料的施工宜采用喷涂、刷涂、辊涂、刮涂等施工做法。建筑内外墙涂料施工应符合《建筑工程绿色施工规范》GB/T 50905 和《绿色建筑评价标准》GB/T 50378 的规定。

8.2 油漆涂料的基础材料

8.2.1 填料的概念

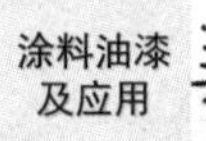

填料又称填泥，是平整墙体、装饰构造表面的一种凝固材料，一般涂装于底漆表面或直接涂装在墙面顶面装饰。常用的填料包括石膏粉、石灰粉、腻子粉等。

1. 石膏粉

石膏粉又称为生石膏，而现代装修所用的石膏粉多为改良产品，在传统石膏粉中加入了增稠剂、促凝剂等添加剂，才使得石膏粉与基层墙体、构造结合更加完美。由于石膏粉本身的特性和施工时创造的优势，使石膏粉具有轻质、高强、隔热、耐火、吸声的优良性质，所以在装饰工程中的使用日益增多。

石膏粉可以用于刮平墙面裂缝，能使表面具有硬度高、易施工的优质特点。石膏粉硬化后具有一定的膨胀性，凝结硬化后孔隙率大，还可调节室内温度和湿度，如图 8-2 所示为石膏粉及应用。

图 8-2 石膏粉及应用

2. 石灰粉

石灰粉是以碳酸钙为主要成分的白色粉末状物质。石灰粉可以制造碳化制品，如灰砂砖、硅酸盐砌块、粉煤灰砌块等，在装饰工程中，常用于制作石灰砂浆、麻刀灰、纸筋灰等，以及墙面粉刷。石灰粉可塑性和保水性好，硬化速度慢，强度低，干燥收缩大。石灰粉属于传统无机胶凝材料，熟石灰粉主要用于砌筑构造的中层或表层抹灰，在此基础上再涂刮专用腻子与油漆涂料，其表层材料的吸附性会更好。如图 8-3 所示为石灰粉。

图 8-3 石灰粉

石灰粉分为生石灰粉与熟石灰粉，生石灰粉可以用于防潮、消毒，可撒在实木地板的铺设地面，或加水调和成石灰水涂刷在庭院树木的茎秆上，有防虫、杀虫的效果；在墙体、构造表面涂刮石灰砂浆时，不宜单独使用熟石灰粉，一般还要掺入砂、纸筋、麻丝等材料，以减少收缩，增加抗拉强度，并能节约熟石灰的用量。

生石灰粉在常温下呈白色无定形粉末，含有杂质时呈灰色或淡黄色，具有吸湿性。熟石灰粉具有比较强的腐蚀作用，同时也被称为消石灰，一般呈白色粉末固体状。

3. 腻子粉

腻子粉

腻子粉是指在油漆涂料施工之前，对施工界面进行预处理的一种成品填充材料，主要目的是填充界面的孔隙并矫正施工面的平整度，为获得均匀、平滑的施工界面打好基础。

腻子粉不耐水，适用于北方干燥地区，如果用于要求耐水、高粘结强度的地区，还要加入水泥、有机胶粉、保水剂等配料；而对于彩色墙面，可以采用彩色腻子，即在成品腻子中加入矿物颜料，如铁红、炭黑、铬黄等。

室内墙面腻子粉具有良好的粘结力、防潮性，环保、无毒、耐老化，附着力强、耐水性好，可以有效为施工界面提供一个平整、完好和坚实的基面。

适用于室内墙面的刮批整平，是取代传统双飞粉批灰的最佳产品，适用于各种品牌的乳胶漆及墙纸的批底。适用的基层包括水泥砂浆、混凝土、石膏板和埃特板等。

墙体用腻子性能应符合《建筑室内用腻子》JG/T 298—2010 的规定。如图 8-4 所示为儿童房专用腻子粉及应用。

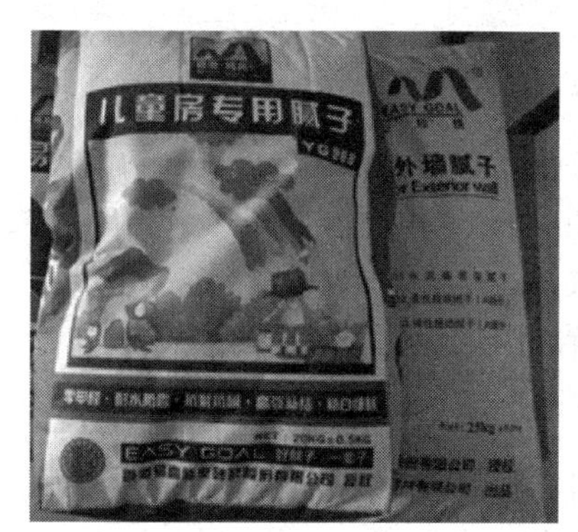

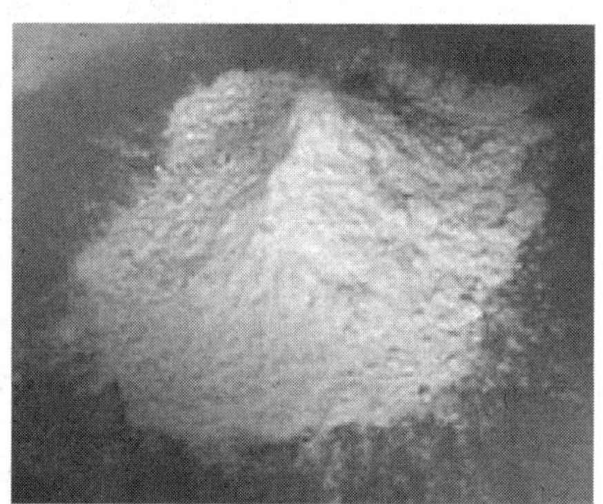

图 8-4 儿童房专用腻子粉及应用

8.2.2 填料识别选购方法

打开包装仔细闻填料的气味，优质产品无任何气味，而有异味的一般为伪劣产品。用手拿捏一些腻子粉，感受其干燥程度，优质产品应当特别细腻、干燥，在手中有轻微的灼热感，而冰凉的腻子粉则大多受潮。仔细阅读包装说明，部分产品的包装说明上要求加入建筑胶水或白乳胶，则说明这并不是真正的成品填料。常用填料见表 8-1。

常用填料一览表　　　　表 8-1

品种	图片	性能特点	用途和规格
石膏粉		石膏粉凝结速度比较快、防火性能好，具备保湿、抗渗、抗冻等功能，价格也比较便宜，普通的散装石膏粉一般为 3 元/kg	主要用于修补石膏板顶棚、隔墙填缝，刮平未批过石灰的水泥墙面。 常见规格：5～50kg/袋
石灰粉		可防虫、杀虫、防潮和消毒，但有一定腐蚀性	用于砌筑表面抹灰。 常见规格：0.5～50kg/袋

续表

品种	图片	性能特点	用途和规格
腻子粉		不耐水,操作方便,施工简单,腻子粉加清水调和,可得到施工用的成品腻子,施工现场兑水即用,操作方便,工艺简单	填充施工界面孔隙,矫正施工面的平整度,腻子粉一般成袋包装,放置干燥环境,并做好相应的防潮处理。 常见规格:20kg/袋

8.3 外墙涂料

外墙涂料用于涂刷建筑外立墙面，所以最重要的一项指标就是抗紫外线照射，要求达到长时间照射不变色。外墙涂料的主要功能是装饰和保护建筑物的外墙面，使建筑物外貌整洁美观，从而达到美化环境的目的，同时能够起到保护建筑物外墙的作用。外墙装饰直接暴露在大自然中，经受风、雨、日晒的侵袭，故要求涂料有耐水、保色、耐污染、耐老化性能以及良好的附着力，同时还具有抗冻融性好、成膜温度低的特点。外墙涂料一般应具有以下特点：

(1) 装饰性好，要求外墙涂料色彩丰富且保色性优良，能较长时间保持原有的装饰性能。

(2) 耐候性好，外墙涂料因涂层暴露于大气中，要经受风吹、日晒、盐雾腐蚀、雨淋、冷热变化等作用，在这些外界自然环境的长期反复作用下，涂层易发生开裂、粉化、剥落、变色等现象，使涂层失去原有的装饰保护功能。因此，要求外墙在规定的使用年限内，涂层应不发生上述破坏现象。

(3) 耐沾污性好，由于我国不同地区环境条件差异较大，对于一些重工业、矿业发达的城市，大气中灰尘及其他悬浮物质较多，易沾污涂层失去原有的装饰效果，从而影响建筑物外貌。因此，外墙涂料应具有较好的耐沾污性，使涂层不易被污染或污染后容易清洗掉。

(4) 耐水性好，外墙涂料饰面暴露在大气中，会经常受到雨水的冲刷。因此，外墙涂料涂层应具有较好的耐水性。

(5) 耐霉变性好，外墙涂料饰面在潮湿环境中易长霉。因此，要求涂膜抑制霉菌和藻类繁殖生长。

(6) 弹性要求高，裸露在外的涂料，受气候、地质等因素影响严重。弹性外墙乳胶漆是一种专为外墙设计的涂料，能更长久地保持墙面平整光滑。

8.3.1 溶剂型涂料

溶剂型涂料是以高分子合成树脂为主要成膜物质，有机溶剂为稀释剂，加入一定量的颜料、填料及助剂，经混合、搅拌溶解、研磨而配制成的一种挥发性涂料。涂刷在外墙面以后，随着涂料中所含溶剂的挥发，成膜物质与其他不挥发组分共同形成均匀连续的薄膜。

由于涂膜较紧密，通常具有较好的硬度、光泽、耐水性、耐酸碱性和良好的耐候性、耐污染性。但由于施工时有大量有机溶剂挥发，容易污染环境。涂膜透气性差，又有疏水性，如在潮湿基层上施工，易产生起皮、脱落等现象。由于这些原因，国内外这类外墙涂料的用量低于乳液型外墙涂料。

8.3.2 常见外墙涂料

以高分子合成树脂乳液为主要成膜物质的外墙涂料称为乳液型外墙涂料。乳液型外墙涂料以水为分散介质，不会污染周围环境，不易发生火灾，对人体的毒性小。施工方便，可刷涂，也可滚涂或喷涂。涂料透气性好，耐候性良好，尤其是高质量的丙烯酸酯外墙乳液涂料，其光亮度、耐候性、耐水性及耐久性等各种性能可以与溶剂型丙烯酸酯类外墙涂料媲美。乳液型外墙涂料存在的主要问题是其在太低的温度下不能形成优质的涂膜，通常必须在 10℃以上施工才能保证质量，因而冬季一般不宜应用。

按乳液制造方法不同可以分为两类：一是由单体通过乳液聚合工艺直接合成的乳液；二是由高分子合成树脂通过乳化方法制成的乳液。目前，大部分乳液型外墙涂料是以乳液聚合方法生产的乳液作为主要成膜物质的。

按涂料的质感又可分为乳胶漆（薄型乳液涂料）、厚质涂料及彩色砂壁状涂料、水性氟碳仿铝板外墙涂料等。

1. 通用弹性外墙漆

通用弹性外墙漆是一种高品质的纯丙烯酸弹性外墙乳胶漆。该产品不仅以丰富的色彩满足各类建筑饰面的装饰要求，而且其优异的漆膜弹性提供了良好的抵抗细微裂纹的能力，从而为建筑部件表面提供更佳保护。

通用弹性外墙漆有极佳的弹性，可覆盖墙体细微裂纹；极佳的防水性和呼吸性；优质的抗碱、防霉和抗苔藻功能；优异的耐候性及保色性；极佳的附着力；极佳的抗沾污性，漆面可洗刷，清洗维护简单。如图 8-5 所示为通用弹性外墙漆。

图 8-5 通用弹性外墙漆

2. 复层涂料

复层涂料是由多道涂层组成的复合涂膜装饰体系，其主涂层通过喷涂和滚压施工，再经过罩面以增强装饰效果，得到具有独特立体效果和质感丰满的装饰性涂膜，主要用于外墙面和内墙面空间较大的场合（例如影剧院、大型的会议厅等公共场所）的装饰。

复层涂料一般由底涂层、主涂层和面涂层三个涂层组成。各个涂层的作用和所用的材料都不相同：底涂层主要起到封闭基层和加强主涂料附着能力的作用；主涂层要起到装饰效果和提高涂膜性能的作用；面涂层有增加立体效果和保护主涂层的作用。

复层涂料按涂料基料分为四类：聚合物水泥系、硅酸盐系、合成树脂乳液系和反应固化型合成树脂乳液系。如图 8-6 所示为复层涂料的花样。

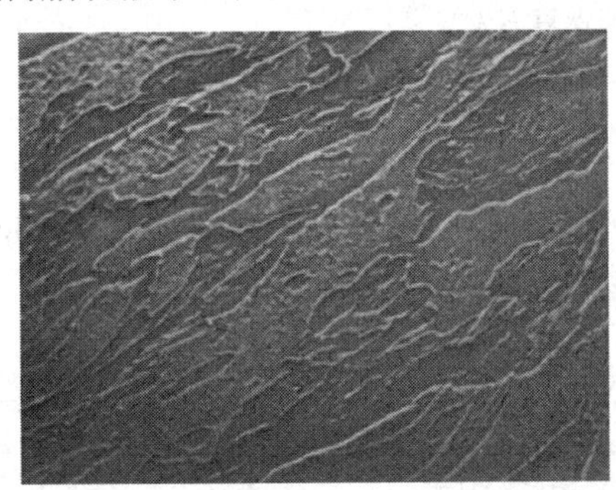

图 8-6　复层涂料

3. 砂壁状建筑涂料

砂壁状建筑涂料是用不同粒径、不同颜色的砂粒，带有颜色的大理石、花岗石屑、彩色陶粒，由有机胶粘剂粘结起来，其装饰效果具有粗犷的石质感。主要用于工艺美术、城市雕塑和新旧建筑内外墙面装饰。

天然真石漆是砂壁状建筑涂料中最常用的一个品种，以不同粒径的天然花岗岩等天然碎石、石粉为主要材料、以合成树脂或合成树脂乳液为主要粘结剂，并辅以多种助剂配制而成的涂料。是耐水、耐碱、耐候性好、附着力强的高保色性、水性环保建筑涂料。天然真石漆具有花岗岩、大理石、天然岩石等石材的装饰效果，并具有自然的色彩，逼真的质感，坚硬似石的饰面，给人以庄重、典雅、豪华的视觉享受。

真石漆彩砂产品色系有：黑色系列彩砂、红色系列彩砂、黄色系列彩砂、白色系列彩砂、绿色系列彩砂等。真石漆的保色性及耐候性比其他类型的涂料有较大的提高，耐久性约为 10 年以上，主要的技术性能指标见表 8-2。如图 8-7 所示为天然真石漆及应用。

砂壁状建筑涂料的主要技术性能指标　　表 8-2

性能	指标	性能	指标
骨料沉降率	<10%	常温储存稳定性(3 个月)	不变质
干燥时间	≤2h	粘结力	5kg/cm^2
低温安定性(−5℃)	不变稠	耐水性(500h)	无异常
耐热性(60℃恒温 8h)	无异常	耐碱性(300h)	无异常
冻融循环(30 次)	无异常	耐酸性(300h)	无异常
耐老化(250h)	无异常		

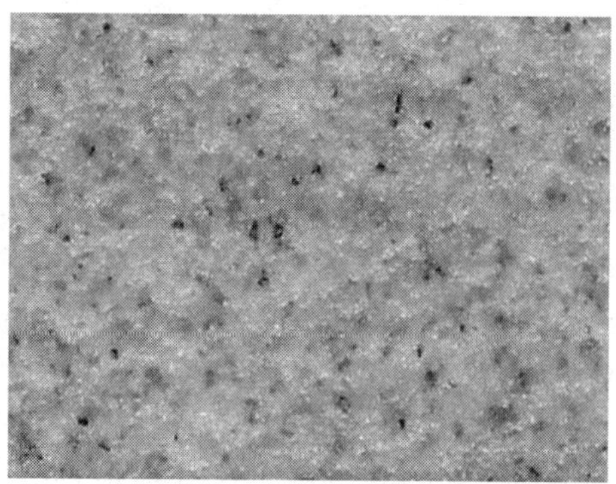

图 8-7　天然真石漆

4. 弹性拉毛涂料

弹性拉毛涂料（图 8-8）属于厚质涂料，主要应用于外墙，一般是将该涂料用普通辊筒滚涂成一定厚度的平面涂料，在未干透前用海绵辊筒拉毛成凹凸不平的拉毛饰面涂膜。目前所采用的基料是弹性丙烯酸酯乳液以及其他助剂生产而成。

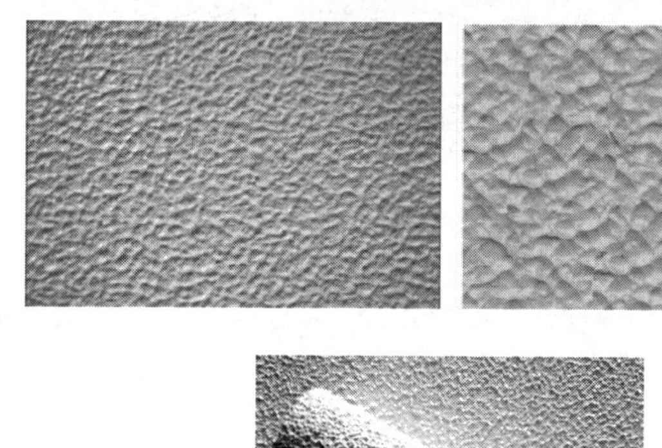
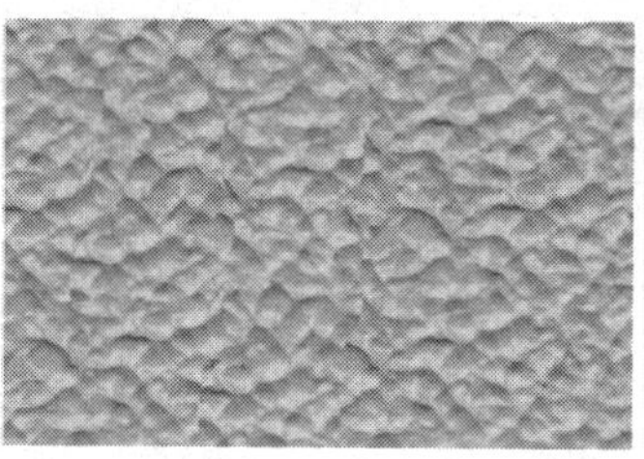

图 8-8　弹性拉毛涂料

弹性拉毛是对弹性涂料用涂膜拉毛外观的施工方法，得到凹凸起伏的涂膜外观的一种简称。只要适当调整涂料的黏度触变性，任何涂料（不限于弹性涂料）都可以用一定的施工方法得到拉毛外观效果。虽然说一般适用于拉毛施工的涂料黏度都较高，但是主要还是要把涂料的黏度调整到触变性高的状态（并不一定要常态黏度太高），即在高剪切力下其黏度较低，在低剪切力下其黏度较高，流动性弱，这样再用特定的滚筒施工就可以得到拉毛效果。

5. 水性氟碳仿铝板外墙涂料

简称氟碳漆，这种涂料采用特殊的施工工艺，经过多道施工，能够涂装出酷似铝塑复合板饰面的涂膜。它以氟碳乳液为基材，以水性铝粉颜料为主要材料制成。

氟碳漆具有优良的耐候性能，根据涂层、施工、环境的不同，氟碳涂料在10～30年内失光、失色的范围在肉眼允许的误差范围内。也就是说10～30年之后氟碳外墙和刚喷完之后的一月无明显的肉眼可见的差别。优良的防腐蚀性能漆膜耐酸、碱、盐等多种化学溶剂，为基本材料提供保护屏障；该漆膜坚韧度高、耐冲击、抗屈曲、耐磨性好，显示出极佳的物理机械性能。

碳涂层有极低的表面能，表面灰尘可通过雨水自洁，有极好的疏水性（最大吸水率小于5%）和极小的摩擦系数（0.15～0.17），不会粘尘结垢，防污性好。如图8-9所示为氟碳漆及应用。

图8-9　氟碳漆

常用外墙涂料见表8-3。

常用外墙涂料一览表　　表8-3

品种	图片	性能特点	用途和规格
外墙乳胶漆		安全无毒、不燃、干燥快，耐候性和保光、保色性较好，施工时不宜掺水和颜料。不宜在夜间灯光下施工，基层要求干燥	用于外墙面涂料施工，如各种砖石结构和石膏板墙面的装饰和翻新，可以用于室内墙面的装饰。 常见规格：6～20kg/桶
复层涂料		饰面由多道涂层组成，外观可以是凹凸花纹状、波纹状、橘皮状及环状等。其颜色可以是单色、双色或多色；光泽可以是无光、半光、有光、珠光、金属光泽等。涂层粘结强度高，耐久性优良，对墙体有良好的保护作用	适用于水泥砂浆、混凝土、水泥石棉板等多种基层，利用喷涂、滚涂方法施工，可以用于室内墙面的装饰。 常见规格：6～20kg/桶
天然真石漆		耐水、耐碱、耐候性好、附着力强的高保色性、水性环保建筑涂料。天然真石漆具有花岗岩、大理石、天然岩石等石材的装饰效果，并具有自然的色彩，逼真的质感，坚硬似石的饰面，给人以庄重、典雅、豪华的视觉享受，装饰效果堪比石材，又比石材更适合塑造各种艺术造型，可以用于墙面、顶面装饰	适用于别墅、公寓、办公楼、大厦等各档建筑物的内外墙装饰。可作为外墙及浮雕，梁柱等异形墙面装饰；还适用于做外墙壁画；也可用于室内装修，有花岗石、大理石、麻石般的色泽效果，尤其是用于室内的圆柱、罗马柱等装饰上。 常见规格：6～20kg/桶

续表

品种	图片	性能特点	用途和规格
弹性拉毛涂料		弹性拉毛涂料的漆膜具有一定的弹性，能有效弥补墙体细裂纹，提高物面外观的装饰效果；弹性拉毛漆通过添加特殊的抗污材料，漆膜具有一定的抗污染能力，耐沾污性好；弹性拉毛漆通过特殊的拉毛滚筒进行施工，能形成立体花纹效果，漆膜外观质感强烈	适用于酒店、高档住宅、别墅等外墙装饰，包括各种砂浆面、混凝土面等，可以用于室内墙面的装饰。 常见规格：6～20kg/桶
水性氟碳仿铝板涂料		在户外耐太阳晒、耐风吹雨打；长期不会变色、褪色缓慢均匀，不会粉化；耐酒精、汽油等溶剂，可用清洁剂擦洗；漆膜坚韧，性能优异，硬度比普通漆高；耐热性能较好，根据品种不同，耐热在100～400℃左右。涂层具有自清洁特性，表面不沾污、易清洗，保持漆膜持久如新	适用于办公楼、酒店、高档住宅、别墅等外墙装饰，包括各种砂浆面、混凝土面等，可以用于室内墙面的装饰。 常见规格：20kg/桶

8.4 内墙涂料

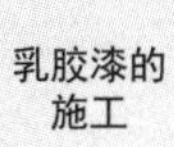

内墙涂料（也可作为顶棚涂料）是指用于建筑物内墙作装饰和保护用的一类涂料。内墙涂料要求色彩丰富、细腻、调和，有一定的耐碱性、耐水性、耐粉化性，且透气性好。内墙涂料就是一般装修用的乳胶漆。乳胶漆即乳液性涂料，按照基材的不同，分为聚醋酸乙烯乳液和丙烯酸乳液两大类。乳胶漆以水为稀释剂，是一种施工方便、安全、耐水洗、透气性好的涂料，它可根据不同的配色方案调配出不同的色泽。种类：水性内墙漆、油性内墙漆、干粉型内墙漆，属水性涂料，主要由水、乳液、颜料、填料、添加剂五种成分构成。内墙涂料的类别和品种如下：

第一类是低档水溶性涂料，是聚乙烯醇溶解在水中，再在其中加入颜料等其他助剂而成。为改进其性能和降低成本采取了多种途径，牌号很多，最常见的是106、803涂料。该类涂料具有价格便宜、无毒、无臭、施工方便等优点。由于其成膜物是水溶性的，所以用湿布擦洗后总要留下些痕迹，耐久性也不好，易泛黄变色，但其价格便宜，施工也十分方便，目前消耗量仍最大，多为中低档居室或临时居室室内墙装饰选用。

第二类是乳胶漆，它是一种以水为介质，以丙烯酸酯类、苯乙烯-丙烯酸酯共聚物、醋酸乙烯酯类聚合物的水溶液为成膜物质，加入多种辅助成分制成，其成膜物是不溶于水的，涂膜的耐水性和耐候性比第一类大大提高，湿擦洗后不留痕迹，并有平光、高光等不同装饰类型。由于其色彩较少，装饰效果与106类涂料相似，再加上宣传力度不够，价格又比106类涂料高得多，所以尚未被普遍认识。其实这两类涂料完全不是一个档次，乳胶漆在国外用得十分普遍，是一种很有前途的内墙装饰涂料。

第三类是新型的粉末涂料，包括硅藻泥、海藻泥、活性炭墙材等，是目前比较环保的涂料。粉末涂料，直接兑水，工艺配合专用模具施工，深受消费者和设计师厚爱。硅藻泥是以硅藻土为主要原料，添加多种助剂而制成的粉末装饰涂料，可以代替墙纸和乳胶漆使用。硅藻泥可以应用于内墙，使用非常广泛，具有环保健康、呼吸调湿、吸声降噪、墙面自洁、保温隔热、饰面肌理丰富的优点。如图 8-10 所示为硅藻泥案例展示。

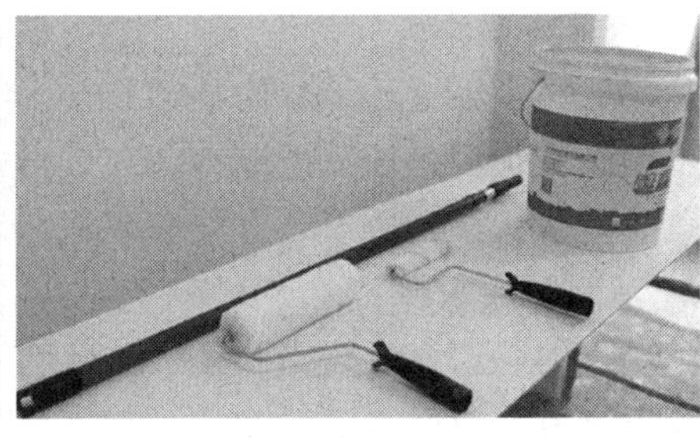

图 8-10　硅藻泥

第四类是水性仿瓷涂料，其装饰效果细腻、光洁、淡雅，价格不高，施工工艺繁杂，耐湿擦性差。水性仿瓷涂料（环保配方），包含方解石粉、锌白粉、轻质碳酸钙、双飞粉、灰钙粉，其特征在于它采用水溶性甲基纤维素和乙基纤维素的混合胶体溶液来作为混合粉料的溶剂；该仿瓷材料中各组成物的主要配比为：方解石粉料 20～25 份，锌白粉 5～15 份，轻质碳酸钙 15～25 份，双飞粉 20～35 份，灰钙粉 15～25 份，蒸馏水 70 份，甲基纤维素 0.6 份，乙基纤维素 0.4 份。该水性仿瓷涂料配方中可掺入适量钛白粉，在调配和施工中不存在刺激性气味和其他有害物质。

仿瓷涂料不但在家装和墙艺中运用，而且在工艺品中也可以得到很好的效果，用这种涂料喷涂的产品仿瓷效果，可以达到逼真的程度。

第五类是十分风行的多彩涂料，该涂料的成膜物质是硝基纤维素，以水包油形式分散在水相中，一次喷涂可以形成多种颜色花纹。涂膜干燥后能形成坚硬结实的多彩花纹漆膜，目前十分流行。

这种漆膜色彩繁多，富有立体感，兼具油漆和壁纸的双重优点，具有独特的装饰效果。漆膜较厚且有弹性，耐洗刷性、耐久性较好。它适用于建筑物内墙和顶棚的水泥混凝土、砂浆、石膏板、木材、钢和铝等多种基面。

8.4.1　常用品种特点

1. 合成树脂乳液内墙乳胶漆

这种涂料的特点是可涂刷、喷涂、施工方便，流平性好、干燥快、无味、无着火危险，并且具有良好的保色性和耐擦洗性。还可以在微湿的基础墙体表面上施工，有利于加快施工进度。因此它适用于较高级的住宅内墙装修。

2. 聚乙烯醇水玻璃内墙涂料

这种涂料具有无毒、无味、涂层干燥快、表面光洁平滑的特点，能形成一层类似无光漆的平光涂膜，具有一定的装饰效果；并能在稍湿的墙面上施工，与墙面有一定的粘结力。但它耐水性差，易起粉脱落，所以属于低档内墙涂料。

3. 卫生灭害虫涂料

这类涂料是以合成高分子化合物为基料，配以多种高效、低毒的杀虫药剂，再添加多种助剂按特定的合成工艺加工而成的。它具有色泽鲜艳、遮盖力强、耐湿擦性能好等优点，同时对蚊、蝇、白蚁、蟑螂等害虫有很好的触杀作用，而对人体无害。除可作为居室内墙装修外，特别适于厨房、食品贮藏室等处的涂饰。

4. 芳香内墙涂料

这类涂料是以聚乙烯醇为基础原料，经过一系列化学反应制成基料，添加特种合成香料、颜料及其他助剂加工而成的。它具有色泽鲜艳、气味芬芳、清香持久、浓郁无毒、清新空气、驱虫灭菌的特点。香型有茉莉、玫瑰、松针等。

5. 隔声防火涂料

这类涂料是以合成树脂和无机粘结剂的共聚物为成膜物，配以高效、隔声和阻燃材料及化学助剂复合成的水溶性涂料。它具有隔声、防火、耐老化、耐腐蚀、耐磨、耐水、装饰效果好的特点。

6. 木结构防火涂料

对于室内装修的木结构材料及电线等火灾隐患的表面进行防火涂料处理是较理想的方法。常用的防火涂料有很多种类，下面仅介绍其中的几种：

(1) 有机、无机复合发泡型防火涂料。这类涂料是以无机高分子材料和有机高分子材料复合物为基料配制而成。它具有质轻、防火、隔热、坚韧不脆、装饰性好、施工方便等特点。

(2) 有机聚合物膨胀防火涂料。这类涂料是以有机聚合物为成膜基料，加入防火添加剂和化学助剂，在一定的工艺条件下合成为一种单组分水基膨胀型防火涂料。它具有无毒、阻燃性好、耐潮湿、耐老化、保色性好、粘结强度高等特点。特别是膨胀发泡倍数高，具有较好的防火效果。

(3) 丙烯酸乳胶膨胀防火涂料。这类涂料是以丙烯酸乳液为粘合剂，与多种防火添加剂配合，以水为介质加上颜料和助剂配制而成的。它具有不燃、不爆、无毒、施工干燥快、阻火阻燃性能突出、颜色多样、可以罩光、耐水、耐油、耐老化等特点。

(4) 无机高分子防火涂料。这类涂料是以改性无机高分子粘结剂为基料，加入防火剂和化学助剂配制而成的水性涂料。它具有防火、无毒、施工方便、成膜性好、附着力强、涂膜硬度高、装饰性能好等特点。

7. 防霉涂料

这类涂料是以高分子共聚乳液或钾水玻璃为主要成膜物，加入颜料、填料、低毒高效防霉剂等原料，经加工配制而成。

它具有无毒、无味、不燃、耐水、耐酸碱、涂膜致密、耐擦洗、装饰效果好、施工方便的特点，特别是它对黄曲霉菌等十种霉菌有十分显著的防治效果，所以非常适用于潮湿易产生霉变的环境中的内墙装修。

8. 瓷釉涂料

这类涂料是以多种高分子化合物为基料，配以各种助剂、颜料、填料经加工而成的有光涂料。它具有耐磨、耐沸水、耐老化及硬度高等特点。涂膜光亮平整、表面沾污后，可用刷子等工具使用肥皂、洗衣粉、去污粉等擦除。由于它有瓷釉的特点，所以可以涂在卫生间、厨房的内墙上替代瓷砖，还可以涂在水泥制成的卫生洁具（如水泥浴缸）上，使其表面像搪瓷一样的光滑。

常用内墙涂料如表 8-4 所示。

常用内墙涂料一览表　　表 8-4

品种	图片	性能特点	用途和规格
合成树脂乳胶漆		安全，环保，透气性好，涂膜光泽度可分为亚光、半亚光、高光和丝光，无刺激性气味，耐水洗，最低成膜温度 0℃，覆盖力强，易清洁和维护	适用于新旧石灰、水泥基层，可以用于室内墙面、顶棚的装饰。 常见规格：6～20kg/桶
聚乙烯醇水玻璃		无毒，无味，不燃，有一定的粘接力，干燥快，表面光滑，不起粉，色彩多样，有较好的成膜性	适用于住宅、商店、医院、学校等建筑物的内墙装饰，是国内生产较早、使用最普遍的一种内墙涂料。 常见规格：6～20kg/桶
卫生灭害虫涂料		具有杀灭苍蝇、蚊子、蟑螂、臭虫和螨虫等影响卫生的害虫的功能涂料，同时兼具装饰性	主要适用于住宅、宾馆、饭店、库房、公共厕所、禽畜舍、垃圾场等处所使用。 常见规格：6～20kg/桶
芳香内墙涂料		具有色泽鲜艳、气味芬芳、清香持久、浓郁无毒、清新空气、驱虫灭菌的特点。香型有茉莉、玫瑰、松针等	广泛应用于民用建筑和公共建筑等建筑物室内空间的顶面、墙面装饰。 常见规格：6～20kg/桶
隔声防火涂料		具有隔声、防火、耐老化、耐腐蚀、耐磨、耐水、装饰效果好的特点	适用于民用建筑和公共建筑等建筑物的顶面、室内外墙面装饰。 常见规格：5～20kg/桶

续表

品种	图片	性能特点	用途和规格
木结构防火涂料		具有质轻、防火、隔热、坚韧不脆、无毒、阻燃性好、耐潮湿、耐老化、粘结强度高、施工方便等特点	适用于住宅、商店、医院、学校等建筑物木结构隐蔽基层。 常见规格:5～20kg/桶
防霉涂料		具有杀菌防霉的作用,无毒、无味、不燃、耐水、耐酸碱、涂膜致密、耐擦洗、施工方便的特点	适用于通风、采光不佳的库房、公共厕所、禽畜舍、垃圾场、地下室等。 常见规格:5～20L/桶
瓷釉涂料		具有耐磨、耐沸水、耐老化及硬度高等特点	可以涂在卫生间、厨房的内墙上替代瓷砖。 常见规格:6～20kg/桶

8.5 木器漆和金属漆

木器漆主要用于木制品、钢制品等材料表面的装饰和保护。天然木器漆不仅附着力强、硬度大、光泽度高，而且具有突出的耐久、耐磨、耐水、耐油、耐溶剂、耐高温、耐土壤与化学药品腐蚀及绝缘等优异性能。天然漆膜的色彩与光泽具有独特的装饰性能，是古代建筑、古典家具（尤其是红木家具）、木雕工艺品等制品的理想涂饰材料，不仅能增加制品的审美价值，而且能使制品经久耐用提高其使用价值。木器漆漆膜饱满，有光泽，具有良好的耐光性和保色性。它无毒、安全性好、施工方便，易维护保养。

8.5.1 常用的木器漆

1. 硝基漆

硝基漆有硝基清漆和硝基实色漆两种，易挥发，其特点是干燥快、光泽柔和、耐磨性和耐久性好，是一种高级漆。硝基清漆可分为亮光、半亚光和亚光三种。硝基漆主要用于木器及家具的涂装、家庭装修、一般装饰涂装、金属涂装、一般水泥涂装等方面。如图 8-11 所示。

硝基漆的缺点是固含量较低，需要较多的施工遍数才能达到较好的效果（通常需要施工

6 遍以上）；耐久性不太好，尤其是内用硝基漆，其保光保色性不好，使用时间稍长就容易出现诸如失光、开裂、变色等弊病；漆膜保护作用不好，不耐有机溶剂、不耐热、不耐腐蚀。

图 8-11　硝基漆

2. 聚酯漆

聚酯漆也叫不饱和聚酯漆，它是一种多组分漆，是用聚酯树脂为主要成膜物制成的一种厚质漆。聚酯漆的漆膜丰满且厚实，有较高的光泽度、保光性、透明度，耐水性、耐化学药品性和耐温变性好。但缺点是附着力不强，漆膜硬而脆，抗冲击性差。聚酯漆在固化过程中，其固化剂组成成分会使家具漆面及邻近的墙面变黄，另外，固化剂组成成分还会对人体造成伤害。聚酯清漆能充分显现木纹质感，不饱和聚酯漆只适用于平面施涂，在垂直、曲线上涂刷容易流挂。主要用于高级家具和钢琴等表面的涂装。如图 8-12 所示。

3. 醇酸漆

醇酸漆别名醇酸树脂漆或醇酸树脂涂料，主要是由醇酸树脂组成，是目前国内生产量最大的一类涂料，具有光泽度好、附着力强、耐候性好、价格便宜、施工简单、对施工环境要求不高、涂膜丰满坚硬、耐久性和耐候性较好、装饰性和保护性都比较好等优点。但漆膜脆、干燥速度慢，耐水性和耐热性差，不易达到较高的要求，主要用于涂刷一般要求不高的木质门窗、家具和金属表面等。目前这种漆在油漆行业中的地位是举足轻重和无法替代的。如图 8-13 所示。

图 8-12　聚酯漆

图 8-13　醇酸漆

4. 聚氨酯漆

聚氨酯漆即聚氨基甲酸酯漆。它的漆膜强韧，光泽丰满，附着力强，耐水、耐磨、耐腐蚀。被广泛用于高级木器家具，也可用于金属表面。其缺点主要有遇潮起泡、漆膜粉化等问题，与聚酯漆一样，它同样存在着变黄的问题。聚氨酯漆的清漆品种称为聚氨酯清漆。如图 8-14 所示。

5. 丙烯酸树脂漆

丙烯酸树脂漆是高级木器漆，它的漆膜饱满光亮、坚硬，具有良好的耐候性、耐光性、耐热性、防霉性、耐水性、耐化学性、保色性及较强的附着力，施工方便。但它的缺点是漆膜较脆，耐寒性较差。如图 8-15 所示。

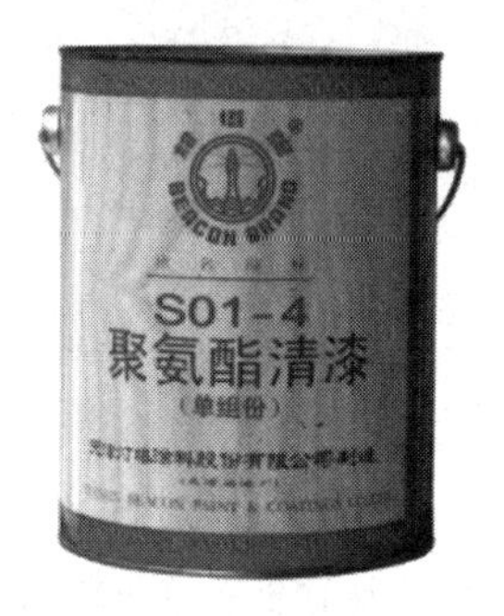

图 8-14　聚氨酯漆

图 8-15　丙烯酸树脂漆

8.5.2　金属漆

金属漆，又称为金属质感漆或铝粉漆。这种漆里加有金属粉末，所以经过涂装后的涂膜在不同角度的光线折射下，会形成更丰富和新颖的闪烁感觉。通过改变铝粒的形状和颗粒大小，可以控制金属漆的闪光程度和方式，也可通过不同的施工方法创造出丰富的装饰效果。通常，金属漆的外表面可加一层清漆予以保护。

金属漆具有很好的抗腐蚀性、耐磨性和装饰效果。因此，它越来越得到大众的普遍欢迎。这种漆不仅适用于建筑装饰还是目前流行的一种汽车面漆。建筑装饰工程中常用木器漆和金属漆见表 8-5。

常用木器漆和金属漆一览表　　表 8-5

品种	图片	性能特点	用途和规格
硝基漆		涂膜干燥速度快，漆膜平滑细腻，施工速度快，但耐光性较差，高湿天气易泛白，丰满度低	可用于木制品表面中高档的饰面装饰。 常见规格：0.5～10kg/桶
聚酯漆		高档油漆，干燥快，漆膜丰满厚实，硬度较高，有较好的光泽度和保光性，且耐磨性、耐热性、抗冻性和耐酸碱性较好	可用于木制品表面高档的饰面装饰，也可以用于金属表面罩光。 常见规格：0.5～10kg/桶

续表

品种	图片	性能特点	用途和规格
醇酸漆		干燥快，硬度高，抛光打磨，色泽光亮，耐热，但膜脆，抗大气性较差	主要用于室内外金属、木材面的中低档装修。 常见规格：0.5～10kg/桶
聚氨酯漆		漆膜坚硬、光泽度好、附着力强且耐磨性、柔韧性、耐水性、耐寒性好，缺点干燥慢，保色性差，存在变黄问题	主要用于高级木材家具与木地板的表面涂装。 常见规格：0.5～10kg/桶
丙烯酸树脂漆		漆膜光亮、坚硬，具有良好的耐候性、耐光性、耐热性、防霉性、耐水性、耐化学性、保色性和较强的附着力	主要用于室内外木材面的高档装修。 常见规格：0.5～10kg/桶
金属漆		较好的抗腐蚀性、耐磨性，良好的装饰效果	主要应用于金属表面的涂刷，以及汽车面漆。 常见规格：0.5～20kg/桶

8.6 地面和特种涂料

8.6.1 常用地面涂料

1. 过氯乙烯地面涂料

过氯乙烯地面涂料是将合成树脂用作建筑物室内地面装饰的早期材料之一，是以过氯乙烯树脂为主要成膜物质，掺入少量其他树脂，并添加一定量的增塑剂、填料、颜料、稳定剂等物质，经多种工艺过程而配制成的一种溶剂型地面涂料。其具有干燥、施工方便、耐水性好、耐磨性较好、耐化学腐蚀性强的特点。

2. 环氧树脂地面涂料

环氧树脂地面涂料是指室内地面装修用的以环氧树脂为主成分的双组分常温固化涂料。具有良好的耐腐蚀、耐磨、耐油、耐水、耐热等性能，装饰效果良好，是近年来开发的耐腐蚀地面的新品种。如图 8-16 所示为车库地面涂刷了环氧树脂涂料案例和环氧树脂地坪材料。

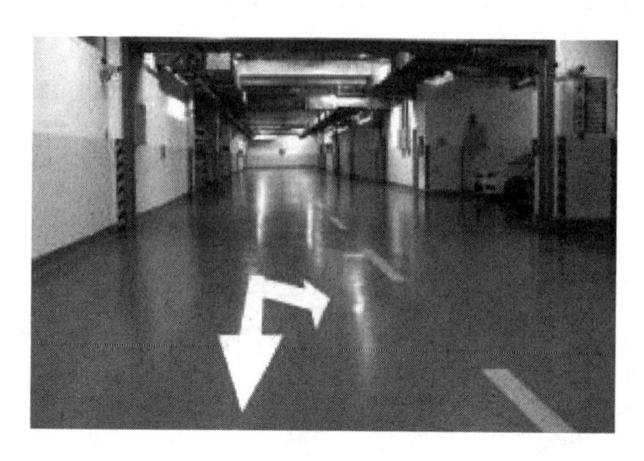

图 8-16　环氧树脂地面涂料

8.6.2　特种涂料

特种涂料是用于特殊场合，满足特殊功能的涂料，主要对涂装界面起到保护、封闭的作用。

1. 防水涂料

防水涂料是指涂刷在装饰构造或建筑表面，经化学反应形成一层薄膜，使被涂装表面与水隔绝，从而起到防水、密封的作用。防水涂料用于地下工程、卫生间、厨房等场合。早期的防水涂料以熔融沥青及其他沥青加工类产物为主，现在仍在广泛使用。最近几年以各种合成树脂为原料的防水涂料逐渐发展，按其状态可分为溶剂型、乳液型和反应固化型3类。

2. 防火涂料

防火涂料是用于可燃性基材表面，能降低被涂材料表面的可燃性、阻滞火灾的迅速蔓延，用以提高被涂材料耐火极限的一种特种涂料。施用于可燃性基材表面，用以改变材料表面燃烧特性，阻滞火灾迅速蔓延；或施用于建筑构件上，用以提高构件的耐火极限的特种涂料。

防火涂料是由基料（即成膜物质）、颜料、普通涂料助剂、防火助剂和分散介质等涂料组分组成的。除防火助剂外，其他涂料组分在涂料中的作用和在普通涂料中的作用一样，但是在性能和用量上具有特殊要求。

按用途和使用对象的不同可分为：饰面型防火涂料、电缆防火涂料、钢结构防火涂料、预应力混凝土楼板防火涂料等。

3. 防锈涂料

防锈涂料是指保护金属表面免受大气、水等物质腐蚀的涂料。因它具有斥水作用，因此能彻底除锈。这类漆施工方便，无粉尘，价格合理并且使用寿命长。漆膜更是坚韧耐久，附着力强。防锈涂料主要用于金属材料的底层涂装，如各种型钢、钢结构楼梯、隔墙、楼板等构件，涂装后表面可再做其他装饰。防锈漆可分为利用物理性防腐蚀的铁红、铝粉和石墨防锈漆，利用化学性防腐蚀的红丹和锌黄防锈漆两大类。

常见地面涂料和特种涂料见表 8-6。

常见地面涂料和特种涂料一览表　　表 8-6

品种	图片	性能特点	用途和规格
过氯乙烯地面涂料		干燥快，耐水性好，耐磨性较好，耐化学腐蚀性强，在配制涂料及涂刷施工时要注意防火、防毒	适用于具有公共场合及民用住宅室内地面装饰。 常见规格：5～20kg/桶
环氧树脂地面涂料		耐腐蚀，耐磨，耐油，耐水，耐老化，耐候性良好，与基层粘接性优良，不起尘，易施工	适用于机场、医院、幼儿园、工业厂房及有耐磨、防尘、耐酸碱、耐有机溶剂、耐水等要求的地面装饰，是近年国内开发的耐腐蚀地面涂料的新品种。 常见规格：5～20kg/桶
防水涂料		有一定的延伸性、弹塑性、抗裂性、抗渗性及耐候性，能起到防水、防渗和保护作用，防水涂料有良好的温度适应性，操作简便，易于维修与维护	广泛应用于建筑物屋面、地下室、地下车库、室内厨卫生间、开水间、阳台、外墙立面、板缝、窗边、窗台、柱边、水塔、游泳池、隧道、钢结构厂房屋面、电厂冷却塔内壁防水等。 常见规格：5～20kg/桶
防火涂料		集阻燃和装饰为一体，涂刷后透明度好，能使原基材木纹充分表现出来，漆膜平整光滑，用于可燃性基材表面，能降低被涂材料表面的可燃性、阻滞火灾的迅速蔓延	可广泛用于宾馆、饭店、礼堂、医院、计算机房、商场、舞厅等公共场所的室内木质结构、钢结构的装饰工程。 常见规格：5～20kg/桶
防锈涂料		水溶性、不可燃，对环境无污染，使用安全，优异的防锈功能，可完全取代防锈油脂，具有良好的耐硬水性能，热稳定性好，在高温状态时仍具有良好的防锈功能	适用于黑色及有色金属的防锈，适用于室外有遮盖及室内条件下金属的防锈。 常见规格：5～20kg/桶

8.6.3　涂料油漆选购常识

（1）尽量到重信誉的正规商店或专卖店去购买。

（2）选购时认清商品包装上的标识，特别是厂名、厂址、产品标准号、生产日期、有效期及产品使用说明书等。最好选购通过 ISO14001 和 ISO9000 体系认证企业的产品，这些生产企业的产品质量比较稳定。

（3）购买符合《建筑用墙面涂料中有害物质限量》GB 18582—2020 标准和获得环境

认证标志的产品。

（4）选购时要注意观察商品包装容器是否有破损现象。购买时可以摇晃一下检查是否有胶结现象，出现这些现象的涂料不能购买。

（5）通常多数商店不能当场开罐检查产品的内在质量，所以消费者购买时一定要索取购货的发票等有效凭证和施工说明书。

（6）在使用前，先开罐检查涂料是否有分层、沉底结块和胶结现象。如果经搅拌后仍呈不均匀状态的涂料，不能使用，应立即与所购买商店进行交涉。

（7）涂料施工也是很重要的一个环节，要严格按产品施工说明书的要求进行施工，要注意涂料底、中、面的配套性。

（8）施工环境要通风，如产品对施工环境有要求的必须按要求进行。

单元总结

本单元介绍了建筑涂料的分类、组成和技术性质，较详细地论述了各种外墙涂料和内墙涂料、油漆、特种涂料、地面涂料的常用种类、特点和主要使用场所。了解涂料油漆选购常识，学会选用建筑装饰涂料，加强学生使用环保健康材料理念，树立节能安全意识。

实训指导书

了解建筑涂料的定义、分类等，熟悉其特点性能，掌握各类涂料的性能特点、规格及应用情况，根据装饰要求，能够正确并合理地选择装饰涂料、油漆使用。

一、实训目的

让学生到建筑装饰材料市场和建筑装饰实训室进行考察和实训，了解常用装饰涂料和油漆的种类，熟悉装饰涂料和油漆的应用情况，能够准确识别各种常用装饰涂料和油漆的名称、规格、种类、价格、使用要求及适用范围等。

二、实训方式

1. 建筑装饰材料市场的调查分析

学生分组：3～5 人一组，自主地到建筑装饰材料市场进行调查分析。

调查方法：学会以调查、咨询为主，认识各种装饰涂料和油漆、调查材料价格、收集材料样本图片、掌握材料的选用要求。

重点调查：各类装饰涂料和油漆、特种涂料的常用规格，应用范围。

2. 建筑装饰材料实训室的调研

学生分组：10～15 人一组，由教师或现场负责人指导。

调查方法：结合材料实训室和工程实际情况，在教师或现场负责人指导下，熟知装饰涂料在工程中的使用情况和注意事项。

重点调查：各种涂料的特征以及结合工程案例涂料的完成应用情况。

三、实训内容及要求

（1）认真完成调研日记。

（2）填写材料调研报告。

（3）实训小结。

思考及练习

一、选择题

1. 主要成膜物质也称胶粘剂或固化剂，是涂膜的（　　），包括各种合成树脂、天然树脂和植物油料，还包括部分不挥发的活性稀释剂，它是使涂料牢固附着于被涂物面上形成坚韧的保护膜的主要物质，是构成涂料的基础，决定着涂料的基本知识。

A. 次要成分　　B. 主要成分　　C. 辅助剂　　D. 稀释剂

2.（　　）的主要组分是颜料和填料，它能提高涂膜的机械强度和抗老化性能，使涂膜具有一定的遮盖能力和装饰性，但它不能离开主要成膜物质而单独构成涂膜。

A. 辅助成膜物质　　B. 主要成膜物质　　C. 次要成膜物质　　D. 天然树脂

3.（　　）还能具备防火、防水、隔热保温、防辐射、防霉、防结露、杀虫、发光、吸声隔声等功能。

A. 乳胶漆　　B. 油漆　　C. 地面涂料　　D. 特殊涂料

4.（　　）可以用于刮平墙面裂缝，能使表面具有硬度高、易施工的优质特点。

A. 腻子粉　　B. 石灰粉　　C. 水泥　　D. 石膏粉

5.（　　）是用于涂刷建筑外立墙面，所以最重要的一项指标就是抗紫外线照射，要求达到长时间照射不变色。

A. 内墙涂料　　B. 特种涂料　　C. 外墙涂料　　D. 地面涂料

6.（　　）的主要功能是装饰与保护室内地面，具有耐碱性、耐磨性、耐水性较好的特点，其抗冲击力强、耐水洗刷，施工方便、重涂容易。

A. 内墙涂料　　B. 特种涂料　　C. 外墙涂料　　D. 地面涂料

二、填空题

1. 涂料的组成按涂料中各组分所起的作用，可将其分为________、次要成膜物质和辅助成膜物质。

2. ________通过刷涂、滚涂或喷涂等施工方法，涂覆在建筑物的表面上，形成连续的薄膜，厚度适中，有一定的硬度和韧性，并具有耐磨、耐候、耐化学侵蚀以及抗污染等功能，可以提高建筑物的使用寿命。

3. 涂料主要分为内墙和顶面涂料、________、地面涂料、门窗、家具涂料、特种功能性涂料等。

4. ________又称填泥，是平整墙体、装饰构造表面的一种________，一般涂装于底漆表面或直接涂装在墙面顶面装饰。

5. ________是以不同粒径的天然花岗岩等天然碎石、石粉为主要材料、以合成树脂或合成树脂乳液为________，并辅以多种助剂配制而成的涂料，是耐水、耐碱、耐候性好、附着力强的高保色性、水性环保建筑涂料。天然真石漆具有花岗岩、大理石、天然岩石等石材的装饰效果，并具有自然的色彩，逼真的质感，坚硬似石的饰面，给人以庄重、典雅、豪华的视觉享受。

6. 内墙涂料要求色彩丰富、细腻、调和，有一定的________、耐水性、耐粉化性，且透气性好。内墙涂料就是一般装修用的________。

三、简答题

1. 什么是建筑涂料，建筑涂料的特点有哪些？
2. 什么是腻子粉，腻子粉有哪些特征？
3. 简述外墙涂料一般应具有的特点。
4. 什么是防火涂料，防火涂料由哪些物质组成？简述防火涂料的分类。

教学单元9 Chapter 09

建筑装饰木材制品

教学目标

1. 知识目标

- 能够了解建筑装饰木材的基本知识；
- 能够掌握建筑装饰木材的物理性质、与水有关的性质；
- 能够掌握建筑装饰木材力学性质。

2. 能力目标

- 能够根据环境要求选择正确的装饰木材制品；
- 能够按照艺术要求选择合适的装饰木材制品。

3. 思政目标

- 通过对建筑装饰木材制品的学习，能够合理使用木材，树立绿色环保的理念。

思维导图

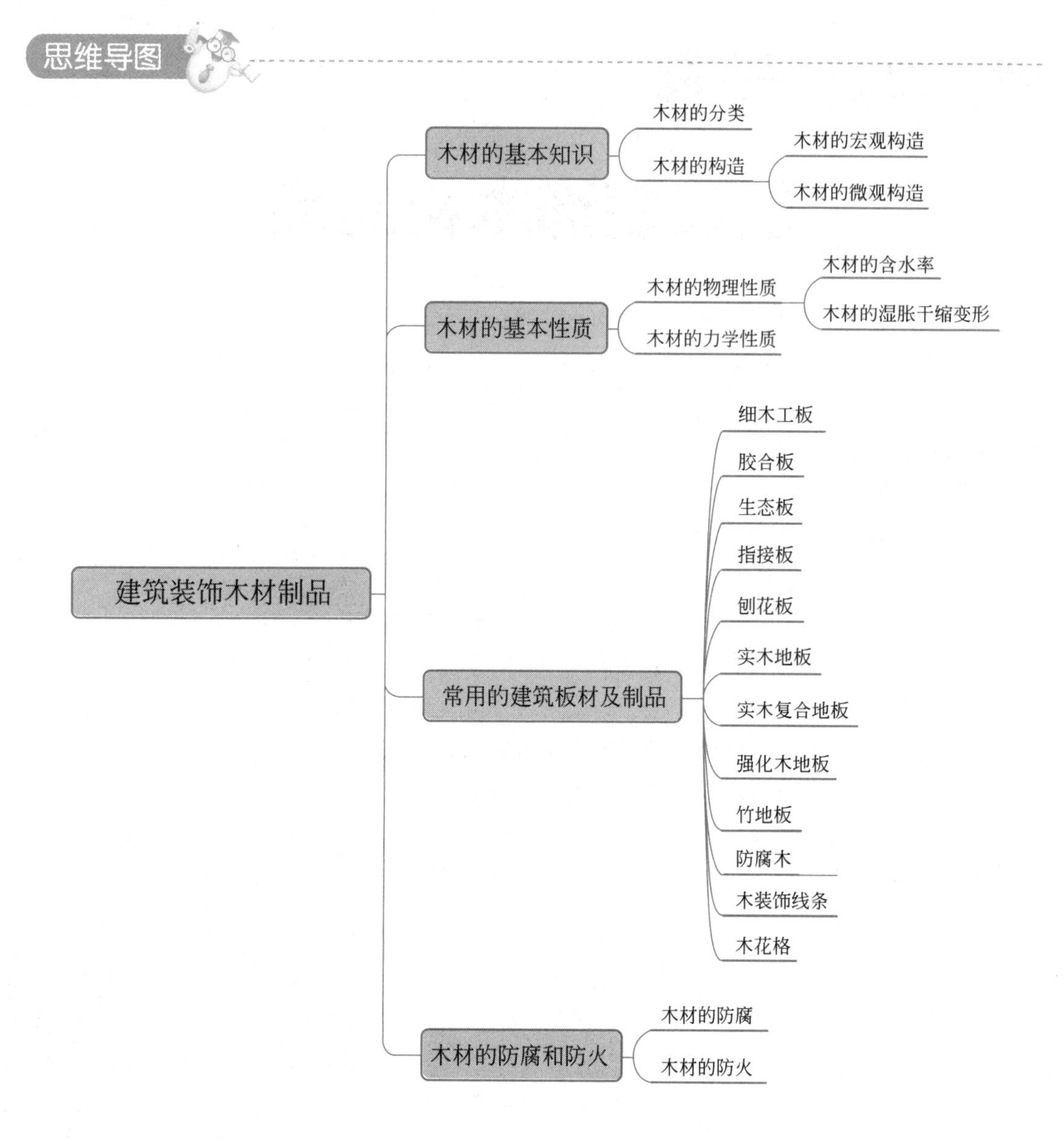

树木是一个有生命的活体，由树冠、树干、树根三部分组成。树干是树木利用的主体，加工后称为木材，是具有多孔性、三维结构各向异性的有机生物复合材料。

木材具有许多优点：轻质高强，有较高的弹性和韧性，能承受冲击和振动等作用；易于加工；导电和导热性低；在干燥空气和水中耐久性好；装饰性好，大部分木材都具有丰富的纹理；具有质朴、典雅的特有性能。所以木材是传统的优良的建筑与装饰材料。目前，木材主要用于建筑物室内装饰材料，称为装饰木材。

木材也有缺点：内部结构不均匀；干缩湿胀变形大；易燃烧；易腐朽、虫蛀；天然疵病较多，若经常处于干湿交替的环境中，耐久性较差等。随着木材加工和处理技术的提高，这些缺点将得到很大程度的改善。

9.1 木材的基本知识

9.1.1 木材的分类

木材的树种很多，但从树叶的外观形状可将木材分为针叶树木和阔叶树木两大类。

1. 针叶树木

针叶树的树叶如针状或鳞片状，树干通直而高大，枝杈较小，分布较密，易得大材，其纹理较平顺，材质较均匀，大多数针叶树的木质较软而易于加工，所以又称为“软木材”，这类木材强度比较高，胀缩变形比较小，耐腐蚀性较强，是建筑工程中的主要用材，多用作承重构件和装修材料，如广泛用于门窗、地面用材及装饰用材等。我国常用树种有红松、云杉、冷杉、马尾松、落叶松等。

2. 阔叶树木

阔叶树大多为落叶树，其树叶多数宽大，叶脉呈网状，树干通直部分一般较短，枝杈较大，数量较少，材质较硬、较难加工，所以又称为“硬木材”，大部分阔叶树材的表观密度较大，胀缩、翘曲变形较大，容易开裂。建筑工程中常用于尺寸较小的构件，有些树种具有天然而美丽的纹理，适于做内部装修、家具及胶合板等。常用树种有榆木、水曲柳、柞木、核桃木、槐木、桦木、杨木等。

9.1.2 木材的构造

1. 木材的宏观构造

木材的宏观构造是指用肉眼或放大镜所看到的木材组织。如图 9-1 所示。木材是由无数不同形态、不同大小、不同排列方式的细胞所组成。它的形状、大小、组成排列在不同的切面上显示不同。因此，我们将一段树干切成三个不同的切面，分别是横切面、径切面、弦切面。其中横切面是垂直于树轴的切面；径切面是通过树轴的纵切面；弦切面是平行于树轴的纵切面。

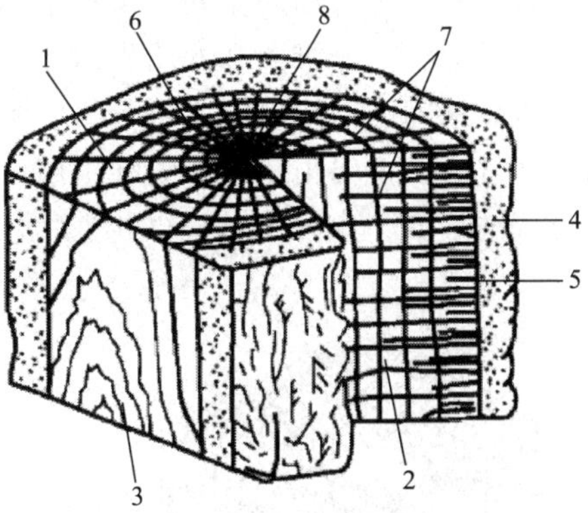

图 9-1　木材的宏观构造

1—横切面；2—径切面；3—弦切面；4—树皮；5—木质部；6—生长轮；7—髓线；8—髓心

如图 9-1 所示，木材由树皮、木质部和髓三个部分组成。

(1) 树皮

树皮可分为内皮和外皮。内皮的组织细胞是活的，是树皮生活部分；外皮的组织细胞已经死亡，但它的外部形态、颜色、气味、质地和厚薄等对识别木材等具有重要意义。树皮是贮藏养分的场所和运输叶子制造养分下降的通道，同时可以保护树干。一般树种的树皮在工程中没有使用价值，但有些树皮含有特殊的内含物，如香樟含樟脑，桉树、栋木含有单宁，栓皮、栋树皮可以制成软木，软木为热、电的不良导体，所以特制的软木地板、软木砖可作为绝缘材料，用于电气、机械、计算机房、冷藏库及飞机材料等。

（2）髓

髓位于原木中心，为木质部所包围，是一种柔软的薄壁细胞组织，常呈褐色或浅褐色。髓不属于木质部，组织松软，强度低，易腐朽、开裂，在木材利用上没有什么价值。但是各种髓的形状和大小不一样，有助于对木材的识别。

（3）木质部

树皮与木材之间有极薄的一层组织叫形成层，肉眼看不见，形成层与髓之间的部分称为木质部。木质部是木材的主要部分。

在木材的横切面上，靠近树皮的颜色较浅的部分叫“边材”；靠近髓心颜色较深的部分叫“心材”；在木材的横切面上可见到许多围绕髓的同心圆，这些同心圆称为生长轮。温带和寒带生长的树木每年生长季开始时生长旺盛，形成层分生出来的细胞比较大，木材的材色浅，组织松软，称其为早材（春材）；此后分生出来的细胞壁厚，腔小，材色深，组织致密，称其为晚材（夏材）。一年生长的木质部，由早材和晚材构成一个年轮。越靠近髓心的年轮，其年龄越小；越靠近树皮的年轮，其年龄越大。在热带、亚热带，一年内温度变化不大，树木生长主要受旱季、雨季影响，一年内可能形成几层，与温带或寒带木材的年轮并不吻合，故称为生长轮。一般来说，相同树种，同一地带，夏材所占比例大，强度就越高，年轮密而均匀，材质好。年轮在树干的横切面上绕着髓心呈同心圆圈，在径切面上年轮呈明显的条状；在弦切面上，年轮呈抛物线或曲线“V”字形的美丽花纹。

2. 木材的微观构造

木材的微观构造是从显微镜下观察的木材构造，又称为显微构造。在显微镜下观察到木材三个切面上的细胞排列，90%～95%都是由无数管状空腔细胞紧密结合而且为纵向排列的，只有少数为横向排列。每一个细胞分为细胞壁和细胞腔两部分，细胞组织中细胞壁是由纤维素、半纤维素和木质素组成，其纵向连接要比横向连接牢固。

木材细胞因功能不同，可分为管胞、导管、木纤维、髓线等多种。针叶树的显微构造简单而规则，主要由管胞和髓线组成，其髓线较细小且不明显，管胞占木材总体积的90%以上（图 9-2）。阔叶树的显微构造比较复杂，主要由导管、木纤维、纵行和横行薄壁细胞及髓线等组成（图 9-3）。导管约占木材总体积的 20%，木纤维是一种壁厚腔小的细胞，

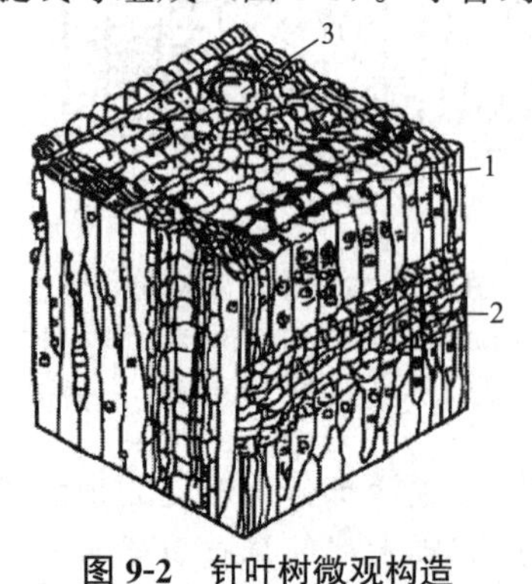

图 9-2　针叶树微观构造

1—管胞；2—髓线；3—树脂道

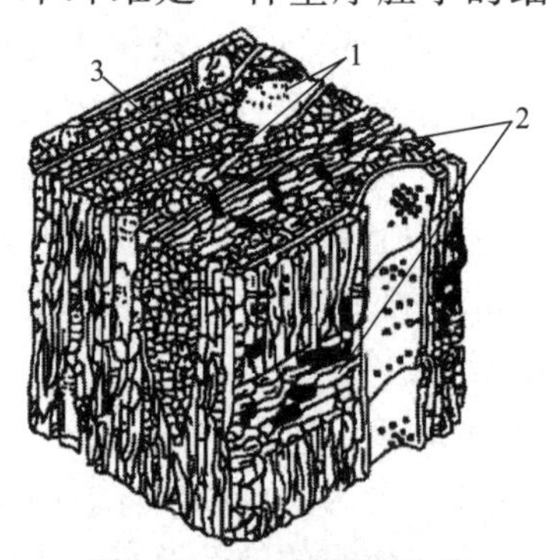

图 9-3　阔叶树微观构造

1—管胞；2—髓线；3—木纤维

起着支撑作用，约占木材总体积的50%以上。

9.2 木材的基本性质

木材的性质主要包括物理性质和力学性质。

9.2.1 木材的物理性质

1. 木材的含水率

木材的含水率是指木材中所含水的质量占干燥木材质量的百分比。

木材内部所含水分可以分为以下三种：

自由水：存在于细胞腔和细胞间隙中的水分，自由水影响木材的表观密度、保存性、燃烧性、干燥性和渗透性。

吸附水：吸附在细胞壁内的水分，它是影响木材强度和胀缩的主要因素。

化合水：木材化学成分中的结合水，对木材的性能无太大影响。

2. 木材的湿胀干缩变形

木材具有显著的湿胀干缩特征。当木材的含水率在纤维饱和点以上时，含水率的变化并不改变木材的体积和尺寸，因为只是自由水在发生变化。当木材的含水率在纤维饱和点以内时，含水率的变化会由于吸附水而发生变化。当吸附水增加时，细胞壁纤维间距离增大，细胞壁厚度增加，木材体积膨胀，尺寸增加，直到含水率达到纤维饱和点时为止。此后，木材含水率继续提高，也不再膨胀。当吸附水蒸发时，细胞壁厚度减小，体积收缩，尺寸减小。也就是说，只有吸附水的变化，才能引起木材的变形，即湿胀干缩。木材的湿胀干缩随树种不同而有差异，一般来讲，表观密度大、夏材含量高的木材胀缩性较大。

由于木材构造不均匀，各方向的胀缩也不一致，同一木材弦向胀缩最大，径向其次，纤维方向最小。木材干燥时，弦向收缩为6%～12%，径向收缩为3%～6%，顺纤维方向收缩仅为0.1%～0.35%。弦向胀缩最大，主要是受髓线影响所致。

木材的湿胀干缩对其使用影响较大，湿胀会造成木材凸起，干缩会导致木材结构连接处松动。如长期湿胀干缩交替作用，则会使木材产生翘曲开裂。为了避免这种情况，通常在加工使用前将木材进行干燥处理，使木材的含水率达到使用环境湿度下的平衡含水率。

9.2.2 木材的力学性质

木材的抗弯强度很高，通常为顺纹抗拉强度的1.5～2倍。《木结构设计规范》GB 50005—2017是依据抗弯强度定义木材强度等级的。强度等级的定义为从每批木材的总根数随机抽取三根作为试材，在每根试材的髓心以外部分切取三个试件作为一组，根据每组平均值中最低的一个值确定该批木材的强度等级。表9-1、表9-2分别列出了阔叶与针叶树种的强度等级。

阔叶树种木材适用的强度等级　　表 9-1

强度等级	适用树种
TB20	青冈　椆木　甘巴豆　冰片香　重黄娑罗双　重坡垒　龙脑香　绿心樟　紫心木　孪叶苏木　双龙瓣豆
TB17	栎木　腺瘤豆　筒状非洲楝　蟹木楝　深红默罗藤黄木
TB15	锥栗　桦木　黄娑罗双　异翅香　水曲柳　红尼克樟
TB13	深红娑罗双　浅红娑罗双　白娑罗双　海棠木
TB11	大叶椴　心形椴

针叶树种木材适用的强度等级　　表 9-2

强度等级	组别	适用树种
TC17	A	柏木　长叶松　湿地松　粗皮落叶松
	B	东北落叶松　欧洲赤松　欧洲落叶松
TC15	A	铁杉　油杉　太平洋海岸黄柏　花旗松—落叶松　西部铁杉　南方松
	B	鱼鳞云杉　西南云杉　南亚松
TC13	A	油松　西伯利亚落叶松　云南松　马尾松　扭叶松　北美落叶松　海岸松　日本扁柏　日本落叶松
	B	红皮云杉　丽江云杉　樟子松　红松　西加云杉　欧洲云杉　北美山地云杉　北美短叶松
TC11	A	西北云杉　西伯利亚云杉　西黄松　云杉—松—冷杉　铁—冷杉　加拿大铁杉　杉木
	B	冷杉　速生杉木　速生马尾松　新西兰辐射松　日本柳杉

9.3 常用的建筑板材及制品

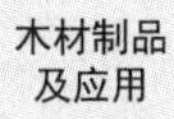

尽管当今世界已生产了多种新型建筑结构材料和装饰材料，但由于木材具有其独特的优良特性，木质饰面能给人一种特殊的优美观感，这是其他装饰材料无法与之相比的。因此，木材广泛用于建筑物的室内装修与装饰，如门窗、栏杆、扶手、木地板、装饰线条等。木材天然生长具有的自然纹理使木材装饰效果典雅、亲切，使装修的空间具有亲切和温暖感。建筑装饰中常用的木质品有木地板、木质人造板材、木装饰线条等。

9.3.1 细木工板

细木工板是特种胶合板的一种，俗称大芯板。它是将原木切割成条，拼接成芯，两个表面为胶贴木质单板的实心板材，板材按层数可分为三合板、五合板等。细木工板按结构不同，可分为芯板条不胶拼的和芯板条胶拼的两种；按表面加工状况可分为一面砂光、双面砂光和不砂光三种；按所使用的胶合剂不同可分为Ⅰ类胶细木工板、Ⅱ类胶细木工板两种；按面板的材质和加工工艺质量不同可分为三个等级；按树种可分为柳桉、榉木、柚木等。现在市场上大部分是实心、胶拼、双面砂光、五层的细木工板，被广泛应用于家具制造、缝纫机台板、车厢、船舶等的生产和建筑业等，如图 9-4 所示。

图 9-4　细木工板

9.3.2　胶合板

胶合板是用原木沿年轮切成大张薄片，将薄片经干燥处理后，再用胶粘剂按奇数层数，以各层纤维互相垂直的方向，加热加压胶合制成的多层板材，一般为 3～13 层，如图 9-5 所示。

图 9-5　胶合板

胶合板分类、性能及用途见表 9-3。

胶合板分类、性能及用途　　表 9-3

分类	名称	性能	应用
Ⅰ类(NQF)	耐气候耐沸水胶合板	耐干热、耐久、耐煮沸或蒸汽处理、抗菌等性能	室外工程
Ⅱ类(NS)	耐水胶合板	耐冷水浸泡及短时间热水浸泡、抗菌等性能	室外工程
Ⅲ类(NC)	耐潮胶合板	耐短期冷水浸泡，适于室内常态下使用	室内工程一般常态
Ⅳ类(BNS)	不耐水胶合板	具有一定的胶合强度，不耐水	室内工程一般常态

由小直径的原木就能制得宽幅的胶合板板材，且板面有美丽的木纹，增加了板的外观美，因其各层单板的纤维互相垂直，故能消除各向异性，得到纵横一样的均匀强度。胶合板的吸水率小，收缩率小，不翘曲开裂；没有木节和裂纹等缺陷；幅面大，产品规格化，使用方便，装饰性好。胶合板用途很广，工程中通常用作隔墙板、隔墙护面板、顶棚、门

面板、家具及室内装修等。耐水胶合板还可用作混凝土施工用的建筑模板。

9.3.3 生态板

生态板，分狭义和广义两种概念。

广义上生态板等同于三聚氰胺贴面板，其全称是三聚氰胺浸渍胶膜纸饰面人造板，是将带有不同颜色或纹理的纸放入生态板树脂胶粘剂中浸泡，然后干燥到一定固化程度，将其铺装在刨花板、防潮板、中密度纤维板、胶合板、细木工板或其他硬质纤维板表面，经热压而成的装饰板，如图 9-6 所示。

狭义上的生态板仅指中间所用基材为拼接实木（如马六甲、杉木、桐木、杨木等）的三聚氰胺饰面板。主要使用在家具、橱柜衣柜、卫浴柜等领域。

图 9-6 生态板

9.3.4 指接板

指接板由多块木板拼接而成，上下不再粘压夹板，由于竖向木板间采用锯齿状接口，类似两手手指交叉对接，使得木材的强度和外观质量获得增强改进故称指接板，如图 9-7 所示。用于家具、橱柜、衣柜等优等材料。

图 9-7 指接板

9.3.5 刨花板

刨花板是采用木材加工中的刨花、碎片及木屑为原料，使用专用机械切断粉碎呈细丝状纤维，经烘干、施加胶料、拌合铺膜、预压成型，再通过高温、高压压制而成的一种人造板材，如图 9-8 所示。刨花板根据技术要求分为 A 类和 B 类，装饰工程中常使用 A 类刨花板。A 类分为优等品、一等品、二等品三个等级。幅面尺寸有 1830mm×915mm、2000mm×1000mm、2440mm×1220mm、1220mm×1220mm，厚度为 4mm、8mm、10mm、12mm、14mm、16mm、19mm、22mm、25mm、30mm 等。刨花板根据生产工艺的不同可分为平压板、挤压板、滚压板三种。

图 9-8 刨花板

1. 平压板

平压板是压制过程中所施加压力与板面垂直，刨花排列位置与板面平行制成的刨花板。按其结构形式分为单层、三层及渐变三种，按用途不同可进行覆面、涂饰等二次加工，也可直接使用。

2. 挤压板

挤压板是压制成型过程中所施加压力与板面平行制成的刨花板。按其结构形式分为实心和管状空心两种，但均须经覆面加工后才能使用。

3. 滚压板

滚压板是采用滚压工艺成型的刨花板。刨花板板面平整、挺实，物理力学强度高，纵向和横向强度一致，隔声、防霉、经济、保温。刨花板由于内部为交叉错落的颗粒状结构，因此握钉力好，造价比中密度板便宜，并且甲醛含量比大芯板低得多，是最环保的人造板材之一。但是，不同产品间质量差异大，不易辨别，抗弯性和抗拉性较差，密度较低，容易松动，适用于地板、隔墙、墙裙等处装饰用基层（实铺）板。还可采用单板复面、塑料或纸贴面加工成装饰贴面刨花板，用于家具、装饰饰面板材。

9.3.6 实木地板

顾名思义，实木地板就是采用完整的木材制成的木板材，即地板从表到里均为同一种

木材，不包括粘合或用机械压制而成的人造地板。根据国家标准《实木地板 第1部分：技术要求》GB/T 15036.1—2018规定，实木地板按照形状不同分为榫接实木地板、平接实木地板、仿古实木地板；按表面有无涂饰分为涂饰实木地板和未涂饰实木地板；按表面涂饰类型分为油漆实木地板和油饰实木地板。实木地板的特点是坚固耐用、纹路自然。常用的实木地板可分为条木地板和拼花实木地板，如图9-9所示。

图9-9 实木地板

1. 条木地板

条木地板是室内使用最普遍的一种地板。常用的树种有松木、杉木、水曲柳、柚木、桦木等。材质要求选用不易腐蚀、不易变形开裂的木板条。

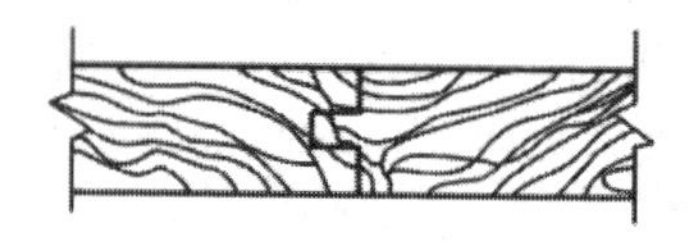

(a)

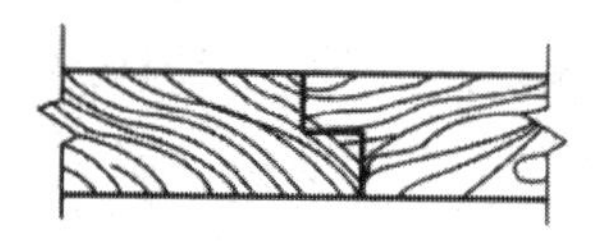

(b)

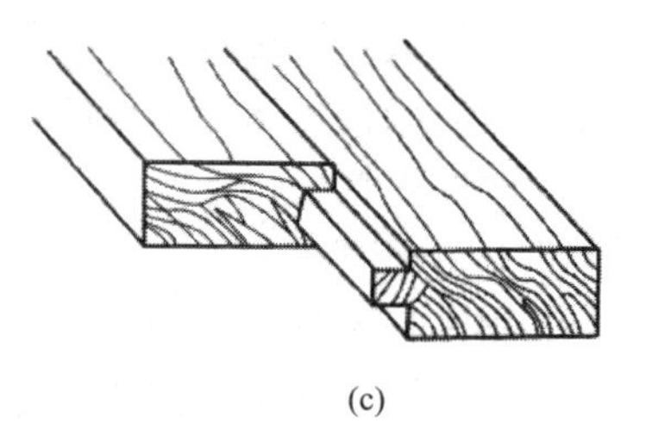

(c)

图9-10 条木地板拼缝示意

(a) 企口拼缝；(b) 错口拼缝（一）；(c) 错口拼缝（二）

条木地板的宽度一般不大于120mm，板厚为20～30mm。条木拼缝做成企口或者错口，如图9-10所示。条木地板的铺设方式有实铺和空铺两种。实铺是直接将条木地板粘贴在找平后的混凝土基层上。空铺条木地板由龙骨、水平撑和地板三部分组成，地板有单层和双层两种，双层地板下层为毛板、面层为硬木板。条木地板铺设完工后，应经过一段时间，待木材变形稳定后再刨光、清扫和上涂料。条木地板一般采用调合漆做涂层，当地板的颜色和纹理较好时，可采用清漆做涂层，使木材天然纹理清晰可见，以自然美增添室内的美感。条木地板适用于办公室、会议室、休息室、宾馆客房、舞台、住宅等的地面装饰。

2. 拼花实木地板

拼花实木地板是一种人们喜爱的装饰地面材料。这种木地板是通过小木板条不同方向的组合，以一定的艺术性和规律性拼出多种图案花纹，达到装饰的目的，如图 9-11 所示。常见的花纹图案有正芦席纹、斜芦席纹、人字纹、清水砖墙纹，依次如图 9-11 第三行后四个图所示。拼花实木地板的木块尺寸一般为长 250～300mm、宽 40～60mm、厚 20～25mm。

图 9-11　拼花实木地板拼接图案

拼花实木地板纹理多样、美观大方、耐磨性好、变形稳定、品种繁多，适用于高级楼宇、宾馆、别墅、会议室、展览室、体育馆和住宅等的地面装饰。

9.3.7　实木复合地板

实木复合地板是利用优质阔叶材或其他装饰性很强的合适材料作表层，以材质软的速生材或人造材作基材，经高温高压制成多层结构，如图 9-12 所示。

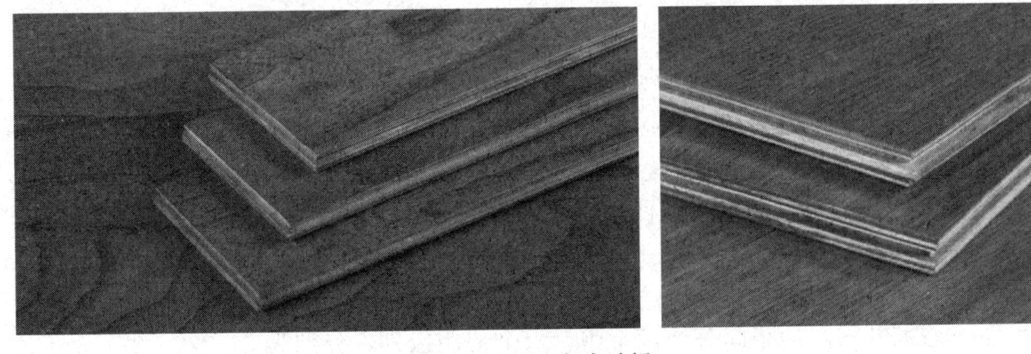

图 9-12　实木复合地板

实木复合地板可分为三层实木复合地板、多层实木复合地板、细木工复合地板三大类。

其中三层实木复合地板，由三层实木交错压制而成。表层由优质硬木规格板条拼成，常用的树种为水曲柳、桦木、山毛榉、柞木、枫木、樱桃木等；中间为软木板条，底层为旋切单板，排列成纵横交错状。

以多层胶合板或细木工板或基材的层压实木复合地板，饰面层常用树种为水曲柳、桦木、山毛榉、栎木（柞木）、榉木、枫木、楸木、樱桃木等，厚度通常在 0.2～1.2mm。

实木复合地板与传统的实木地板相比，由于结构的改变，其使用性能和抗变形能力有所提高。实木复合地板既有实木地板的美观自然、舒适、保温性能好的长处，又克服了实木地板因单体收缩、容易起翘变形的不足，且安装简便、不需打龙骨。当然实木复合地板也存在缺点：胶粘剂中含有一定的甲醛，必须严格控制，严禁超标。国家标准《室内装饰装修材料 人造板及其制品中甲醛释放限量》GB 18580—2017 规定实木复合地板必须达到 E1 级的要求（甲醛释放量为不大于 1.5mg/L），并在产品标志上明示。由于实木复合地板结构不对称，生产工艺比较复杂，所以成本相对较高。

9.3.8 强化木地板

强化木地板是以一层或多层专用纸浸渍热固性氨基树脂，铺装在刨花板、中密度纤维板、高密度纤维板等人造板基材表面，背面加平衡层，正面加耐磨层，经热压而成的地板，如图 9-13 所示。

图 9-13 强化木地板

强化木地板起源于欧洲，学名浸渍纸层压木质地板。

由于强化木地板是采用高密度底板做基材，其材料取自速生林，用 2～3 年生的木材被打碎成木屑制成板材使用，从这个意义上说，强化木地板是最环保的地板。另外，强化木地板的耐磨层，可以使用于较恶劣的环境，如客厅、过道等经常有人走动的地方。

强化木地板的规格尺寸为：长板 285mm×195mm×8mm，短板 1212mm×195mm×8.3mm。依据其产品的不同分为两个组、六个使用级别，分别为 21、22、23、31、32、33 级。其中，21 级为最低级别，适用于家庭，耐用度低；22 级适用于家庭，耐用度居中；23 级适用于家庭，耐用度较高；31 级适用于公共场所，耐用度低；32 级适用于公共场所，耐用度居中；33 级为最高级别，适用于公共场所，耐用度较高。

9.3.9　竹地板

竹地板是将三年以上的毛竹经烘烤及防虫、防霉处理加工成型，胶合热压而成的装饰材料，如图 9-14 所示。竹材地板按结构可分为单层竹条地板、多层竹片地板、竹片竹条复合地板和立竹拼花地板等；按表面颜色可分为本色竹地板、漂白竹地板和炭化竹地板；按表面有无涂饰可分为涂饰竹地板和无涂饰竹地板。

图 9-14　竹地板

竹地板以其天然赋予的优势和成型之后的诸多优良性能给建筑装饰材料市场带来了一股清新之风。竹地板有竹子的天然纹理，色泽美观，清新文雅，给人一种回归自然、高雅脱俗的感觉，符合人们回归自然的心理。竹地板还具有耐磨、耐压、阻燃、弹性好、防潮、经久耐用等特点，是高级宾馆、办公室及现代家庭地面装饰的新型材料。

9.3.10　防腐木

防腐木是将普通木材经过人工添加化学防腐剂之后，使其具有防腐蚀、防潮、防真菌、防虫蚁、防霉变以及防水等特性。国内常见的防腐木主要有两种材质：俄罗斯樟子松和北欧赤松，如图 9-15 所示。能够直接接触土壤及潮湿环境，是户外地板、园林景观、木秋千、娱乐设施、木栈道等的理想材料，深受园艺设计师的青睐。不过随着科学技术的发展，防腐木已经非常环保，故也经常使用在室内装修。还有一种没有防腐剂的防腐木——深度炭化木，又称热处理木。炭化木是将木材的有效营养成分炭化，通过切断腐朽菌生存的营养链来达到防腐的目的。

图 9-15　防腐木

9.3.11 木装饰线条

木装饰线条简称木线，是选用质硬、结构细密、材质较好的木材，经过干燥处理后，再机械加工或手工加工而成的。木线可油漆成各种色彩和木纹本色，又可进行对接、拼接，还可弯曲成各种弧线。木线在室内装饰中主要起着固定、连接、加强装饰饰面的作用。木线种类繁多，主要有楼梯扶手、压边线、墙腰线、顶棚角线、弯线、挂镜线等。每类木线又有多种断面形状：平线、半圆线、麻花线、鸠尾形线、半圆饰、齿形饰、浮饰、贴附饰、钳齿饰、十字花饰、梅花饰、叶形饰等，如图9-16所示。

图9-16 木装饰线条

9.3.12　木花格

木花格是用木板和枋木制作成具有若干个分格的木架，这些分格的尺寸或形状一般各不相同，由于木花格加工制作较简便，饰件轻巧纤细，加之选用材质木节少、木色好、无虫蛀、无腐朽的硬木或杉木制作，表面纹理清晰，整体造型别致，用于建筑物室内的花窗、隔断、博古架等，能起到调整室内设计的格调，改进空间效能和提高室内艺术质量等作用，如图9-17所示。

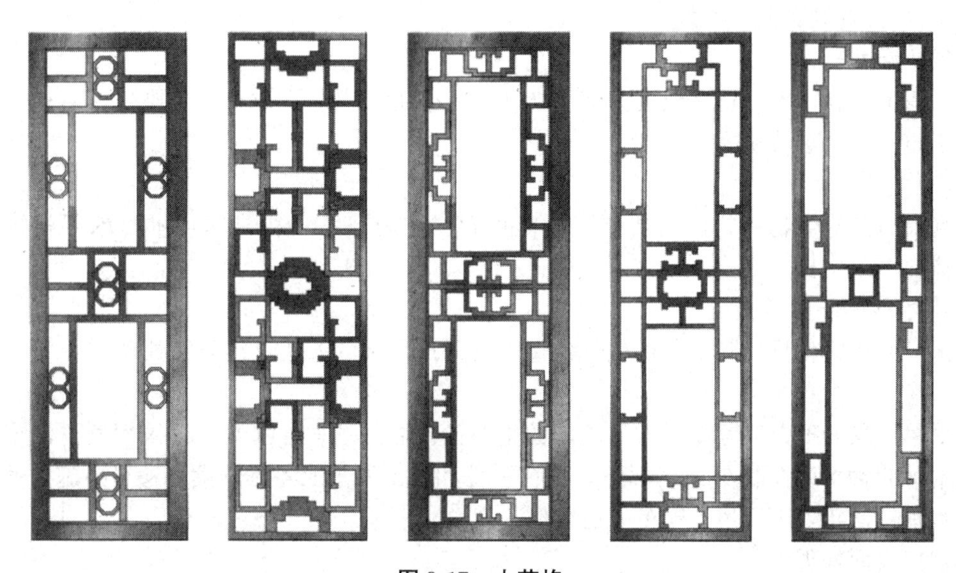

图9-17　木花格

9.4　木材的防腐、防火

木材受到真菌侵害后会改变颜色，结构渐渐变得松软、脆弱，强度降低，这种现象称为木材的腐朽。木材是一种易燃性材料，在使用过程中若达到某一温度时木材会发生燃烧。由此看来，木材的腐朽和燃烧都是具有极大破坏性的，木材的防腐与防火问题显得尤为重要。

9.4.1　木材的防腐

木材抵抗物理、化学及生物等因素的破坏，并在长时间内保持其自身天然的物理、化学性质的能力，称为木材的耐久性。而木材使用年限的长短主要取决于木材的防腐。

1. 木材腐朽的原因

木材腐朽的原因是木材被真菌侵害。引起木材变质的真菌有三种，即霉菌、变色菌和腐朽菌，前两种菌对木材影响较小，但腐朽菌影响很大。腐朽菌寄生在木材的细胞壁中，能分泌出一种酵素，把细胞壁物质分解成简单的养分，供自身摄取生存，从而致使木材细胞壁完全破坏，使木材腐朽而严重降低材质和强度。

2. 木材腐朽的条件

真菌在木材中生存和繁殖必须具备以下三个条件：适当的水分、温度和空气。

(1) 水分

水分不仅是构成木腐菌菌丝体的主要成分，而且是木腐菌分解木材的媒介。多数真菌适合在木材含水率为35%～50%时生长。如果木材含水率低于20%，或者含水率达到100%，均可抑制真菌的发育。

(2) 温度

真菌生存和繁殖的适宜温度为25～35℃，当温度低于5℃时，真菌则停止繁殖，当温度高于60℃时，真菌则死亡。

(3) 空气

真菌与其他生物一样，需要空气才能生存。木材含水率很高时，木材内部就缺乏空气，抑制真菌生长。

3. 木材的防腐措施

木材的防腐就是消除真菌的生长条件，可采用以下的方法进行防腐处理。

(1) 干燥处理

采用干燥处理，实际就是破坏真菌的生存条件之一——含水率，即采用气干法或窑干法将木材的含水率控制在20%以下，并在设计和施工中采取各种防潮和通风措施，使木结构、木制品常年处于通风干燥的状态。

(2) 表面处理

在木结构、木制品表面涂刷一层耐水性好的涂料，形成一层完整而坚韧的装饰保护膜，这样使木材既隔绝了空气，又隔绝了水分，彻底破坏了真菌生存的条件，从而达到防腐的效果。

(3) 防腐剂法

用化学防腐剂对木材进行处理，使木材变为有毒的物质而使真菌无法寄生。木材防腐剂种类很多，一般分为水溶性、油质和膏状三类。对木材进行防腐处理的方法很多，主要有涂刷或喷涂法、压力渗透法、常压浸渍法、冷热槽浸透法等。

9.4.2 木材的防火

所谓木材的防火，是用某些阻燃剂或防火涂料对木材进行处理，使木材成为难燃材料，达到遇小火能自熄，通大火能延缓或阻滞燃烧而赢得灭火的时间。

木材防火常用的阻燃剂有：磷—氮系阻燃剂、硼系阻燃剂、卤系阻燃剂、含镁铝等金属氧化物或氢氧化物的阻燃剂。

阻燃剂对木材防火的机理在于两个方面：一是设法抑制木材在高温下的热分解，如磷化合物可以降低木材的稳定性，使其在较低温度即发生分解，从而减少可燃气体的生成；二是设法阻滞热传递，如含水的硼化物、含水的氧化铝，遇热则吸收热量放出水蒸气，从而减少了热传递。

采用阻燃剂进行木材防火是通过浸注法而实现的，即将阻燃剂溶液浸注到木材内部达到阻燃的效果。浸注阻燃剂溶液分为常压和加压两种，加压浸注使阻燃剂溶液的浸入量及深度大于常压浸注，因此对木材防火要求较高的情况下，应采用加压浸注方法。在进行浸注前，应尽量使木材达到充分干燥，并初步加工成型。否则防火处理后再进行锯、刨、凿等加工，会使木材中浸入的阻燃剂有所损失。

通过防火涂料对木材表面涂覆处理也是木材防火一个非常重要的措施，其最突出的特点是：具有防火、防腐和装饰多项功能，施工方便，一举多得。

常用建筑板材及其制品见表 9-4。

常用建筑板材及制品　　表 9-4

品种	图片	性能特点	用途和规格
大芯板（细木工板）		细木工板握螺钉力好，强度高，具有质坚、吸声、绝热等特点	广泛应用于家具制造、缝纫机台板、车厢、船舶等的生产和建筑业等。 厚度规格有 12mm、15mm、18mm、20mm 四种，15mm 与 18mm 是较为常用的厚度
胶合板		胶合板的吸水率小，收缩率小，不翘曲开裂；没有木节和裂纹等缺陷；幅面大，产品规格化，使用方便，装饰性好	工程中通常用作隔墙板、隔墙护面板、天花板、门面板、家具及室内装修等。耐水胶合板还可用作混凝土施工用的建筑模板。 夹板一般长为 2440mm，宽为 1220mm，按厚度分为 3 厘板、5 厘板、9 厘板、12 厘板、15 厘板和 18 厘板六种规格
生态板		具有耐高温、耐酸碱、耐潮湿、防火等特性，表面不易变色、起皮	广泛适用于家庭装饰、板式家具、橱柜衣柜、浴室柜等领域。 生态板常见的尺寸规格有：122cm×244cm、100cm×200cm、130cm×200cm、150cm×300cm
指接板		强度高，用胶量少，环保无污染	用于家具、橱柜、衣柜等优等材料。 指接板板材厚度一般以 0.12cm、0.15cm、0.18cm 居多，但最厚可达 0.36cm
刨花板		刨花板板面平整、挺实，物理力学强度高，纵向和横向强度一致，隔声、防霉、经济、保温	适用于地板、隔墙、墙裙等处装饰用基层（实铺）板。还可采用单板复面、塑料或纸贴面加工成装饰贴面刨花板，用于家具、装饰饰面板材。 幅面尺寸有 1830mm×915mm、2000mm×1000mm、2440mm×1220mm、1220mm×1220mm，厚度为 4mm、8mm、10mm、12mm、14mm、16mm、19mm、22mm、25mm、30mm 等

续表

品种	图片	性能特点	用途和规格
实木地板		实木地板的特点是坚固耐用、纹路自然	适用于高级楼宇、宾馆、别墅、会议室、展览室、体育馆和住宅等的地面装饰。 条木地板的宽度一般不大于120mm，板厚为20～30mm。 拼花实木地板的木块尺寸一般为长250～300mm、宽40～60mm、厚20～25mm
实木强化复合地板		实木复合地板既有实木地板的美观自然、舒适、保温性能好的长处，又克服了实木地板因单体收缩、容易起翘变形的不足，且安装简便、不需打龙骨	适用于高级楼宇、宾馆、别墅、会议室、展览室、体育馆和住宅等的地面装饰。 实木复合地板规格有很多，常见的有1200mm×150mm×15mm、800mm×20mm×15mm、1802mm×303mm×15mm(12mm)等
强化木地板		强化木地板具有耐磨、稳定性好，容易护理，性价比较高，色彩、花样丰富，防火性能好等特点	强化地板适用于会议室、办公室、高清洁度实验室等，也可用于中、高档宾馆，饭店及民用住宅的地面装修等。 强化木地板的规格尺寸为：长板285mm×195mm×8mm，短板1212mm×195mm×8.3mm。依据其产品的不同分为两个组、六个使用级别，分别为21、22、23、31、32、33级
竹地板		竹地板具有耐磨、耐压、阻燃、弹性好、防潮、经久耐用等特点	竹地板适用于一种用于住宅、宾馆和写字间的地面装修。 长、宽、厚的常规规格有915mm×91mm×12mm、1800mm×91mm×12mm等6种
防腐木		防腐木具有防腐蚀、防潮、防真菌、防虫蚁、防霉变以及防水等特性	经常使用在户外地板、工程、景观、防腐木花架等部位。 长度一般为4m，厚度在21～45mm之间，宽度在95～145mm之间

单元总结

本单元阐述了建筑木材的基本知识、木材的基本性质，着重介绍了建筑装饰中常用的木材及其制品的类别、特点及装饰部位，木材易出现的质量问题及预防措施。

实训指导书

了解各类建筑装饰木材的定义、分类等，熟悉其特点性能，掌握各类建筑装饰木材及制品的性能特点、规格及应用情况，根据装饰要求，能够正确并合理地选择装饰木材制品使用。

一、实训目的

让学生自主地到建筑装饰材料市场和建筑装饰施工现场进行考察和实训，了解常用装饰木材制品的价格，熟悉装饰木材制品的应用情况，能够准确识别各种常用装饰木材制品的名称、规格、种类、价格、使用要求及适用范围等。

二、实训方式

1. 建筑装饰材料市场的调查分析

学生分组：3～5 人一组，自主地到建筑装饰材料市场进行调查分析。调查方法：学会以调查、咨询为主，认识各种装饰木材制品，调查材料价格，收集材料样本图片，掌握材料的选用要求。

重点调查：各类装饰木材制品常用规格。

2. 建筑装饰施工现场装饰材料使用的调研

学生分组：10～15 人一组，由教师或现场负责人指导。

调查方法：结合施工现场和工程实际情况，在教师或现场负责人指导下，熟知装饰木材制品在工程中的使用情况和注意事项。

重点调查：施工现场装饰木材制品的施工方法。

三、实训内容及要求

（1）认真完成调研日记。

（2）填写材料调研报告。

（3）实训小结。

思考及练习

一、选择题

1. 在土木工程中，用作承重构件的主要木材是（　　）。

A. 阔叶树　　B. 针叶树　　C. 阔叶树和针叶树　　D. 都不是

2. 木材中（　　）含量的变化，会影响木材的强度和湿胀干缩。

A. 自由水　　B. 吸附水　　C. 结合水　　D. 无法确定

3. 木材纤维饱和点一般取（　　）。

A. 15%　　B. 25%　　C. 30%　　D. 35%

4. 木材物理力学性能发生变化的转折点是（　　）。

A. 平衡含水率　　B. 纤维饱和点　　C. 饱和含水率　　D. 标准含水率

5. 木材在进行加工使用前，应预先将其干燥至含水率达到（　　）。

A. 纤维饱和点　　B. 使用环境长年平均平衡含水率

C. 饱和含水率　　D. 标准含水率

6. 实木地板属于高级装饰，实木地板的最大特点是（　　）。

A. 木质感强　　B. 耐水

C. 耐火　　D. 干缩湿胀性小

7. 实木地板的断面结构为（　　）。

A. 单层　　B. 双层　　C. 三层　　D. 多层

二、填空题

1. 树木分________树材和________树材两类，前者又称________木材，后者又称________木材。

2. 在木材的每一年轮中，色浅而质软的部分是________生长的，称为________；色深而质硬的部分是________生长的，称为________。

3. 髓线是木材中较脆弱的部位，干燥时常沿髓线发生________。

4. ________和________组成了木材的天然纹理。

5. 在木材内部，存在于________中的水分称为吸附水；存在于________和________的水分称为自由水。

6. 当木材中没有自由水，而细胞壁内充满________，达到饱和状态时，则称为木材的________。

三、简答题

1. 木材从宏观构造观察由哪些部分组成，对木材的性质有何影响？

2. 简述木材干缩湿胀的原因及预防措施。

3. 影响木材强度的主要因素有哪些？这些因素是如何影响木材强度的？

4. 常用的人造板材有哪些？与天然板材相比，它们有哪些特点？

5. 简述木材腐朽的原因和防腐的措施。

6. 强化地板为什么称“强化”？其基本结构是什么？

7. 怎样维护和保养实木强化木地板？

8. 竹地板有哪些优缺点？

教学单元10 Chapter 10

金属装饰材料

1. 知识目标

• 能够了解金属装饰材料的基本知识；

• 能够掌握金属装饰材料的特点及应用场景。

2. 能力目标

• 能够根据环境要求选择正确的装饰材料；

• 能够按照艺术要求选择合适的装饰材料。

3. 思政目标

• 通过对金属装饰材料的学习，了解到我国金属装饰材料的发展历史，加强对祖国的热爱。

思维导图

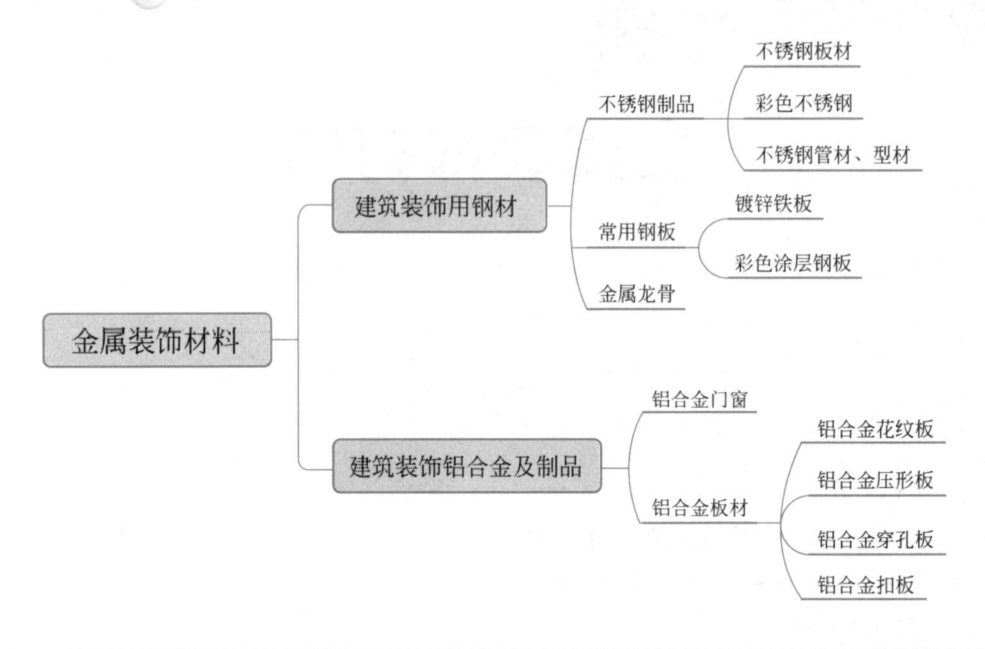

金属有着源远流长的历史，是一种重要的装饰材料。金属材料具有独特的光泽与颜色，优良的耐磨、耐腐蚀和机械性能，良好的加工性和铸造性。所以，在现代建筑装饰工程中，金属装饰材料用得越来越多，不仅广泛用于围墙、栅栏、门窗、建筑五金、卫生洁具等，而且大量应用于墙面、柱面、吊顶等部位的装饰。

10.1 建筑装饰用钢材

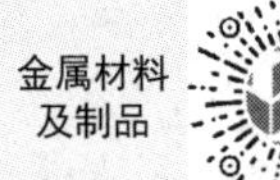

以铁为主要元素，含碳量在2%以下，并含有其他元素的铁碳合金材料，我们称之为钢材。

钢材之所以得到广泛应用，是因为其具有很多优点：材质均匀、性能可靠、强度高、有一定的塑性和韧性。另外，钢材还具有承受冲击和振动荷载的能力，这就使得利用钢材进行焊接、铆接或螺栓连接成为可能。当然，钢材也有缺点，那就是易腐蚀、不耐火、维修费用相对较高。钢材是建筑工程中的常见材料，如圆钢、角钢、槽钢、工字钢、钢管等都是生活中常见的各种型材。另外，板材以及混凝土结构用钢筋、钢丝、钢绞线等也是建筑工程中不可或缺的材料。

10.1.1 不锈钢

不锈钢是在空气中或化学腐蚀中能够抵抗腐蚀的一种高合金钢。不锈钢具有美观的表面和良好的耐腐蚀性能，不必经过镀色等表面处理，代表性的有 13-铬钢、18-铬镍钢等。

从金相学角度分析，因为不锈钢含有铬而使表面形成很薄的铬膜，起耐腐蚀的作用。为了保持不锈钢所固有的耐腐蚀性，必须含有 12%以上的铬。

1. 不锈钢制品

(1) 不锈钢板材。不锈钢板材分平面钢板与凹凸钢板两类。根据表面光泽程度常分为镜面板、亚光板和浮雕板三种。

镜面板：光线照射后反光率达 90%以上，表面平滑光亮，可以映像，如图 10-1 所示。此种板常用于柱面、墙面等反光率较高的部位。

图 10-1 不锈钢镜面板

亚光板：反光率在 50%以下，光线柔和，不刺眼，如图 10-2 所示。根据反射率不同又分为多种级别。

图 10-2 不锈钢亚光板

浮雕板：经辊压、特研特磨、腐蚀或雕刻而成的具有立体感的浮雕装饰板，如图 10-3 所示。一般腐蚀雕刻深度为 0.015～0.500mm。

(2) 彩色不锈钢板。彩色不锈钢板是在不锈钢板上进行技术性和艺术性的加工，使其表面具有各种绚丽色彩，如有蓝、灰、紫、红、青、绿、金黄、橙、茶色等，如图 10-4 所示。

彩色不锈钢板具有抗腐蚀性强、机械性能较高、彩色面层经久不褪色、色泽随光照角度不同会产生色调变幻等特点，而且彩色面层能耐 200℃的温度，耐盐雾腐蚀性能超过一般不锈钢，耐磨和耐刻划性能相当于箔层涂金。弯曲 90°时，彩色层不会损坏。常见规格见表 10-1。

图 10-3　不锈钢浮雕板

钛金拉丝

香槟金拉丝

玫瑰金拉丝

酒红拉丝

翡翠绿拉丝

黑钛拉丝

宝石蓝拉丝

紫罗兰拉丝

图 10-4　彩色不锈钢板

常用不锈钢板材的规格（单位：mm）　　表 10-1

长	宽	厚	长	宽	厚	长	宽	厚
2440	1220	2	2440	1220	1.0	3000	1220	1.0
2440	1220	1.5	2440	1220	0.8	2000	1220	1.0
2000	1000	0.35	2000	1000	0.5	2000	1000	1.0

（3）不锈钢管材、型材。不锈钢除板材外，还有管材、型材。如不锈钢方管、圆管及角材、槽材等，在建筑装饰中也大量使用，如图 10-5、图 10-6 所示。

2. 常用钢板

（1）镀锌钢板。镀锌钢板是表面有热浸镀或电镀锌层的焊接钢板，如图 10-7 所示。镀锌钢板的最大优点是优良的耐蚀性、涂漆性、装饰性以及良好的成形性。

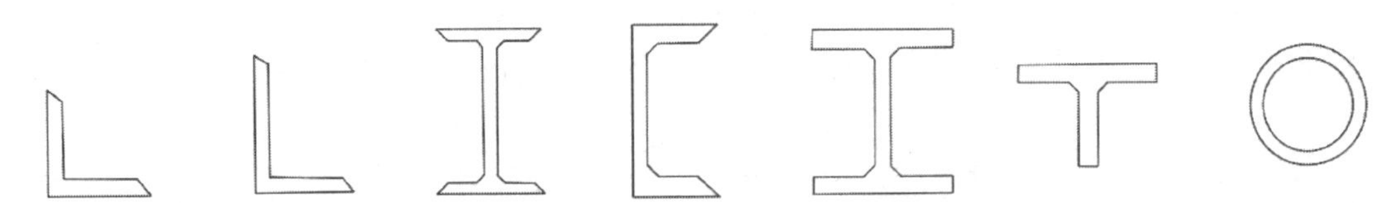

图 10-5　热轧型钢截面示意

图 10-6　不锈钢管材、型材

图 10-7　镀锌钢板

(2) 彩色涂层钢板。彩色涂层钢板是以冷轧钢板或镀锌钢板为基板，经表面（脱脂磷化、铬酸盐等）处理后，涂上有机涂料烘烤而制成的产品，简称“彩涂板”或“彩板”，其基本构造如图 10-8 所示。当基材为镀锌板时被称为“彩色镀锌钢板”。

彩色涂层钢板的性能如下：

耐污染性。将番茄酱、口红、咖啡、饮料、食用油涂抹在聚酸类涂层表面 24h 后，用洗涤液清洗烘干，其表面光泽、色差无任何变化。

耐热性。涂层钢板在 120℃烘箱中连续加热 90h，涂层光泽、颜色无明显变化。

耐低温性。涂层钢板试样在－54℃低温下放置 24h 后，涂层抗弯曲、冲击性能无明显变化。

耐沸水性。各类涂层产品试样在沸水中浸泡 60h 后表面的光泽和颜色无任何变化，无起泡、软化、膨胀等现象。

建筑中彩色涂层钢板主要用作外墙护墙板，直接用来构成墙体则需做隔热层。

此外，它还可以作屋面板，瓦楞板，防水、防汽渗透板，耐腐蚀设备、构件，以及家具，汽车外壳，挡水板等。

彩色涂层钢板还可以制作成压型板，其断面形状和尺寸与铝合金压型板基本相似。由于它具有耐久性好、美观大方、施工方便等优点，故可以用于工业厂房及公共建筑的墙面和屋面。

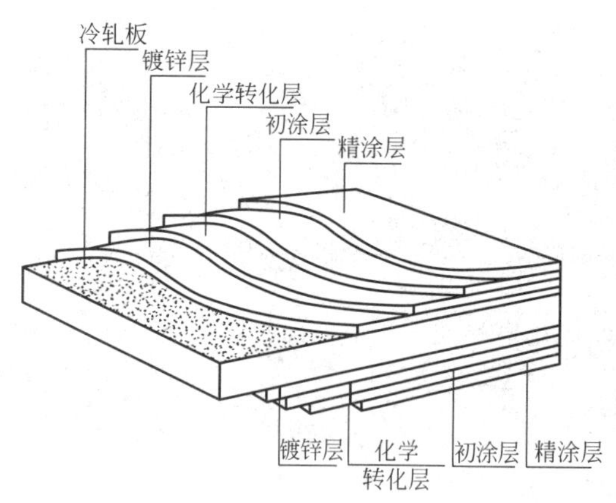

图 10-8 彩色涂层钢板

3. 金属龙骨

建筑用轻钢龙骨是以冷轧钢板、镀锌钢板、彩色喷塑钢板或铝合金板材作原料，采用冷加工工艺生产的薄壁型材，经组合装配而成的一种金属骨架。它具有自重轻、刚度大、防火、抗震性能好、加工安装简便等特点，适用于工业与民用建筑等室内隔墙和吊顶所用的骨架，如图 10-9 所示。

图 10-9 轻钢龙骨吊顶与隔墙

龙骨按用途分为隔墙龙骨及吊顶龙骨。隔墙龙骨一般作为室内隔断墙骨架，两面覆以石膏板或石棉水泥板、塑料板、纤维板、金属板等作为墙面，表面用塑料壁纸或贴墙布装饰，内墙用涂料等进行装饰，以组成新型完整的隔断墙。吊顶龙骨用作室内吊顶骨架，面层采用各种吸声材料，以形成新颖美观的室内吊顶。轻钢龙骨防火性能好、刚度大、通用性强，可装配化施工，适应多种板材的安装。多用于防火要求高的室内装饰和隔断面积大的室内墙。

10.2 建筑装饰铝合金及制品

在铝中加入铜、镁、锰、硅、锌等合金元素后就成为铝合金。铝合金不仅保持了铝质量轻、耐腐蚀、易加工等优良性能，而且强度、硬度等机械性能明显提高，故在建筑装饰领域中，铝合金的应用已相当广泛。

10.2.1 铝合金门窗

铝合金门窗是由经表面处理的铝合金型材，经下料、打孔、铣槽、攻螺纹和组装等工艺，制成门窗框构件，再与玻璃、连接件、密封件和五金配件组装成门窗，如图 10-10～图 10-12 所示。

图 10-10　铝合金门窗（平开窗、推拉窗）

图 10-11　铝合金门窗（百叶窗、纱窗）

图 10-12 铝合金门窗（悬挂窗、旋转窗）

在现代建筑装饰中，尽管铝合金门窗比普通门窗的造价高 3～4 倍，但因长期维修费用低、性能好、美观、节约能源等，故得到广泛应用。

与普通的钢、木门窗相比，铝合金门窗有自重轻、密封性好、耐久性好、装饰性好、色泽美观、便于工业生产等特点。

铝合金门窗按开启方式分为推拉门窗、平开门（窗）、固定窗、悬挂窗、百叶窗、纱窗和回转门（窗）等。

平开铝合金门窗和推拉铝合金门窗的规格尺寸如表 10-2 所示。

铝合金门窗品种规格　　表 10-2

名称	洞口尺寸(mm)		厚度基本尺寸系列(mm)
	高	宽	
平开铝合金窗	600,900,1200,1500,1800,2100	600,900,1200,1500,1800,2100	40,45,50,55,60,65,70
平开铝合金门	2100,2400,2700	800,900,1000,1200,1500,1800	40,45,50,55,60,65,70
推拉铝合金窗	600,900,1200,1500,1800,2100	1200,1500,1800,2100,1240,2700,3000	45,55,60,70,80,90
推拉铝合金门	2100,2400,2700,3000	1500,1800,2100,2400,3000	70,80,90

10.2.2 铝合金板材

铝合金板材属于现代较为流行的建筑装饰板材，具有质量轻、不燃烧、耐久性好、施工方便、装饰效果好等优点。近年来在装饰工程中用得较多的铝合金板材主要有铝合金花纹板及浅花纹板、铝合金压形板、铝合金穿孔板、铝合金扣板等几种。

1. 铝合金花纹板及浅花纹板

铝合金花纹板是采用防锈铝合金坯料，用特殊花纹的轧辊轧制而成，如图 10-13 所示。花纹美观大方，筋高适中，不易磨损，防滑性好，耐腐蚀性强，便于冲洗，通过表面处理可以获得各种颜色。花纹板板材平整，裁剪尺寸精确，便于安装，广泛应用于现代建筑的墙面装饰以及楼梯踏板等处。

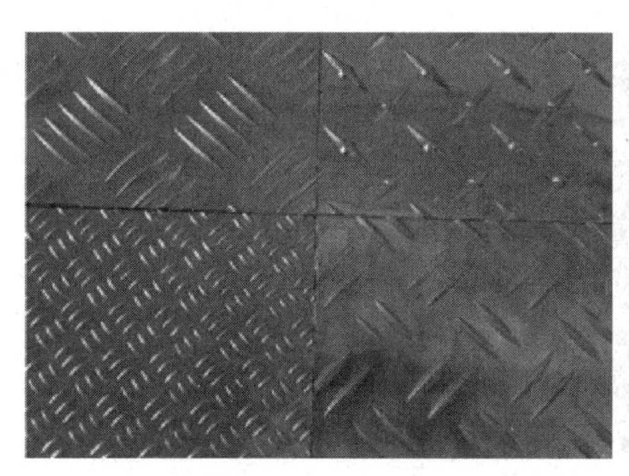

图 10-13　铝合金花纹板

以冷作硬化后的铝材为基础，表面加以浅花纹处理后得到的装饰板，称为铝合金浅花纹板。铝合金浅花纹板是优良的建筑装饰材料之一，其花纹精巧别致，色泽美观大方，同普通铝合金相比，刚度高出 20%，抗污垢、抗划伤、抗擦伤能力均有所提高，是我国特有的建筑装饰产品。

2. 铝合金压形板

铝合金压形板主要用于墙面装饰，也可用作屋面。用于屋面时，一般采用强度高、耐腐蚀性能好的防锈铝制成。

铝合金压形板重量轻，外形美，耐腐蚀性好，经久耐用，安装容易，施工快速，经表面处理可得到各种优美的色彩，是现代广泛应用的一种新型建筑装饰材料，如图 10-14 所示。

图 10-14　铝合金压形板

3. 铝合金穿孔板

铝合金穿孔板是用各种铝合金平板经机械穿孔而成，如图 10-15 所示。孔形根据需要有圆孔、方孔、长圆孔、长方孔、三角孔、大小组合孔等。这是近年来开发的一种降低噪声并兼有装饰效果的新产品。

铝合金穿孔板材质轻，耐高温，耐高压，耐腐蚀，防火，防潮，防震，化学稳定性好，造型美观，色泽幽雅，立体感强，可用于宾馆、饭店、剧场、影院、播音室等公共建筑中，用于高级民用建筑则可改善音质条件，也可以用于各类车间厂房、机房、人防地下室等作降噪材料。

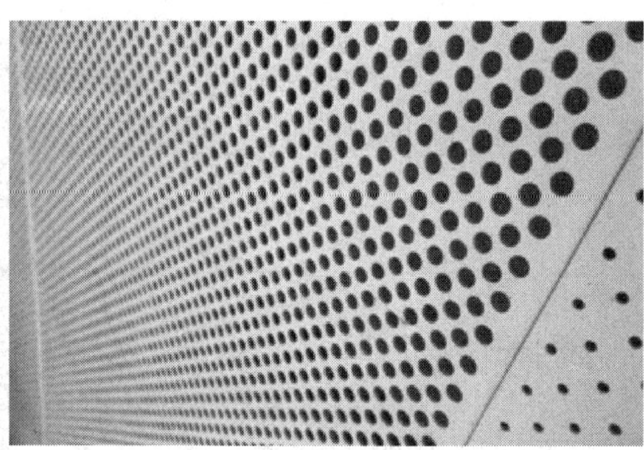

图 10-15 铝合金穿孔板

4. 铝合金扣板

铝合金扣板简称铝扣板，主要有条板和方形两种，颜色包括银白色、茶色和灰色等，如图 10-16 所示。铝扣板是用较单薄的铝合金板材裁切、冲压成型，是目前最流行的装饰顶棚材料。铝合金扣板安装时需要配套龙骨，还要考虑搭配尺寸相当的电器、灯具、设备，因此，现代铝合金顶棚要逐渐演变成集成顶棚。主要应用于厨房、卫生间等空间。

图 10-16 铝合金扣板

常用金属装饰材料见表 10-3。

常用金属装饰材料　　表 10-3

品种	图片	性能特点	用途和规格
不锈钢板材		强度高、塑性韧性好、耐腐蚀	主要用于壁板及天花板、台面的薄板、隔断的不锈板、招牌字、展示架等。 板材的规格为长 1000～2000mm，宽 500～1000mm，厚 0.2～2.0mm

续表

品种	图片	性能特点	用途和规格
彩色不锈钢板		彩色不锈钢板除了具有普通不锈钢板耐腐蚀性强、强度较高、光泽度高的特点外，还具有彩色面层经久耐用，随光照角度不同，色泽会产生色调变换等特点	彩色不锈钢板的应用范围主要在于室内墙板、天花板、电梯轿厢内部、车厢板、建筑装潢、广告招牌等装饰。 彩色不锈钢板的规格常有：厚度为 0.2～2mm，幅面为 1219mm×2439mm 和 1219mm×3048mm
彩色涂层钢板		具有耐久性好、美观大方、施工方便等优点	建筑中彩色涂层钢板主要用作外墙护墙板。 彩色涂层钢板长度 500～4000mm，宽度 700～1550mm，厚度 0.3～2mm
轻钢龙骨		具有自重轻、刚度大、防火、抗震性能好、加工安装简便等特点	适用于工业与民用建筑等室内隔墙和吊顶所用的骨架
铝合金门窗		自重轻、密封性好、耐久性好、装饰性好、色泽美观、便于工业生产等特点	对安装空调设备的建筑和对防尘、隔声、保温隔热有特殊要求的建筑，更适宜采用铝合金门窗
铝合金花纹板		花纹美观大方，筋高适中，不易磨损，防滑性好，耐腐蚀性强，便于冲洗，通过表面处理可以获得各种颜色	广泛应用于现代建筑的墙面装饰以及楼梯踏板等处
铝合金压形板		重量轻，外形美，耐腐蚀性好，经久耐用，安装容易，施工快速，经表面处理可得到各种优美的色彩	铝合金压形板主要用于墙面装饰，也可用作屋面
铝合金穿孔板		质轻，耐高温，耐高压，耐腐蚀，防火，防潮，防震，化学稳定性好，造型美观，色泽幽雅，立体感强	可用于宾馆、饭店、剧场、影院、播音室等公共建筑中，用于高级民用建筑则可改善音质条件，也可以用于各类车间厂房、机房、人防地下室等作降噪材料。 板厚 0.6～1.2mm，其孔径为 1.8mm，孔距为 10～14mm 等
铝合金扣板		具有良好的性能，能防火、防潮、防腐蚀、耐久、易清洗，且色彩高雅、赋予立体感，可根据设计要求来选择花色	适合机场、地铁、商业中心、宾馆、办公室、医院和其他建筑使用。 方形扣板主要规格：300mm×300mm、300mm×600mm、600mm×600mm 等。 条形扣板主要规格：100mm、150mm、200mm，长 3300mm 等

单元总结

本单元阐述了建筑金属材料的基本知识，着重介绍了建筑装饰中常用的钢材及铝合金的类别、特点及装饰部位。

思考及练习

1. 简述铝合金材料在建筑上的主要用途。

2. 铝合金门窗按结构与开闭方式可分为哪些种类？铝合金门窗的特点是什么？铝合金门窗的性能如何？

3. 金属装饰材料的特点是什么？

4. 铝合金扣板有哪些特点？

5. 简述铝合金的分类和铝合金在建筑装饰工程上的用途。

6. 建筑装饰用的不锈钢制品有哪些突出优点？不锈钢装饰制品有哪些种类？简述其应用。

7. 彩色涂层钢板有哪几种？主要应用于何处？有哪些优点？

教学单元11

Chapter 11

胶粘剂

教学目标

1. 知识目标

- 能够了解胶粘剂的基本知识；
- 能够掌握胶粘剂的特点及应用场景。

2. 能力目标

- 能够根据材料应用场景选择正确的胶粘剂。

3. 思政目标

• 通过对胶粘剂相关知识的学习，了解到胶粘剂的发展历史，以及各种胶粘剂的应用场景，培养学生生态环保的意识。

思维导图

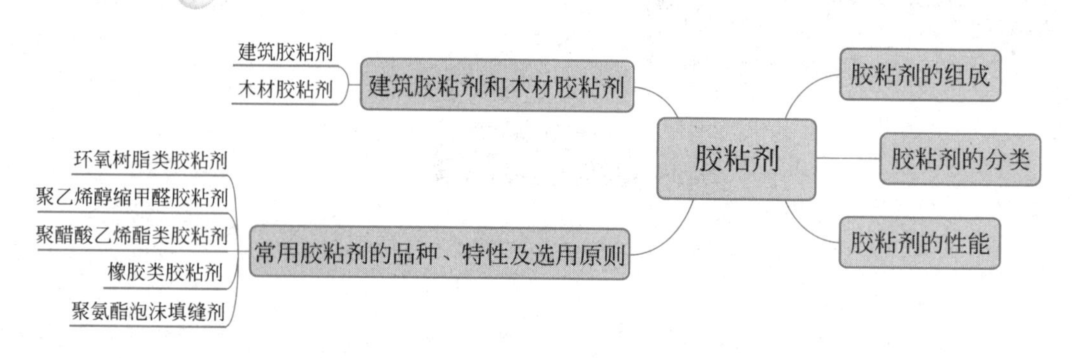

胶粘剂在建筑装修施工中是不可缺少的配套材料。胶粘剂又称粘合剂、粘结剂及粘着剂。凡有良好的粘合性能，可把两种材料粘结在一起的物质都可称作胶粘剂。它包括天然物、合成树脂和无机物中具有粘合性能的许多物质。

11.1 胶粘剂的组成

胶粘剂通常是由多组分物质配制组成的。由于性能和用途不同，其组成成分也不相同。

胶粘剂一般是由黏料、固化剂、稀释剂（含有机溶剂）、填料（填充剂）、偶联剂（增黏剂）和防老剂等多种成分组成。根据要求与用途还可以包括阻燃剂、促进剂、发泡剂、消泡剂、着色剂和防腐剂等成分。

1. 黏料。黏料又称基料，是胶粘剂成膜物质的主要组分，它使胶粘剂具有黏附特性，决定了胶粘剂的主要性能、用途和使用工艺，是每种胶粘剂中必不可少的组成成分。黏料常选用热固性树脂、热塑性树脂、橡胶类、天然高分子化合物、合成高分子化合物等。

2. 固化剂。固化剂是胶粘剂中最主要的配合材料，促使粘结物质进行化学反应，加快胶粘剂固化。不同种类的固化剂及用量多少，对胶粘剂的使用寿命，胶结硬化时的温度、压力、时间等工艺条件及胶结后的机械强度均影响很大。根据不同的黏料选用不同类型的固化剂，如环氧树脂黏料一般选用胺类固化剂。

3. 稀释剂（含有机溶剂）。稀释剂（含有机溶剂）是用来溶解黏料，调节胶粘剂的黏度，稀释胶粘剂，改进施工工艺及性能以便于施工的一类物质。有机溶剂也可作为胶粘剂的稀释剂而使用，如丙酮、乙酸乙酯、二甲苯等。在建筑装饰胶粘剂中，有相当部分的胶种为溶剂型胶，如装修用的氯丁胶、塑料胶、部分密封胶和聚氨酯胶等。

4. 填料（填充剂）。填料是建筑胶粘剂中必不可少的组成部分，用来增加胶粘剂稠度，降低热膨胀系数，减小收缩性，提高胶粘层的抗冲击韧性和机械强度。填料一般选用滑石粉、石棉粉、铝粉、石英粉等。

5. 其他附加剂。为满足某些特殊要求而加入的一些成分，如增塑剂、防霉剂、防腐剂、稳定剂等附加剂，以改善胶粘剂的性能。

11.2 胶粘剂的分类

随着化学工业的发展，胶粘剂的种类也日益增多，一般可按以下几个方面进行分类。

1. 按固化条件分类可分为：室温固化胶粘剂、低温固化胶粘剂、高温固化胶粘剂、光敏固化胶粘剂、电子束固化胶粘剂等。

2. 按粘结料性质可分为：有机胶粘剂和无机胶粘剂两大类，其中有机类中又可分为人工合成有机类和天然有机类。人工合成有机类包括树脂型、橡胶型和混合型。天然有机类包括氨基酸衍生物、天然树脂和沥青等。无机类主要是各种盐类，如硅酸盐类、磷酸盐类、硫酸盐类和硅溶胶等。

3. 按被粘结材料及工程特性可分为：壁纸墙布胶粘剂、地板胶粘剂、玻璃胶粘剂、塑料管道胶粘剂、竹木类材料胶粘剂、石材类胶粘剂等。

4. 按成型状态可分为：溶液类胶粘剂、乳液类胶粘剂、膏糊类胶粘剂、膜状类胶粘剂和固体类胶粘剂等。

5. 按用途可将胶粘剂分为以下几种：

(1) 结构型胶粘剂：其胶接强度高，至少与被粘物体本身的材料强度相当，同时对耐油、耐热和耐水性等都有较高的要求。如环氧树脂胶粘剂（万能胶）。

(2) 非结构型胶粘剂：有一定的粘结强度，但不能承受较大的力。如聚醋酸乙烯酯（乳白胶）等。

(3) 特种胶粘剂：能满足某些特种性能和要求，如可具有导电、导磁、绝缘、导热、耐腐蚀、耐高温、耐超低温、厌氧、光敏等性能。

11.3 胶粘剂的性能

胶粘剂在建筑装饰工程中使用广泛。在选用胶粘剂时，应根据使用对象和使用要求，充分考虑各项技术性能。其主要性能包括以下几点：

1. 工艺性。胶粘剂的工艺性是指有关胶粘剂的粘结操作方面的性能，如胶粘剂的调制、涂胶、晾置、固化条件等。工艺性是对胶粘剂粘结操作难易程度的总结。

2. 粘结强度。粘结强度是检测胶粘剂粘结性能的主要指标，是指两种材料在胶粘剂的粘结作用下，经过一定条件变化后能达到使用要求的强度而不分离脱落的性能。胶粘剂的品种不同，粘结的对象不同，其粘结强度的表现也就不相同，一般而言，结构型胶粘剂的粘结强度最高，次结构型胶粘剂其次，非结构型胶粘剂则最低。

3. 稳定性。粘结试件在指定介质中于一定温度下浸渍一段时间后的强度变化称为胶粘剂的稳定性，可用实测强度或强度保持率来表示。

4. 耐久性。胶粘剂所形成的粘结层会随着时间的推移逐渐老化，直至失去粘结强度，胶粘剂的这种性能称为耐久性。

5. 耐温性。耐温性是指胶粘剂在规定温度范围内的性能变化情况，包括耐热性、耐寒性及耐高低温交变性等。

6. 耐候性。用胶粘剂粘结的构件暴露在室外时，粘结层抵抗雨水、阳光、风雪及温湿等自然气候的性能称为耐候性。耐候性也是粘结件在长期而复杂的自然条件作用下，粘结层耐老化性能的一种表现。

7. 耐化学性。大多数合成树脂胶粘剂及某些天然树脂型胶粘剂，在化学介质的影响下会发生溶解、膨胀、老化或腐蚀等不同的变化，胶粘剂在一定程度上抵抗化学介质作用的性能称为胶粘剂的耐化学性。

8. 其他性能。胶粘剂的性能还包括颜色、刺激性气味的大小、毒性的大小、贮藏的稳定性及价格等，在选用时也应一并考虑。

11.4 常用胶粘剂的品种、特性及选用原则

11.4.1 环氧树脂类胶粘剂

环氧树脂类胶粘剂（俗称“万能胶”），如图 11-1 所示，主要由环氧树脂和固化剂两大部分组成，为改善某些性能，满足不同用途，还可以加入增韧剂、稀释剂、促进剂、偶联剂等辅助材料。该类胶粘剂具有粘结强度高、收缩率小、耐腐蚀、电绝缘性好、耐水、耐油等特点。该类胶粘剂与金属、玻璃、水泥、木材、塑料等多种极性材料，尤其是表面活性高的材料具有很强的粘结力。

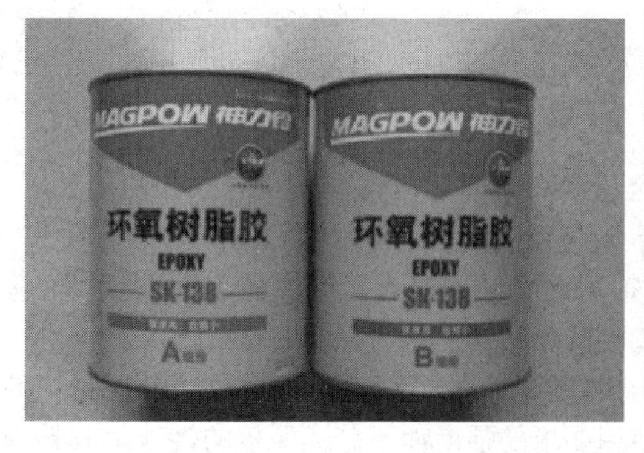

图 11-1　环氧树脂类胶粘剂

11.4.2　聚醋酸乙烯酯类胶粘剂

聚醋酸乙烯酯类胶粘剂是由醋酸乙烯单体经聚合反应而得到的一种热塑性胶，该胶可分为溶液型和乳液型两种，如图 11-2 所示。其中聚醋酸乙烯乳液俗称白乳胶，是一种白色黏稠液体，呈酸性，是水溶性、粘结亲水性的材料，湿润能力较强，常温固化，具有较好的成膜性，初粘力好。白乳胶属于通用型胶粘剂，主要用于木材、纺织、涂料、纸加工、建筑材料等的粘结。

图 11-2　聚醋酸乙烯酯类胶粘剂

11.4.3　橡胶类胶粘剂

橡胶类胶粘剂是以合成橡胶为粘结物质，加入有机稀释剂、补强剂、偶联剂和软化剂等辅助材料制成，如图 11-3 所示。橡胶类胶粘剂一般具有良好的粘结性能、耐水性和耐化学介质性。常见品种有氯丁橡胶胶粘剂，简称氯丁胶，是以氯丁胶为主，另加入氯化锌、氧化镁和填料混炼后溶于溶剂而制成，具有弹性高、柔性好、耐水、耐燃、耐候、耐油、耐溶剂和耐药性等特点，但耐寒性较差，贮存稳定性欠佳，一般使用温度在 12℃以上，适用于地毯、纤维制品和部分塑料的粘结。还有一种常用橡胶类胶粘剂是 801 强力胶，它是以酚醛改性氯丁橡胶为粘结物质的单组分胶。该胶室温下可固化，使用方便，粘结力强，适用于塑料、木材、纸张、皮革及橡胶等材料的粘结。801 强力胶含有机溶剂，是易燃品，应隔离火源放置在阴凉处。

图 11-3　橡胶类胶粘剂

11.4.4 聚氨酯泡沫填缝剂

聚氨酯泡沫填缝剂又称发泡胶，是一种单组分、湿气固化、多用途的聚氨酯发泡填充弹性密封材料。聚氨酯泡沫填缝剂是将聚氨酯预聚体、发泡剂、催化剂等组分装填于耐压气雾罐中的特殊聚氨酯产品，如图 11-4 所示。施工时通过配套施胶枪或手动喷管将气雾状胶体喷射至待施工部位，短期完成成型、发泡、粘结和密封过程。其固化泡沫弹性体具有粘结、防水、耐热胀冷缩、隔热、隔声甚至阻燃（限阻燃型）等优良性能，广泛用于建筑门窗边缝、构件伸缩缝及孔洞处的填充密封。

图 11-4 聚氨酯泡沫填缝剂

11.5 建筑胶粘剂和木材胶粘剂

11.5.1 建筑胶粘剂

胶粘剂在建筑装饰装修过程中主要用于板材粘结、墙面预处理、壁纸粘贴、陶瓷墙地砖、各种地板、地毯铺设粘结等方面。在建筑装饰中使用胶粘剂除了可以体现一定的强度之外，还具有防水性、密封性、弹性、抗冲击性等一系列综合的性能，可以提高建筑装饰质量，增加美观舒适感，改进施工工艺，提高建筑施工效率和质量等。建筑装饰装修用胶粘剂可以分为水基型胶粘剂、溶剂型胶粘剂及其他胶粘剂。

其中水基型胶粘剂包含了聚醋酸乙烯酯乳液胶粘剂（白乳胶）、水溶性聚乙烯醇建筑胶粘剂和其他水基型胶粘剂（108 胶、801 胶）。

溶剂型胶粘剂包含了橡胶胶粘剂、聚氨酯胶粘剂（PU 胶）和其他溶剂型胶粘剂。

1. 瓷砖粘结剂

瓷砖粘结剂是采用优质水泥、精细骨料、填料、特殊外加剂及干粉聚合物均匀混合而成的一种复合型瓷砖粘结材料，如图 11-5 所示，绿色环保无毒无害，是取代传统水泥砂浆粘贴瓷砖的最佳选择。瓷砖粘结剂的施工厚度仅为 2～4mm，而传统水泥砂浆粘贴的厚度通常为 15～30mm，因此只要是施工基面平整，薄层粘贴施工的综合成本比用传统水泥砂浆粘贴要低，粘结质量更可靠，袋装粉体加水即用，施工更快捷。作为新型的胶粘剂产品相比水泥粘贴法存在以下优点：

（1）强力粘结剂是绿色环保产品，主要是高分子聚合物乳液，添加各种助剂精炼而成，无毒、不燃、耐水、耐老化。

（2）瓷砖粘结剂的粘贴力较之水泥增加两倍以上，特别是含有化学添加剂，即使是对于高密度、低吸水率的高档瓷砖，仍具有良好的粘贴力。

（3）施工时不会产生下坠现象，方便施工人员操作。

（4）不用浸湿砖墙，可减轻劳动强度，增加工作效率。

（5）具有优良的耐水性和耐候性，对防止墙体渗漏可产生一定作用。

（6）使用彩色瓷砖填缝料，尚可以增加瓷砖粘结力来增强饰面色泽效果，减少砖缝裂纹产生和漏水现象。

图 11-5　瓷砖粘结剂

2. 玻璃胶

玻璃胶是将各种玻璃与其他基材进行粘结和密封的材料，如图 11-6 所示。主要分两大类：硅酮胶和聚氨酯胶（PU）。人们通常说的玻璃胶指硅酮密封胶，又分酸性和中性两种（中性胶又分为：石材密封胶、防霉密封胶、防火密封胶、管道密封胶等）。酸性玻璃胶主要用于玻璃和其他建筑材料之间的一般性粘结。而中性胶克服了酸性胶腐蚀金属材料和与碱性材料发生反应的缺点，因此适用范围更广。市场上比较特殊的一类中性玻璃胶是硅酮结构密封胶，多直接用于玻璃幕墙的金属和玻璃结构或非结构性粘合装配。硅酮玻璃胶有多种颜色，常用颜色有黑色、瓷白、透明、银灰、灰、古铜六种。考虑到室外施工时气候的影响，有一类耐候硅酮密封胶特别适用于玻璃幕墙、铝塑板幕墙、石材干挂的耐候密封。耐候密封胶适合金属、玻璃、铝材、瓷砖、有机玻璃、镀膜玻璃间的接缝密封。防霉硅酮密封胶也是玻璃胶的发展趋势，具有防霉效果的硅酮胶比一般的玻璃胶使用时间更长，更牢固，不易脱落，因此适用于潮湿的环境。

图 11-6　玻璃胶

11.5.2　木材胶粘剂

木材胶粘剂的发展对刨花板和纤维板等木材工业的发展产生了积极的影响，使得小径级、枝梗材、间伐材以及木材加工剩余物等能够得到充分利用，提高了木材的综合利用率，改善了木材的性能。胶粘剂已成为决定刨花板和纤维板生产发展水平的一个关键环节，生产中新工艺的实施、生产效率的提高、劳动条件的改善，均与胶粘剂及胶接技术密切相关。

木材胶粘剂最突出的特点是用量大。木材胶粘剂的成本、品种、质量都直接影响到人造板的成本、质量和用途，因此我国木材加工企业绝大部分都自设制胶车间，其生产的主要胶种为脲醛树脂胶、酚醛树脂胶和三聚氰胺-甲醛树脂胶，并称人造板工业用三大胶。

1. 人造板工业用胶粘剂

（1）脲醛树脂胶粘剂。脲醛树脂胶粘剂以其价廉、生产工艺简单、使用方便、色浅不污染制品、胶接性能优良、用途范围广而著称，如图 11-7 所示。但用脲醛树脂作为胶粘剂所制作的人造板普遍存在着两大问题：一是板材释放的甲醛气体污染环境；二是其耐水性，尤其是耐沸水性差。国内外学者对如何降低脲醛树脂所制板材的甲醛释放量进行了多方面研究，提出了强酸—弱酸—碱（中性）的合成新工艺：控制摩尔比，采用甲醛二次缩聚工艺向成品胶粘剂中加入甲醛捕捉剂，在板制成后进行后期处理。为提高其耐水性，则加入改性剂共聚、共混，改变树脂的耐水性能，在合成过程中加入一定量的异氰酸酯（PMD）或硼砂。

（2）酚醛树脂胶粘剂。酚醛树脂胶粘剂原料易得，具有良好的耐候性，但存在着热压温度高、固化时间长和对单板含水率要求高等缺点，如图 11-8 所示。为了降低成本又不太影响其性能，可引入改性剂和替代物。另外，提高固化速度，降低固化温度是酚醛树脂胶粘剂研究的主要方向。

（3）三聚氰胺-甲醛树脂胶粘剂。三聚氰胺-甲醛树脂胶粘剂耐水性好、耐候性好、胶接强度高、硬度高、固化速度比酚醛树脂快，三聚氰胺-甲醛树脂胶膜在高温下具有保持

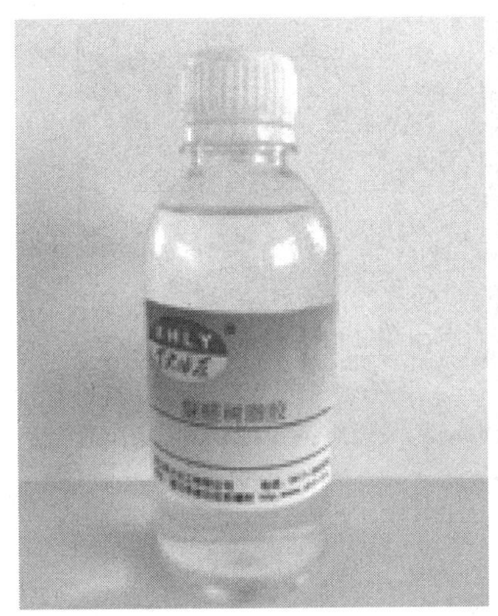

图 11-7　脲醛树脂胶粘剂

图 11-8　酚醛树脂胶粘剂

颜色和光泽的能力，如图 11-9 所示。但三聚氰胺-甲醛树脂胶粘剂成本较高、性脆易裂、柔韧性差、贮存稳定性差。在三聚氰胺-甲醛树脂胶中引入改性剂甲基葡萄糖苷，不仅能提高树脂的贮存稳定性，还可以降低成本，改善树脂的塑性，提高树脂的流动性，降低游离甲醛含量。

（4）聚氨酯胶粘剂。聚氨酯胶粘剂是以聚氨酯与异氰酸酯为主要原料而制成的胶粘剂，如图 11-10 所示，具有粘接力强、常温固化、耐低温性能优异、应用范围广、使用方便等特点，主要适用于金属、玻璃、陶瓷、铝合金等材料的粘接。

（5）热塑型树脂胶粘剂。国内以各种塑料或回收塑料（热塑性树脂）为胶粘剂制造人造板材的研究工作开始于 20 世纪 90 年代初，热塑型树脂胶合板（木塑复合胶合板）是以该种胶合板为基材的无甲醛实木复合地板。

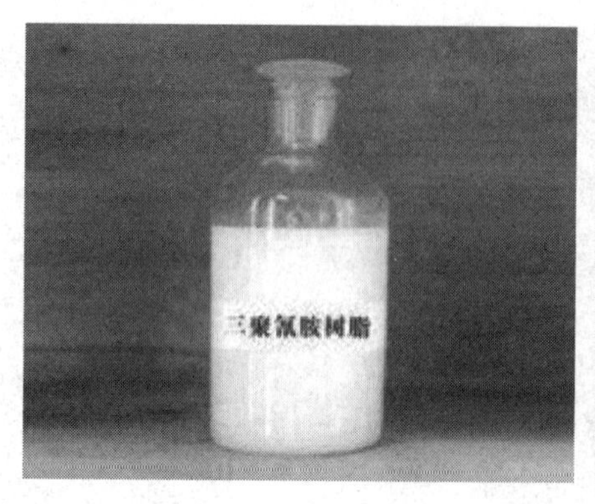

图 11-9 三聚氰胺-甲醛树脂胶粘剂

图 11-10 聚氨酯胶粘剂

2. 装饰木材用胶粘剂

在家具和人造板二次加工等生产中，特别是装饰贴面板和复合板的兴起要大量应用高质量的聚醋酸乙烯酯乳液、丙烯酸酯乳液、热熔胶等胶粘剂。

（1）聚醋酸乙烯酯乳液。聚醋酸乙烯酯乳液俗称白乳胶，具有使用方便、性能优异、无毒安全、无环境污染等一系列优点，是木材胶粘剂工业中的一个大宗产品。广泛应用于多孔性材料，特别是木制品的粘结，但其耐水、耐热、抗冻性较差，在湿热条件下其粘结强度会有较大程度的下降，从而使聚醋酸乙烯酯乳液的应用受到一定的限制。

（2）丙烯酸酯乳液。丙烯酸酯乳液具有来源广泛、无污染、易合成的特点，但普遍耐水性较差。

（3）热熔胶和热熔压敏胶。热熔胶是人造板材表面装饰及木材封边广泛使用的胶种，具有无污染、粘接面大、胶接速度快、适用于连续化生产、便于贮存和运输等优点。

常用胶粘剂见表 11-1～表 11-3。

常用胶粘剂　　表 11-1

品种	图片	性能特点	用途
环氧树脂类胶粘剂	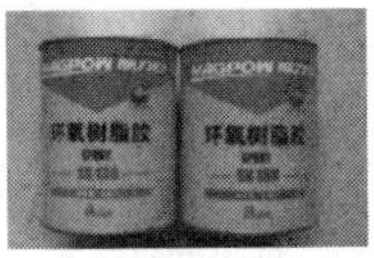	该类胶粘剂具有粘结强度高，收缩率小，耐腐蚀，电绝缘性好，而且耐水、耐油等特点	该类胶粘剂与金属、玻璃、水泥、木材、塑料等多种极性材料，尤其是表面活性高的材料具有很强的粘结力
聚醋酸乙烯酯类胶粘剂		湿润能力较强，常温固化，具有较好的成膜性，初粘力好	主要用于木材、纺织、涂料、纸加工、建筑材料等的粘结
橡胶类胶粘剂		具有弹性高、柔性好、耐水、耐燃、耐候、耐油、耐溶剂和耐药性等特点，但耐寒性较差，贮存稳定性欠佳	适用于地毯、纤维制品和部分塑料的粘结
聚氨酯泡沫填缝剂	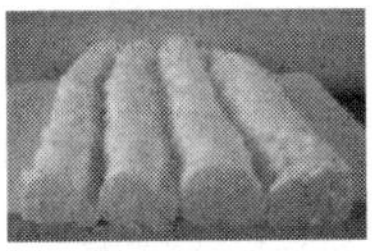	其固化泡沫弹性体具有粘结、防水、耐热胀冷缩、隔热、隔声甚至阻燃（限阻燃型）等优良性能	广泛用于建筑门窗边缝、构件伸缩缝及孔洞处的填充密封

常用建筑胶粘剂　　表 11-2

品种	图片	性能特点	用途
瓷砖粘结剂		无毒、不燃、耐水、耐老化，具有优良的耐水性和耐候性，对防止墙体渗漏可产生一定作用	取代传统水泥砂浆粘贴瓷砖
玻璃胶	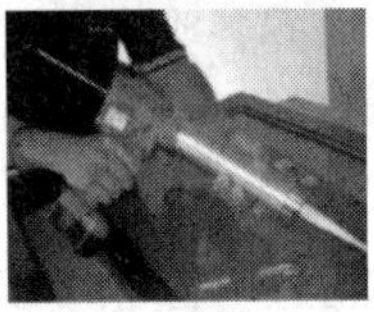	不腐蚀，粘接力强，固化后无异味，密封性良好	适合金属、玻璃、铝材、瓷砖、有机玻璃、镀膜玻璃间的接缝密封

常用木材胶粘剂　　表 11-3

品种	图片	性能特点	用途
脲醛树脂胶粘剂	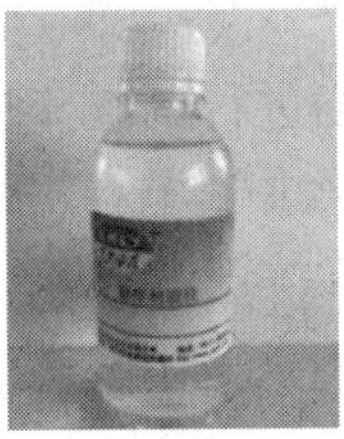	价廉、生产工艺简单、使用方便、色浅不污染制品、胶接性能优良、用途范围广	人造板材粘接

续表

品种	图片	性能特点	用途
酚醛(PF)树脂胶粘剂		原料易得,具有良好的耐候性,但存在着热压温度高、固化时间长和对单板含水率要求高等缺点	耐水、耐候性木制品生产
三聚氰胺-甲醛(MF)树脂胶粘剂		具有自熄性、抗电弧性和良好的力学性能	广泛用于家具、车辆建筑等方面
聚氨酯(PU)胶粘剂	水性聚氨酯胶粘剂PU-502	其粘接强度高、柔韧性和耐水性好,并能和许多非木基材(如纺织纤维、金属、塑料、橡胶等)粘接	适用于各种结构性粘合领域,并具备优异的柔韧特性

单元总结

本单元阐述了胶粘剂的组成、分类和性能，着重介绍了建筑装饰中常用的胶粘剂品种及选用原则。

实训指导书

了解各类胶粘剂的定义、分类等，熟悉其特点性能，掌握各类胶粘剂的性能特点、规格及应用情况，根据装饰要求与施工环节，能够正确并合理地选择胶粘剂的使用。

一、实训目的

让学生自主地到建筑装饰材料市场和建筑装饰施工现场进行考察和实训，了解常用胶粘剂的价格，熟悉胶粘剂的应用情况，能够准确识别各种常用胶粘剂的名称、规格、种类、价格、使用要求及适用范围等。

二、实训方式

1. 建筑装饰材料市场的调查分析

学生分组：3～5 人一组，自主地到建筑装饰材料市场进行调查分析。调查方法：学会以调查、咨询为主，认识各种胶粘剂、调查材料价格、收集材料样本图片、掌握材料的选用要求。

重点调查：各类胶粘剂常用规格。

2. 建筑装饰施工现场装饰材料使用的调研

学生分组：10～15 人一组，由教师或现场负责人指导。

调查方法：结合施工现场和工程实际情况，在教师或现场负责人指导下，熟知胶粘剂在工程中的使用情况和注意事项。

重点调查：施工现场胶粘剂的施工方法。

三、实训内容及要求

(1) 认真完成调研日记。

(2) 填写材料调研报告。

(3) 实训小结。

思考及练习

简答题

1. 胶粘剂由哪些成分组成？
2. 胶粘剂的主要性能有哪些？
3. 如何降低脲醛树脂胶接制品中的甲醛释放量？
4. 什么是固化？什么是硬化？

教学单元12

Chapter 12

水泥

1. 知识目标

• 掌握硅酸盐水泥熟料的矿物组成、技术性质和技术要求；

• 掌握多种水泥的技术要求及特性。

2. 能力目标

• 能够根据不同的需求、环境类型选择对应的水泥。

3. 思政目标

• 通过对水泥的相关知识学习，了解我国建筑材料的发展历程，增强学生对中国梦的认同感。

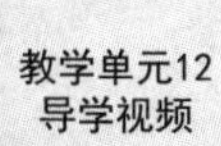

思维导图

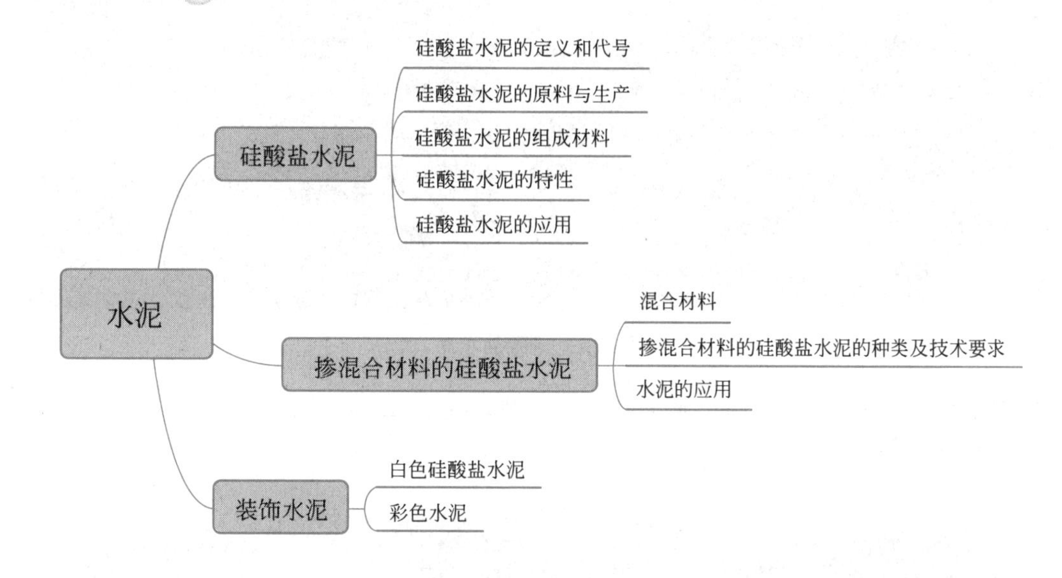

水泥是重要的建筑装饰材料之一，作为粉末状的无机水硬性胶凝材料，当它与水混合后，在常温下经物理、化学作用，能由可塑性浆体凝结硬化成坚硬的石状体，可用来制作混凝土、钢筋混凝土和预应力混凝土构件，也可配制各类砂浆用于建筑物的砌筑、抹面、装饰等。不仅大量应用于工业和民用建筑，还广泛应用于公路、桥梁、水利等工程，在国民经济中起着十分重要的作用。

水泥

12.1 硅酸盐水泥

12.1.1 硅酸盐水泥的定义、代号

凡由硅酸盐水泥熟料 0～5%的石灰石或粒化高炉矿渣、适量石膏磨细制成的水硬性胶凝材料，称为硅酸盐水泥，如图 12-1 所示。硅酸盐水泥分两类：不掺加混合材料的称Ⅰ型硅酸盐水泥，代号 P·Ⅰ；在水泥磨细时掺入不超过水泥质量 5%的石灰石或粒化高炉矿渣的称Ⅱ型硅酸盐水泥，代号 P·Ⅱ。

12.1.2 硅酸盐水泥的原料与生产

1. 硅酸盐水泥的原料

生产硅酸盐水泥的原料主要是石灰质原料、黏土质原料和铁矿粉，如图 12-2 所示。

图 12-1　硅酸盐水泥

石灰质原料主要提供 CaO，黏土质原料主要提供 SiO_2、Al_2O_3 及少量的 Fe_2O_3，铁矿粉主要提供 Fe_2O_3 和 SiO_2。

图 12-2　水泥原材料

2. 硅酸盐水泥的生产工艺

硅酸盐水泥的生产过程可分为制备生料、煅烧熟料、粉磨水泥三个阶段，其生产工艺流程如图 12-3 所示。

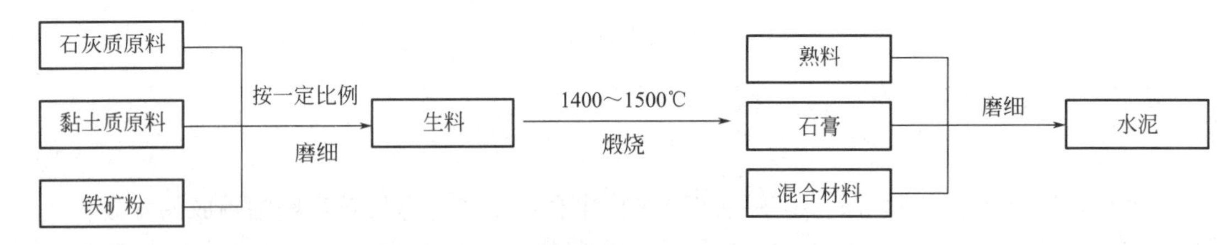

图 12-3　硅酸盐水泥生产工艺流程图

可简单概括为“两磨一烧”，具体步骤是：先把几种原材料按适当比例配合后磨细，制得具有适当化学成分的生料，再将生料在水泥窑中经过 1400～1500℃的高温煅烧至部分熔融，冷却后即得硅酸盐水泥熟料，将生料经煅烧后形成熟料，这是生产水泥的关键；再把煅烧好的熟料和适量石膏、0～5%的石灰石或粒化高炉矿渣混合磨细至一定的细度，即得硅酸盐水泥。

12.1.3　硅酸盐水泥的组成材料

硅酸盐水泥熟料主要由四种矿物组成，分别为：硅酸三钙（$3CaO \cdot SiO_2$）、硅酸二钙（$2CaO \cdot SiO_2$）、铝酸三钙（$3CaO \cdot Al_2O_3$）和铁铝酸四钙（$4CaO \cdot Al_2O_3 \cdot Fe_2O_3$）。其中硅酸三钙、硅酸二钙的含量一般在总量的75%以上。硅酸盐水泥熟料除以上四种主要矿物外，还有少量的未反应的游离氧化钙、游离氧化镁和碱等，其总含量一般不超过水泥质量的10%，若这些成分的含量过高，对水泥的性能影响很大，如若游离氧化钙和游离氧化镁含量过高，会导致水泥的安全性不良，若含碱矿物的含量过高，易产生碱-骨料膨胀反应。

硅酸盐水泥熟料各主要矿物含量范围、特性如表 12-1 所示。水泥在水化过程中，四种矿物组成表现出不同的反应特性，可通过调整原材料的配料比例来改变熟料矿物组成的相对含量，使水泥的性质发生相应变化。如提高硅酸三钙含量，可制成高强快硬水泥；适当降低硅酸三钙和铝酸三钙含量，同时提高硅酸二钙含量，可制得低热水泥或中热水泥。

硅酸盐水泥熟料的主要矿物及其特性　　表 12-1

矿物组成				矿物特性				
矿物名称	简写式	含量(%)	密度(g/cm³)	强度	水化热(J/g)	凝结硬化速度	耐腐蚀性	干缩
硅酸三钙	C_3S	37～60	3.25	高	大	快	差	中
硅酸二钙	C_2S	15～37	3.28	早期低 后期高	小	慢	好	中
铝酸三钙	C_3A	7～15	3.04	低	最大	最快	最差	大
铁铝酸四钙	C_4AF	10～18	3.77	低	中	中	中	小

12.1.4　硅酸盐水泥的特性

（1）凝结硬化快、强度高。硅酸盐水泥凝结硬化速度快，早期强度和后期强度都较高。

（2）水化热大、抗冻性好。硅酸盐水泥中硅酸三钙和铝酸三钙的含量高，水化时放出的热量较大；硅酸盐水泥硬化后的水泥石结构密实，抗冻性好。

（3）干缩小、耐磨性好，由于干缩小，表面不易起粉尘，因此耐磨性也较好。

（4）耐腐蚀性差。由于硅酸盐水泥石中有较多的氢氧化钙，故耐软水和耐化学腐蚀性差。

（5）耐热性差。硅酸盐水泥石当受热达到 300℃时，水化产物开始脱水，体积收缩强度下降，温度达 700～1000℃时，强度下降很大，甚至完全破坏。

12.1.5 硅酸盐水泥的应用

根据硅酸盐水泥的特性，由于其快硬、高强，因此，适用于早期强度有较高要求的混凝土、重要结构的高强度混凝土和预应力混凝土工程；由于其水化热大，故不宜用于大体积混凝土工程，但适用于严寒地区遭受反复冻融的工程和抗冻性要求高的工程；由于其耐腐蚀性差，故适用于一般地上工程和不受侵蚀的地下工程、无腐蚀性水中的受冻工程，不宜用于海水和有腐蚀介质存在的工程。

水泥在使用过程中，应按不同品种、强度等级及出厂日期分别贮运，不得混杂，并注意防水防潮。袋装水泥的堆放高度不得超过10袋。一般水泥的储存期为三个月，使用存放三个月以上的水泥，必须重新检验其强度，否则不得使用。

12.2 掺混合材料的硅酸盐水泥

凡在硅酸盐水泥熟料中，掺入一定量（大于5%）的混合材料和适量石膏共同磨细制成的水硬性胶凝材料称为掺混合材料的硅酸盐水泥。混合材料的加入可以改善水泥的某些性能，拓宽水泥强度等级，扩大应用范围，并能降低水泥生产成本；如果掺加的混合材料为工业废料，还能减少环境污染。

12.2.1 混合材料

混合材料是指在磨制水泥时加入的各种矿物材料。水泥混合材料包括非活性混合材料、活性混合材料，其中活性混合材料的应用量最大。在水泥生产过程中，所掺加的混合材料的种类和数量不是任意的，必须符合国家有关标准的规定，否则严禁使用。

1. 非活性混合材料（填充性混合材料）

非活性混合材料是指掺入水泥后在常温下不与水泥组分发生化学反应，仅起填充作用的矿物材料。非活性混合材料加入水泥中的作用是提高水泥产量，降低生产成本，降低强度等级，减少水化热，改善耐腐蚀性及和易性等。这类材料有磨细的石灰石、石英砂、硬矿渣、黏土和各种符合要求的工业废渣等。窑灰作为水泥回转窑窑尾废气中收集下的粉尘，活性较低，一般也作为非活性混合材料。由于非活性混合材料加入会降低水泥强度，其加入量一般较少。

2. 活性混合材料

活性混合材料是指能与水泥熟料的水化产物$Ca(OH)_2$、石灰或石膏等发生化学反应，并形成水硬性胶凝材料的矿物质材料。因活性混合材料的掺加量较大，改善水泥性质的作用更加显著，而且当其活性激发后可使水泥后期强度有较大提高。常用的活性混合材料有粒化高炉矿渣、火山灰质混合材料和粉煤灰等。

（1）粒化高炉矿渣

粒化高炉矿渣是高炉炼铁所得的以硅酸钙和铝酸钙为主要成分的熔融物，经急速冷却而成的颗粒，如图 12-4 所示。粒化高炉矿渣中含有活性 SiO_2 和活性 Al_2O_3，与水化产物 $Ca(OH)_2$、水等作用形成新的水化产物而产生凝胶作用。

图 12-4　粒化高炉矿渣

（2）火山灰质混合材料

火山灰质混合材料的品种很多，天然矿物材料有火山灰、凝灰岩、浮石和硅藻土等；工业废渣和人工制造的材料有天然煤矸石、煤渣、烧黏土和硅灰等，如图 12-5 所示。此类材料的活性成分也是活性 SiO_2 和活性 Al_2O_3，其潜在水硬性原理同粒化高炉矿渣。

图 12-5　火山灰质

（3）粉煤灰

粉煤灰是火力发电厂用收尘器从烟道中收集的灰粉，主要成分是活性 SiO_2 和活性 Al_2O_3，其潜在水硬性原理同粒化高炉矿渣，如图 12-6 所示。

活性混合材料在常温下与水拌合时，本身不会水化或水化硬化极为缓慢，基本没有强度。但在 $Ca(OH)_2$ 溶液中，会发生显著的水化作用，并随 $Ca(OH)_2$ 浓度的提高反应越快。活性混合材料水化较水泥熟料慢，其温度敏感性较高，低温下反应缓慢，高温下水化速率迅速加快，适合于在高温湿热条件下养护。

图 12-6　粉煤灰

12.2.2　掺混合材料的硅酸盐水泥的种类及技术要求

1. 普通硅酸盐水泥

凡由硅酸盐水泥熟料、适量的活性混合材料和石膏共同磨细制成的水硬性胶凝材料，称为普通硅酸盐水泥（简称普通水泥），代号为 P·O。当掺活性混合材料时，最大掺量不得超过水泥质量的 20%，其中允许用不超过水泥质量 5%的窑灰或不超过水泥质量 8%的非活性混合材料来代替；当掺非活性混合材料时，最大掺量不得超过水泥质量的 10%。

普通硅酸盐水泥的主要组分仍然是硅酸盐水泥熟料，故其特性与硅酸盐水泥相似，但由于掺加了一定的混合材料，所以某些特性又与硅酸盐水泥有所不同，如抗冻性、耐磨性较硅酸盐水泥稍差，早期硬化速度稍慢等。普通硅酸盐水泥是我国目前建筑工程中用量最大的水泥品种之一。

国家标准《通用硅酸盐水泥》GB 175—2007 对普通硅酸盐水泥的技术要求如下：

（1）细度。以比表面积表示，不小于 $300m^2/kg$。

（2）凝结时间。初凝时间不早于 45min，终凝时间不得迟于 600min。

（3）强度和强度等级。普通硅酸盐水泥的强度等级及 3d、28d 的抗压和抗折强度要求如表 12-2 所示。

普通硅酸盐水泥各龄期的强度要求　　表 12-2

强度等级	抗压强度(MPa)		抗折强度(MPa)	
	3d	28d	3d	28d
42.5	17.0	42.5	3.5	6.5
42.5R	22.0	42.5	4.0	6.5
52.5	23.0	52.5	4.0	7.0
52.5R	27.0	52.5	5.0	7.0

2. 矿渣硅酸盐水泥

由硅酸盐水泥熟料、适量的粒化高炉矿渣（大于 20%且不超过 70%）和石膏共同磨细制成的水硬性胶凝材料称为矿渣硅酸盐水泥，并分为A与B型，当矿渣掺量大于20%且不超过50%时为A型，代号为P·S·A，当矿渣掺量大于50%且不超过70%时为B型，代号为P·S·B；允许用石灰石、窑灰、粉煤灰和火山灰质混合材料中的一种材料代替矿渣，代替数量不得超过水泥质量的8%，替代后水泥中粒化高炉矿渣不得少于20%。

由于矿渣硅酸盐水泥中掺加了大量的混合材料，故其水化、凝结和固化与硅酸盐水泥有较大差别。由于矿渣硅酸盐水泥中掺加了大量矿渣，水泥熟料相对减少，硅酸三钙（C_3S）和铝酸三钙（C_3A）的含量也相对减少，其水化产物的浓度也相对减少，并且矿渣与氢氧化钙［$Ca(OH)_2$］二次反应，氢氧化钙的浓度降低，因此其水化热较低，抗软水、硫酸盐侵蚀性较强，抗碳化能力较强；由于矿渣硅酸盐水泥中掺加的矿渣主要活性成分是SiO_2和Al_2O_3，熟料磨细比较困难，SiO_2和Al_2O_3需要氢氧化钙激活并且在常温下反应较慢，故矿渣硅酸盐水泥的保水性较差，凝结速度慢，早期强度低，后期强度增长潜力较大，受环境温度影响较大。

矿渣水泥耐热性好，可用于高温车间和耐热要求高的混凝土工程，不适合用于有抗渗要求的混凝土工程。

3. 火山灰质硅酸盐水泥

凡由硅酸盐水泥熟料和火山灰质混合材料、适量石膏磨细制成的水硬性胶凝材料称为火山灰质硅酸盐水泥（简称火山灰水泥），代号为P·P。水泥中火山灰质混合材料掺加量大于20%且不超过40%。

火山灰质硅酸盐水泥的很多特性与矿渣硅酸盐水泥相似，但也有自己的特性。由于火山灰质混合材料内部含有大量的微细孔隙，故火山灰水泥的保水性好；火山灰水泥水化后形成较多的水化硅酸钙凝胶，使水泥石结构致密，因而其抗渗性好；火山灰水泥的干缩大，水泥石易产生微细裂纹，且空气中的二氧化碳能使水化硅酸钙凝胶分解成为碳酸钙和氧化硅的混合物，使水泥石的表面产生起粉现象。

火山灰水泥适合用于有抗渗要求的混凝土工程，不宜用于干燥环境中的地上混凝土工程，也不宜用于有耐磨性要求的工程。

4. 粉煤灰硅酸盐水泥

由硅酸盐水泥熟料、适量的粉煤灰（大于20%且不超过40%）和石膏共同磨细制成的水硬性胶凝材料称为粉煤灰硅酸盐水泥，简称粉煤灰水泥，代号为P·F。

粉煤灰硅酸盐水泥的水化、凝结固化与火山灰质硅酸盐水泥相似，但由于粉煤灰颗粒呈球形，较为致密，吸水性差，加水拌和时的内摩擦阻力小，需水性小，所以其干缩小，抗裂性好，同时配制的混凝土、砂浆和易性好，因此具有良好的抗裂性和和易性，其抗裂性甚至比硅酸盐水泥和普通硅酸盐水泥还要好。

利用粉煤灰硅酸盐水泥的干缩性小、抗裂性好、和易性好等特性，粉煤灰硅酸盐水泥可广泛应用于地下工程、大体积混凝土工程。

5. 复合硅酸盐水泥

凡由硅酸盐水泥、两种或两种以上规定的混合材料和适量石膏共同磨细制成的水硬性胶凝材料，称为复合硅酸盐水泥（简称复合水泥），代号为P·C。水泥中混合材料总掺量（按质量百分比计）为大于20%且不超过50%，允许用不超过8%的窑灰代替部分混合材料。掺矿渣时混合材料掺量不得与矿渣水泥重复。

12.3 水泥的应用

12.3.1 水泥品种的选择

目前，在我国广泛使用的硅酸盐系水泥主要有硅酸盐水泥、普通硅酸盐水泥、矿渣硅酸盐水泥、火山灰质硅酸盐水泥、粉煤灰硅酸盐水泥和复合硅酸盐水泥，这六种水泥统称通用水泥。在混凝土结构工程中，各种水泥的使用可参照表12-3选择。

通用水泥的选用　　表12-3

混凝土工程特点或所处的环境条件	优先选用	可以使用	不宜使用
在普通气候环境中的混凝土	普通硅酸盐水泥	矿渣硅酸盐水泥 火山灰硅酸盐水泥 粉煤灰硅酸盐水泥	
在干燥环境中的混凝土	普通硅酸盐水泥	矿渣硅酸盐水泥	粉煤灰硅酸盐水泥 火山灰硅酸盐水泥
在高湿环境中的混凝土或永远处在水下的混凝土	矿渣硅酸盐水泥	普通硅酸盐水泥 火山灰硅酸盐水泥 粉煤灰硅酸盐水泥	
大体积混凝土	粉煤灰硅酸盐水泥 矿渣硅酸盐水泥 火山灰硅酸盐水泥	普通硅酸盐水泥	硅酸盐水泥
要求快硬的混凝土	快硬硅酸盐水泥 硅酸盐水泥	普通硅酸盐水泥	矿渣硅酸盐水泥 火山灰硅酸盐水泥 粉煤灰硅酸盐水泥
特高强混凝土(≥C40)	硅酸盐水泥	普通硅酸盐水泥 矿渣硅酸盐水泥	火山灰硅酸盐水泥 粉煤灰硅酸盐水泥
严寒地区的露天混凝土和处在水位升降范围的混凝土	普通硅酸盐水泥	矿渣硅酸盐水泥	火山灰硅酸盐水泥 粉煤灰硅酸盐水泥
严寒地区处在水位升降范围内的混凝土	普通硅酸盐水泥		火山灰硅酸盐水泥 矿渣硅酸盐水泥 粉煤灰硅酸盐水泥
有抗渗要求的混凝土	普通硅酸盐水泥 火山灰硅酸盐水泥		矿渣硅酸盐水泥
有耐磨要求的混凝土	硅酸盐水泥 普通硅酸盐水泥	矿渣硅酸盐水泥	火山灰硅酸盐水泥 粉煤灰硅酸盐水泥

12.3.2　水泥强度等级

水泥的强度是表示单位面积受力的大小，是指水泥加水拌合后，经凝结、硬化后的坚实程度（水泥的强度与组成水泥的矿物成分、颗粒细度、硬化时的温度、湿度以及水泥中加水的比例等因素有关）。

（1）硅酸盐水泥的强度等级分为 42.5、42.5R、52.5、52.5R、62.5、62.5R 六个等级。

（2）普通硅酸盐水泥的强度等级分为 42.5、42.5R、52.5、52.5R 四个等级。

（3）矿渣硅酸盐水泥、火山灰质硅酸盐水泥、粉煤灰硅酸盐水泥、复合硅酸盐水泥的强度等级分为 32.5、32.5R、42.5、42.5R、52.5、52.5R 六个等级。

12.4　装饰水泥

12.4.1　白色硅酸盐水泥

白色硅酸盐水泥是由氧化铁含量少的硅酸盐水泥熟料、适量石膏及混合材料，磨细制成的水硬性胶凝材料，简称“白水泥”，代号 P·W，如图 12-7 所示。

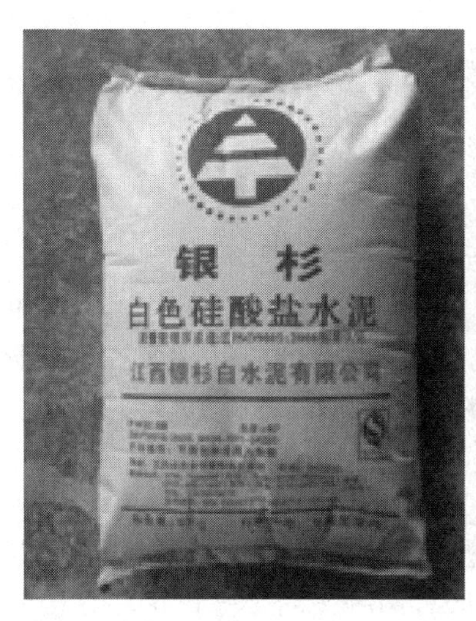

图 12-7　白色硅酸盐水泥

1. 材料要求

（1）白色硅酸盐水泥熟料。以适当成分的生料烧至部分熔融，所得以硅酸钙为主要成分，氧化铁含量少的熟料。熟料中氧化镁的含量不宜超过 5.0%；如果水泥经压蒸安定性试验合格，则熟料中氧化镁的含量允许放宽到6.0%。

(2) 石膏。天然石膏：符合规定的G类或A类二级（含）以上的石膏或硬石膏。工业副产石膏：工业生产中以硫酸钙为主要成分的副产品。采用工业副产石膏时应经过试验证明对水泥性能无影响。

(3) 混合材料。混合材料是指石灰石或窑灰。混合材料掺量为水泥质量的0～10%。石灰石中的三氧化二铝含量应不超过2.5%。

(4) 助磨剂。水泥粉磨时允许加入助磨剂，加入量应不超过水泥质量的1%。

2. 生产工艺

白色硅酸盐水泥的生产工艺与硅酸盐水泥相似，其区别在于降低熟料中氧化铁的含量。此外对于其他着色氧化物的含量也要加以控制。硅酸盐水泥通常呈灰黑色，主要是由熟料中氧化铁的含量所引起的，随着氧化铁含量的高低，水泥熟料的颜色就发生变化。

3. 技术指标

(1) 白色硅酸盐水泥物理化学指标如表12-4所示。

白色硅酸盐水泥物理化学指标　　表12-4

项目	三氧化硫含量	细度(80μm方孔筛余余量)	凝结时间		安定性(沸煮法)	白度值
			初凝	终凝		
指标	≤3.5%	≤10%	≥45min	10h	合格	≥87

(2) 白色硅酸盐水泥强度等级分为32.5、42.5、52.5。水泥强度等级按规定的抗压强度和抗折强度来划分。

(3) 白水泥的“白度”是它的主要质量指标，白度可分为特级、一级、二级、三级四个等级。

12.4.2 彩色水泥

根据我国行业标准《彩色硅酸盐水泥》JC/T 870—2012中的规定，凡以优质白色石膏在粉磨过程中掺入彩色颜料，外加剂（防水剂、保水剂、增塑剂、促硬剂）共同粉磨而成的一种水硬性彩色胶凝材料，称为彩色硅酸盐水泥，简称彩色水泥，如图12-8所示。

1. 彩色水泥的生产

生产彩色水泥的常用方法是将硅酸盐水泥熟料、适量石膏与碱性矿物颜料共同磨细，也可用颜料与水泥粉直接混合制成。彩色水泥的生产方法有两种：间接生产法和直接法生产。

(1) 间接生产法

间接生产法是指白色硅酸盐水泥或普通硅酸盐水泥在粉磨时（或现场使用时）将彩色颜料掺入，混匀成为彩色水泥。常用的颜料有氧化铁（红、黄、褐红）、氧化锰（黑、褐色）、氧化铬（绿色）、赭石（赭色）、群青（蓝色）和炭黑（黑色）等。制造红、褐、黑

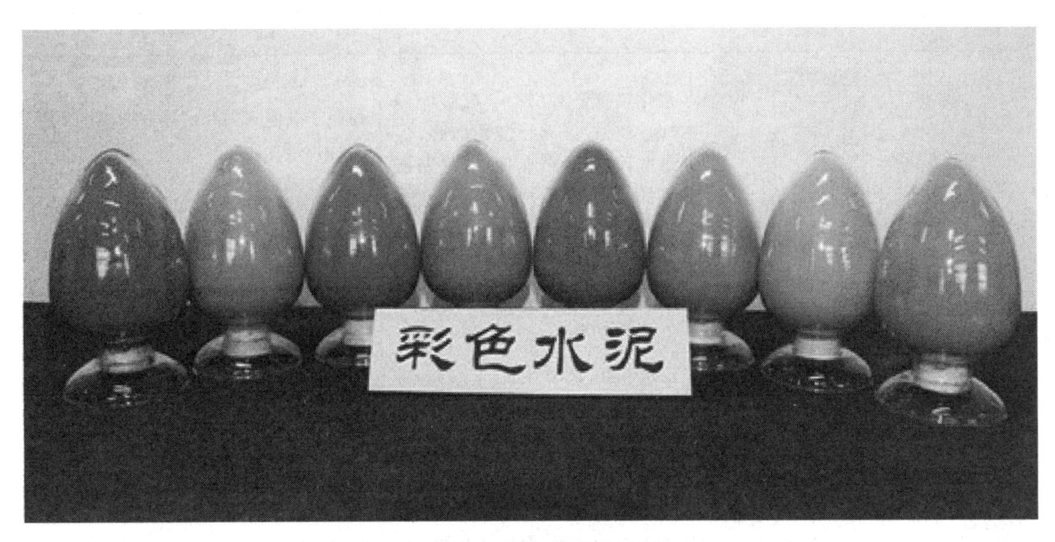

图 12-8　彩色硅酸盐水泥

等颜色较深的彩色水泥，一般用硅酸盐水泥熟料；浅色的彩色水泥，一般用白色硅酸盐水泥熟料。颜料必须着色性强，不溶于水，分散性好，耐碱性强，对光和大气稳定性好，掺入后不能显著降低水泥的强度。间接生产法较简单，水泥色彩较均匀，颜色较多，但颜料用量较大。

（2）直接生产法

直接生产法是指在白水泥生料中加入着色物质，煅烧成彩色水泥热料，然后再加适量石膏磨细制成彩色水泥。着色物质为金属氧化物或氢氧化物，颜色深浅随着色剂掺量（0.1%～2.0%）而变化。直接生产法着色剂用量少，有时可使用工业副产品，成本较低，但目前生产的色泽有限，窑内气体变化会造成熟料颜色不均匀。由彩色熟料磨制成的彩色水泥，在使用过程中因彩色熟料矿物的水化易出现“白霜”，使颜色变淡。

常用水泥见表 12-5。

常用水泥　　表 12-5

品种	图片	性能特点	用途和规格
普通硅酸盐水泥		具有强度高、水化热大、抗冻性好、干缩小、耐磨性较好、抗碳化性较好、耐腐蚀性差、不耐高温的特性	可用于现浇混凝土楼板、梁、柱，预制混凝土构件，也可用于预应力混凝土结构、高强混凝土工程。 强度等级： 42.5、42.5R、52.5、52.5R

续表

品种	图片	性能特点	用途和规格
矿渣硅酸盐水泥		水化热较低，抗软水、硫酸盐侵蚀性较强，抗碳化能力较强；保水性较差，凝结速度慢，早期强度低，后期强度增长潜力较大，受环境温度影响较大	可用于高温车间和耐热要求高的混凝土工程。 强度等级： 32.5、32.5R、42.5、42.5R、52.5、52.5R
火山灰硅酸盐水泥		保水性好，抗渗性好，干缩大，易产生微细裂纹，水泥硬化后表面可能产生起粉现象	适合用于有抗渗要求的混凝土工程，不宜用于干燥环境中的地上混凝土工程，也不宜用于有耐磨性要求的工程。 强度等级： 32.5、32.5R、42.5、42.5R、52.5、52.5R
粉煤灰硅酸盐水泥		其干缩小，抗裂性好，具有良好的抗裂性和和易性	广泛应用于地下工程、大体积混凝土工程。 强度等级： 32.5、32.5R、42.5、42.5R、52.5、52.5R
白色硅酸盐水泥		一般特性与普通硅酸盐水泥相同，同时具有较高的白度	主要用于建筑物的装饰，以及用于制造彩色水泥。 强度等级： 32.5、42.5、52.5
彩色硅酸盐水泥		颜色多样，可对建筑外观进行装饰，根据制备工艺不同，耐久性及对建筑的影响各不相同	主要用于建筑物的装饰。 强度等级： 27.5、32.5、42.5

单元总结

本单元阐述了水泥的基本知识，着重介绍了建筑中常用的水泥的类别、特点及适用范围。

思考及练习

一、填空题

1. 硅酸盐类水泥是由以________为主要成分的水泥熟料、适量的石膏及规定的混合材料制成的水硬性胶凝材料。

2. 随着水泥水化、凝结的继续，浆体逐渐转变为具有一定强度的坚硬固体水泥石，这过程称为________。

3. 初凝时间是指从水泥净浆加水拌和到标准稠度净浆开始失去________的时间。

4. 白水泥的________为其主要质量指标，可分为________级。

二、简答题

1. 硅酸盐水泥熟料由哪些主要的矿物组成？

2. 影响硅酸盐水泥凝结硬化的因素有哪些？

3. 请简述彩色水泥的两种生产方法。

教学单元13 Chapter 13

装饰混凝土和砂浆

教学目标

1. 知识目标

- 能够掌握装饰水泥的种类；
- 能够掌握装饰混凝土、装饰砂浆的特点及应用。

2. 能力目标

- 能够掌握装饰混凝土、装饰砂浆的应用。

3. 思政目标

- 培养学生严谨细致的工作态度，团队协作、正确处理人际关系的能力。

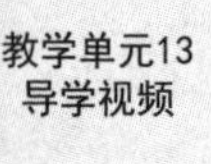

思维导图

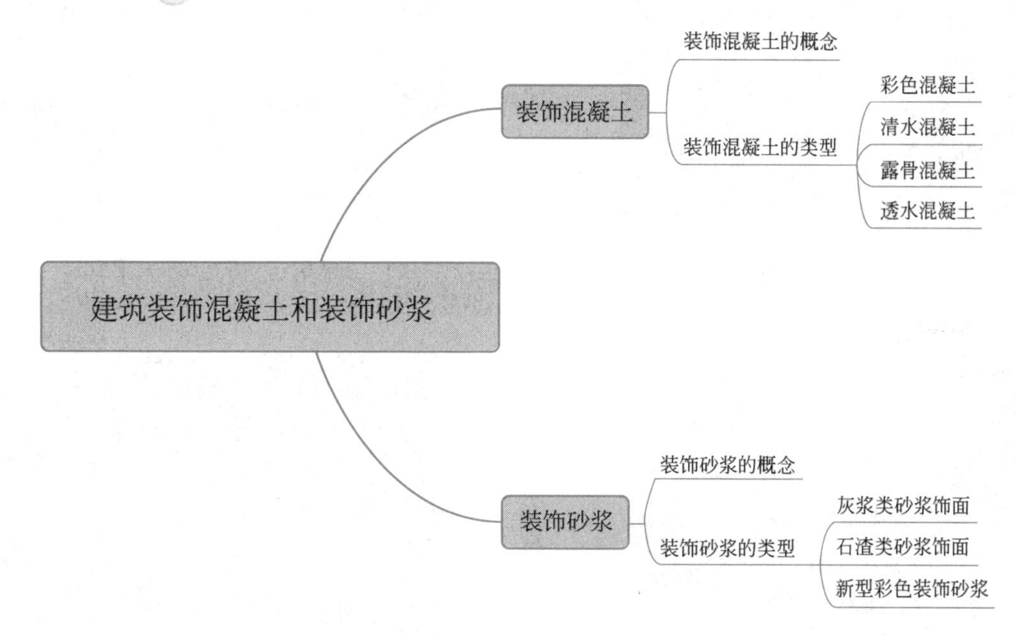

随着水泥新品种的研制和生产，新的施工技术、施工工艺的应用，混凝土和砂浆被广泛地作为装饰材料使用。装饰混凝土、装饰砂浆的主要组成材料有水泥（用作装饰材料的水泥主要有普通硅酸盐水泥、白色水泥、彩色水泥）、骨料、水、外加剂、颜料等，可制成薄层石质面层，通过不同的色彩和表面处理方式，达到一定的装饰效果，具有良好的耐久性和较好的视觉效果。

13.1 装饰混凝土

13.1.1 装饰混凝土的概念

装饰混凝土是指具有一定色彩、线型、质感或花饰的饰面与结构结合的混凝土墙体和其他混凝土构件，是经建筑艺术加工的混凝土饰面技术。如图 13-1～图 13-4 所示。

装饰混凝土和砂浆

1. 装饰混凝土的组成

装饰混凝土的主要组成材料有水泥、骨料、水、外加剂、颜料等，基本上与普通混凝土相同，只不过在原材料的颜色等方面要求更加严格。

（1）水泥

水泥是装饰混凝土的主要原材料。如采用混凝土本色，一个工程应选用一个工厂同一批号的产品，并一次备齐。除了性能应符合国家标准外，颜色必须一致。如在混凝土表面

图 13-1　异型纹理混凝土装饰

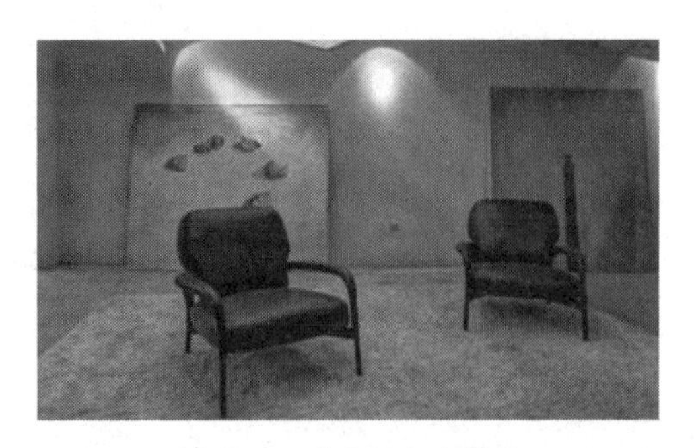

图 13-2　清水混凝土装饰

图 13-3　彩色混凝土装饰

图 13-4　透光混凝土装饰

喷刷涂料，可适当放宽对颜色的要求。

（2）粗细骨料

粗细骨料应采用同一产源的材料，要求洁净、坚硬，不含有毒杂质。制作露骨料混凝土时，骨料的颜色应一致，且其吸水率不宜超过11%。

（3）水

配制装饰混凝土的用水要求与普通混凝土相同，一般饮用水即可。

（4）颜料

颜料应选用不溶于水，与水泥不发生化学反应，耐碱、耐光的矿物颜料，其掺量不应降低混凝土的强度，一般不超过6%。有时也采用具有一定色彩的骨料代替颜料。

（5）外加剂

外加剂的选择与普通混凝土相同，但应注意某些品种的外加剂会与颜料发生化学反应引起过早褪色。

装饰混凝土将装饰和功能结合为一体，利用混凝土的可塑性和材料构成的特点，在墙体、构件成型时采取适当措施，使其表面具有装饰性的线型、图案、纹理、质感及色彩，以满足建筑立面装饰的不同要求。

13.1.2　装饰混凝土的类型

装饰混凝土主要有彩色混凝土、清水装饰混凝土、露骨料混凝土和透水混凝土等。装饰混凝土的制作工艺分为正打工艺、反打工艺和露骨料工艺等。

1. 彩色混凝土

彩色混凝土是用彩色水泥或白水泥掺加颜料以及彩色粗、细骨料和涂料罩面所形成，是一种防水、防滑、防腐的绿色环保地面装饰材料。如图 13-5 所示。

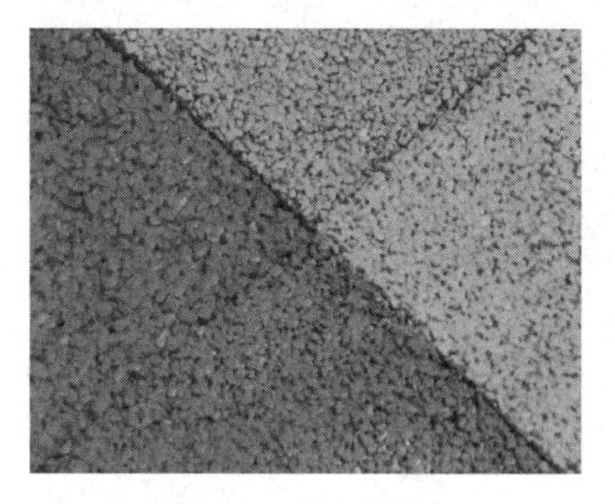

图 13-5 彩色混凝土

彩色混凝土的着色方法有无机氧化物颜料、化学着色剂和干撒着色硬化剂，可分为整体着色混凝土和表面着色混凝土两种。整体着色混凝土是用无机颜料混入混凝土拌合物中，使整个混凝土结构具有同一色彩。表面着色混凝土是将水泥、砂、无机颜料均匀拌合后干撒在新成型的混凝土表面，并抹平，或用水泥、粉煤灰、颜料、水拌合成色浆，喷涂在新成型的混凝土表面。

彩色混凝土能使水泥地面永久地呈现各种色泽、图案、质感，逼真地模拟自然的材质和纹理，随心所欲地勾画各类图案，而且历久弥新，使人们轻松地实现建筑物与人文环境、自然环境和谐相处、融为一体的理想。

目前，整体着色的彩色混凝土应用较少，而在普通混凝土或硅酸盐混凝土基材表面加做彩色饰面层，制成面层着色的彩色混凝土路面砖，其应用十分广泛。不同颜色的混凝土花砖按设计图案铺设，外形美观，色泽鲜艳，成本低廉，施工方便，被广泛地应用于广场、酒店、写字楼、居家园林、街心花园、庭院和人行便道，可获得十分理想的装饰效果。如图 13-6 所示。

图 13-6 彩色混凝土应用

2. 清水装饰混凝土

清水装饰混凝土是利用混凝土结构体本身造型的竖线条或几何外形取得简单、大方、明快的立面效果，从而获得装饰性；或者在成型时利用模板等在构件表面上做出凹凸花纹，使立面质感更加丰富。由于这类装饰混凝土构件基本保持了原有的外形质地，因此称为清水装饰混凝土。如图 13-7 所示。

清水装饰混凝土（简称清水混凝土）主要有普通清水混凝土、饰面清水混凝土和装饰清水混凝土，是建筑现代主义的一种表现手法，如图 13-8 所示。

图 13-7　清水混凝土

图 13-8　清水混凝土应用

混凝土浇筑后，不再有任何涂装、贴瓷砖、贴石材等材料，表现混凝土的一种素颜的手法。但由于担心会被雨水浸透或劣化，可能会喷上一层防水保护膜。它体现的是高标准的内在美与外在美结合的纯朴美，显得与自然混为一体，庄重、和谐。表 13-1 为清水混凝土一览表。

清水混凝土一览表　　表 13-1

清水混凝土分类	表面做法要求	备注
普通清水混凝土	拆模后的混凝土本身自然质感	表面自然质感
饰面清水混凝土	混凝土表面上直接作保护透明涂料，砂磨平整	蝉缝、明缝清晰，孔眼排列整齐，具有规律性。孔眼按需设置
装饰清水混凝土	混凝土本身的自然质感以及表面形成装饰图案或预留预埋装饰物	装饰物按需设置

清水混凝土具有朴实无华、自然沉稳的外观韵味的特点，与生俱来的厚重与清雅是一些现代建筑材料无法效仿和媲美的。材料本身所拥有的柔软感、刚硬感、温暖感、冷漠感不仅对人的感官及精神产生影响，而且可以表达出建筑情感。

随着清水混凝土技术的发展，清水混凝土越来越多地应用在园林景观、家庭装饰以及不同的场景应用之中，在这些场景中，清水混凝土被大范围应用，且其应用之法也越来越吸引人，这种清水混凝土的应用效果，体现着清水混凝土高级的艺术品位，将原始的混凝土通过现代的工艺技术赋予其独特的装饰性及装饰魅力。

3. 露骨料混凝土

露骨料混凝土是在混凝土硬化前或硬化后，通过一定工艺手段使混凝土骨料适当外露，以骨料的天然色泽和不同的排列组合造型，达到一定的装饰效果。露骨料混凝土的制作工艺有水洗法、缓凝剂法、酸洗法、水磨法、喷砂法、抛丸法、凿剁法、火焰喷射法和劈裂法等。如图 13-9 所示。

露骨料混凝土饰面关键在于石子的选择，在使用彩色石子时，配色要协调美观，这样才能获得良好的装饰效果。如图 13-10 所示。

图 13-9　露骨料混凝土

图 13-10　露骨料混凝土应用

4. 透水混凝土

透水混凝土又称多孔混凝土、无砂混凝土、透水地坪，是由骨料、水泥、增强剂和水拌制而成的一种多孔轻质混凝土，它不含细骨料。如图 13-11 所示。

透水混凝土由粗骨料表面包覆一薄层水泥浆相互粘结而形成孔穴均匀分布的蜂窝状结构，故具有透气、透水和重量轻、吸声降噪、抗洪涝灾害、缓解城市的“热岛效应”及质量轻等特点。

海绵城市建设中，露骨料透水混凝土是常用的一种材料，此种混凝土不仅可补充地下水资源，而且也能有效降低城市噪声，具有良好的经济效益和生态环境效益，起到美化环境的效果，对于恢复不断遭受破坏的生态环境是一种创造性的材料。如图 13-12 所示。

图 13-11　透水混凝土

图 13-12　透水混凝土应用

表 13-2 为常用装饰混凝土一览表。

常用装饰混凝土一览表　表 13-2

品种	图片	性能特点	用途和规格
彩色混凝土		永久地呈现各种色泽、图案、质感，逼真地模拟自然的材质和纹理，随心所欲地勾画各类图案，而且历久弥新，使人们轻松地实现建筑物与人文环境、自然环境和谐相处、融为一体的理想	广泛地应用于广场、酒店、写字楼、居家园林、街心花园、庭院和人行便道，可获得十分理想的装饰效果
清水装饰混凝土		具有朴实无华、自然沉稳的外观韵味的特点，与生俱来的厚重与清雅是一些现代建筑材料无法效仿和媲美的	应用在园林景观、家庭装饰以及不同的场景应用之中
露骨料混凝土		骨料适当外露，以骨料的天然色泽和不同的排列组合造型，达到一定的装饰效果	应用于露天停车场、自行车道、人行横道、公园绿道、健身步道、公共广场、道路两侧和中央隔离带、生态园林、园林景观步道等
透水混凝土		具有透气、透水和重量轻、吸声降噪、抗洪涝灾害、缓解城市的“热岛效应”及质量轻等特点	应用于人行道及自行车道、社区内地面装饰、园林景观道路及城市广场、游泳池旁边及体育场、社区消防通道及轻量级道路、高尔夫球场电车道、户外停车场等

13.2 装饰砂浆

13.2.1 装饰砂浆的概念

装饰砂浆是指专门用于建筑物室内外表面装饰，以增加建筑物美观为主的砂浆。它粉刷在建筑物内外表面，具有美化装饰、改善功能、保护建筑物等功能，是满足艺术审美需要的一种表面装饰形式。如图 13-13、图 13-14 所示为装饰砂浆在建筑饰面中的应用。

装饰砂浆所用胶凝材料主要有水泥、石灰、石膏等，其中水泥多以白水泥和彩色水泥为主。通常对于装饰砂浆的强度要求并不太高，因此，对水泥的强度要求也不太高。一般水泥的强度为砂浆强度的 4～5 倍，以强度等级在 32.5～42.5MPa 的水泥为多。所用骨料除普通砂外，还常采用石英砂、彩釉砂和着色砂，以及石碴、石屑、砾石及彩色石粒和玻璃珠等。

图 13-13　装饰砂浆饰面应用

图 13-14　装饰砂浆饰面应用

在装饰砂浆中，通常采用耐碱性和耐光性好的矿物颜料。颜料的选择要根据其价格、砂浆品种、建筑物所处环境和设计要求而定。建筑物处于受侵蚀的环境中时，要选用耐酸性好的颜料；受日光曝晒的部位，要选用耐光性好的颜料；设计要求鲜艳颜色，可选用色彩鲜艳的有机颜料。

13.2.2　装饰砂浆的类型

装饰砂浆施工时，底层和中层抹面砂浆与普通抹面砂浆基本相同。所不同的是装饰砂浆的面层，要求选用具有一定颜色的胶凝材料、骨料以及采用特殊的施工操作工艺，使表面呈现出不同的色彩、质地、花纹和图案等装饰效果。如图 13-15、图 13-16 所示。

图 13-15　装饰砂浆饰面

图 13-16　装饰砂浆饰面

1. 灰浆类砂浆饰面

灰浆类装饰砂浆是通过水泥砂浆的着色或水泥砂浆表面形态的艺术加工，获得一定线条、色彩、纹理和质感，从而达到装饰的目的。灰浆类装饰砂浆的优点是：材料来源广泛、施工操作方便、价格比较便宜；可以通过不同的工艺，形成不同的装饰效果。

灰浆类装饰砂浆种类很多，在建筑装饰工程上常用的有拉毛灰、甩毛灰、扫毛灰、搓毛灰、仿面砖、仿大理石等。通过水泥砂浆的着色或水泥砂浆表面形态的艺术加工，获得一定色彩、线条、纹理、质感，达到装饰目的，称为灰砂类饰面。

（1）拉毛灰

拉毛灰是先用水泥砂浆做底层，再用水泥石灰浆做面层，在砂浆尚未凝结之前，用铁抹子或木楔将面层砂浆轻压后顺势用力拉去，从而形成一种凹凸质感较强的饰面层。拉毛灰要求表面拉毛花纹、斑点分布均匀，颜色一致，在同一平面上不显示接槎的痕迹。如图 13-17、图 13-18 所示。

图 13-17 拉毛灰

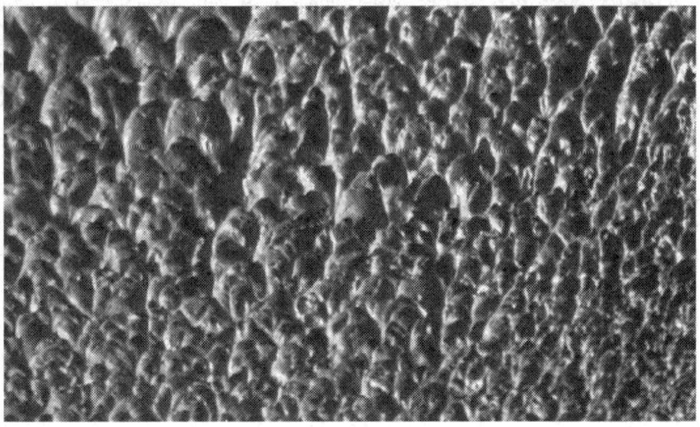

图 13-18 拉毛灰饰面效果

拉毛灰饰面不仅具有装饰作用，而且还具有吸声作用，一般多用于建筑物的外墙面和影剧院等有吸声要求的墙面和顶棚。

（2）甩毛灰

甩毛灰是先用水泥砂浆做底层，再用竹丝、刷子等工具将罩面灰浆甩洒在墙面上，从而形成大小不一、具有规律的云朵状毛面。有的先在基层上刷水泥色浆，再甩上不同颜色的罩面灰浆，并用抹子轻轻压平，形成两种颜色的套色做法。如图 13-19、图 13-20 所示。

图 13-19 甩毛灰

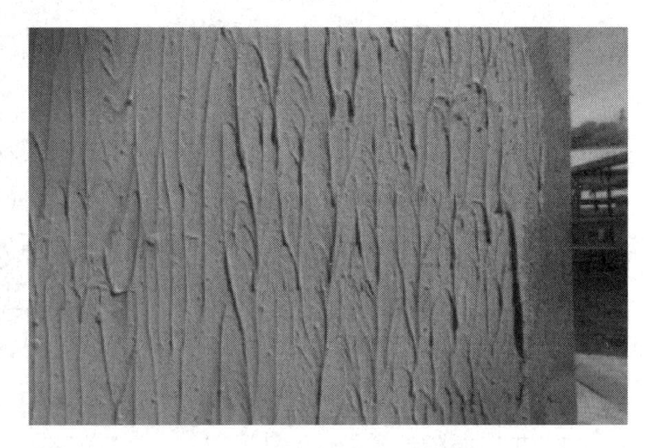

图 13-20 甩毛灰饰面效果

甩毛灰要求甩出的云朵大小相称、纵横相间，既不能杂乱无章，也不能显得呆板。甩毛灰主要用于建筑物的外墙面装饰。

（3）搓毛灰

搓毛灰是在罩面砂浆初凝时，用硬木抹子由上而下搓出一条细而直的纹路，也可水平方向搓出一条 L 形细纹路，当纹路明显搓出后即停。搓毛灰装饰方法施工工艺简单、造价比较低、效果朴实大方，主要用于一般建筑物的外墙面装饰。如图 13-21、图 13-22 所示。

图 13-21　搓毛灰

图 13-22　搓毛灰饰面效果

（4）扫毛灰

扫毛灰是在罩面灰浆初凝时，用竹丝扫帚把按设计组合分格的面层砂浆，扫出不同方向的条纹，或做成仿岩石的装饰抹灰。扫毛灰做成假石以代替天然石材饰面，施工方便，造价较低，主要适用于影剧院、宾馆等的内墙和外墙饰面。如图 13-23、图 13-24 所示。

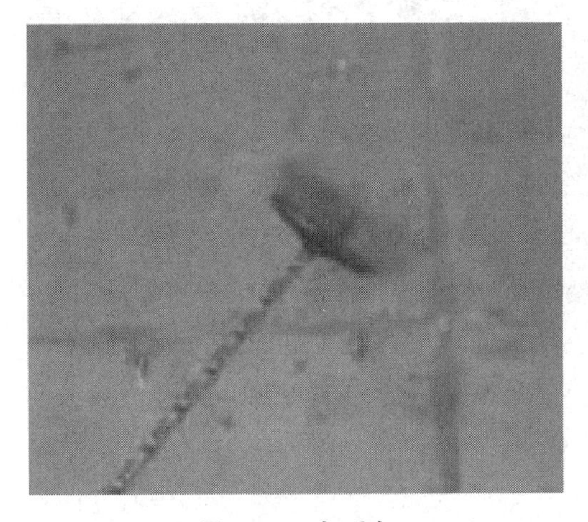

图 13-23　扫毛灰

图 13-24　扫毛灰饰面效果

（5）仿面砖

仿面砖是用掺加氧化铁系颜料的水泥砂浆，通过手工操作，使饰面达到模拟面砖装饰效果的饰面做法。这种饰面同仿大理石一样，装饰工艺对操作技术要求较高，主要适用于建筑物的外墙饰面抹灰。如图 13-25、图 13-26 所示。

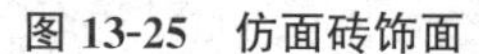

图 13-25　仿面砖饰面

图 13-26　仿面砖饰面应用

（6）仿大理石

仿大理石是用掺适量颜料的石膏色浆和素石膏浆，并按照 1∶10 的比例进行配合，通过手工操作，做成具有大理石表面特征的装饰抹灰。仿大理石装饰工艺对操作技术要求较高，如果认真按设计要求施工，无论在颜色、花纹和光洁度等方面均能接近天然大理石的装饰效果，这种饰面适用于高级装饰工程中的室内墙面抹灰。如图 13-27、图 13-28 所示。

图 13-27　仿大理石饰面

图 13-28　仿大理石饰面应用

表 13-3 为常用灰浆类砂浆饰面一览表。

常用灰浆类砂浆饰面一览表　　表 13-3

品种	图片	性能特点	用途和规格
拉毛灰		表面拉毛花纹、斑点分布均匀，颜色一致，在同一平面上不显示接槎的痕迹，不仅具有装饰作用，而且还具有吸声作用	一般多用于建筑物的外墙面和影剧院等有吸声要求的墙面和顶棚

续表

品种	图片	性能特点	用途和规格
甩毛灰		甩出的云朵大小相称、纵横相间，既不能杂乱无章，也不能显得呆板	主要用于建筑物的外墙面装饰
搓毛灰		施工工艺简单、造价比较低、效果朴实大方	主要用于一般建筑物的外墙面装饰
扫毛灰		工艺简单、施工方便，造价低、效果朴实大方，远看犹如石材经过细加工的效果	主要适用于影响院、宾馆等的内墙和外墙饰面
仿面砖		手工操作，使饰面达到模拟面砖装饰效果的饰面做法对操作技术要求较高	主要适用于建筑物的外墙饰面抹灰
仿大理石		工艺对操作技术要求较高，无论在颜色、花纹和光洁度等方面均能接近天然大理石的装饰效果	用于高级装饰工程中的室内墙面抹灰

2. 石渣类砂浆饰面

石渣类装饰砂浆是在水泥砂浆中掺入各种彩色石渣骨料，将其抹于墙体基层的表面，然后采用水磨、水洗、斧剁等手段去除表面的水泥浆皮，露出石渣的颜色、质感的饰面做法。这类装饰砂浆制作容易、施工方便、价格适中、应用广泛，是建筑装饰工程中最常用的一种饰面做法。石渣类装饰砂浆的种类也非常多，在建筑装饰工程中常见的有干粘石、斩假石、水刷石、水磨石等。如图 13-29 所示。

（1）干粘石

干粘石饰面是在素水泥浆或聚合物水泥砂浆粘结层上，把石渣、彩色石子等备好的骨料粘在其上面，再拍平压实。干粘石的操作方法有手工甩粘和机械甩喷两种。其施工质量要求是颗粒分布均匀、粘结牢固、不掉粒、不露浆、石粒应压入粘结层内 2/3。如图 13-30 所示。

干粘石饰面的施工工艺，实际上是由传统的水刷石施工工艺演变而来，它具有操作简单、造价低廉、饰面效果较好、减少湿作业等优点，所以应用比较广泛。

图 13-29　石渣类饰面

图 13-30　干粘石饰面

（2）斩假石

斩假石又称剁斧石，它是以水泥石渣浆或水泥石屑浆作为面层抹灰，待其硬化到具有一定强度时，用钝斧及各种凿子等工具，在面层上剁斩出类似石材经雕琢的纹理效果的一种人造石材的装饰方法。如图 13-31、图 13-32 所示。

工程实践证明，在石渣类饰面的各种做法中，以斩假石的装饰效果最好。它既具有貌似真正石材的质感，又有精工细作的特点，给人以朴实、自然、素雅、庄重的感觉。斩假石饰面存在的缺点是：费工费时费力，劳动强度大，工作效率低。

斩假石饰面一般多用于局部小面积的装饰，如勒脚、台阶、柱面、扶手等。

图 13-31　斩假石饰面（荔枝面）

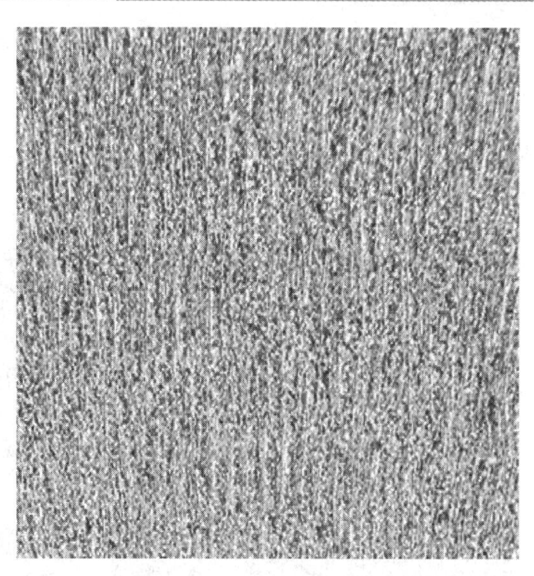

图 13-32　斩假石饰面（条纹面）

（3）水刷石

水刷石饰面是将水泥和石渣按一定比例配合，并加水拌合制成水泥石渣浆，用作建筑物表面的面层抹灰，待其水泥浆达到初凝后，以硬毛刷蘸水刷洗，或用喷浆泵、喷枪等设施喷以清水冲洗，冲刷掉石渣浆层表面的水泥浆皮，使石渣半露出来，达到较好的装饰效果。如图 13-33 所示。

水刷石饰面的特点主要是具有石材饰面的朴实质感效果，如果再进行适当的艺术处理，如分格、分色、凹凸线条、图案等，可使饰面获得自然美观、明快庄重、秀丽淡雅的艺术效果，但操作技术要求较高，比较费工费时，湿作业量大，劳动条件差，且不能适应墙体改革的要求。

水刷石饰面常用于建筑物外墙、檐口、腰线、窗套、阳台、雨篷、勒脚等部位装饰。如图 13-34 所示。

图 13-33　水刷石饰面

图 13-34　水刷石饰面应用

（4）水磨石

水磨石饰面是由水泥、彩色石渣或白色大理石碎粒及水按适当比例配料，需要时再加入适量的颜料，经混合、拌匀、浇筑、捣实、蒸汽养护、硬化、表面打磨、洒草酸冲洗、干后上蜡等工序制成。水磨石由于色彩鲜艳、图案丰富、施工方便、耐磨性好、价格便宜，所以是建筑装饰工程中应用最广泛的一种饰面材料。如图 13-35、图 13-36 所示。表 13-4 为常用石渣类砂浆饰面一览表。

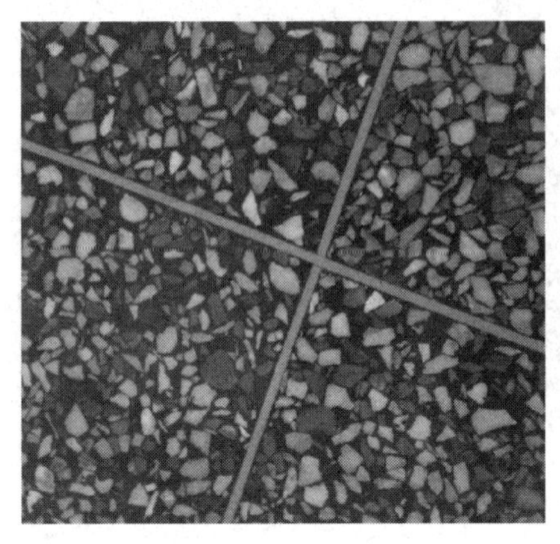

图 13-35　水磨石饰面

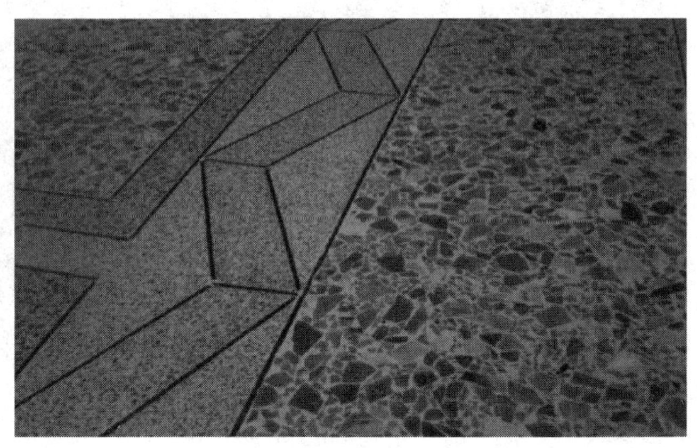

图 13-36　水磨石饰面应用

常用石渣类砂浆饰面一览表　　表 13-4

品种	图片	性能特点	用途和规格
干粘石		具有操作简单、造价低廉、饰面效果较好、减少湿作业等优点	应用比较广泛
斩假石（剁斧石）		具有貌似真正石材的质感，又有精工细作的特点，给人以朴实、自然、素雅、庄重的感觉。斩假石饰面存在的缺点是：费工费时费力，劳动强度大，工作效率低	用于局部小面积的装饰，如勒脚、台阶、柱面、扶手等
水刷石		具有石材饰面的朴实质感效果和自然美观、明快庄重、秀丽淡雅的艺术效果，但操作技术要求较高，比较费工费时，湿作业量大，劳动条件差，且不能适应墙体改革的要求	常用于建筑物外墙、檐口、腰线、窗套、阳台、雨篷、勒脚等部位装饰
水磨石		色彩鲜艳、图案丰富、施工方便、耐磨性好、价格便宜	是建筑装饰工程中应用最广泛的一种饰面材料

3. 新型彩色装饰砂浆

新型彩色装饰砂浆是一种新型的无机粉末状装饰材料，由胶凝材料、精细分级的石英砂、颜料、可再分散乳胶粉及各种聚合物添加剂配合精制而成。根据砂粒粗细、施工手法的变化，涂层厚度一般控制在 1.5～2.5mm 之间，厚度仅为 0.1mm 的普通乳胶漆漆面，可获得极好的质感及立体装饰效果，已广泛代替涂料和瓷砖应用于建筑物的内、外墙装饰。如图 13-37 所示。

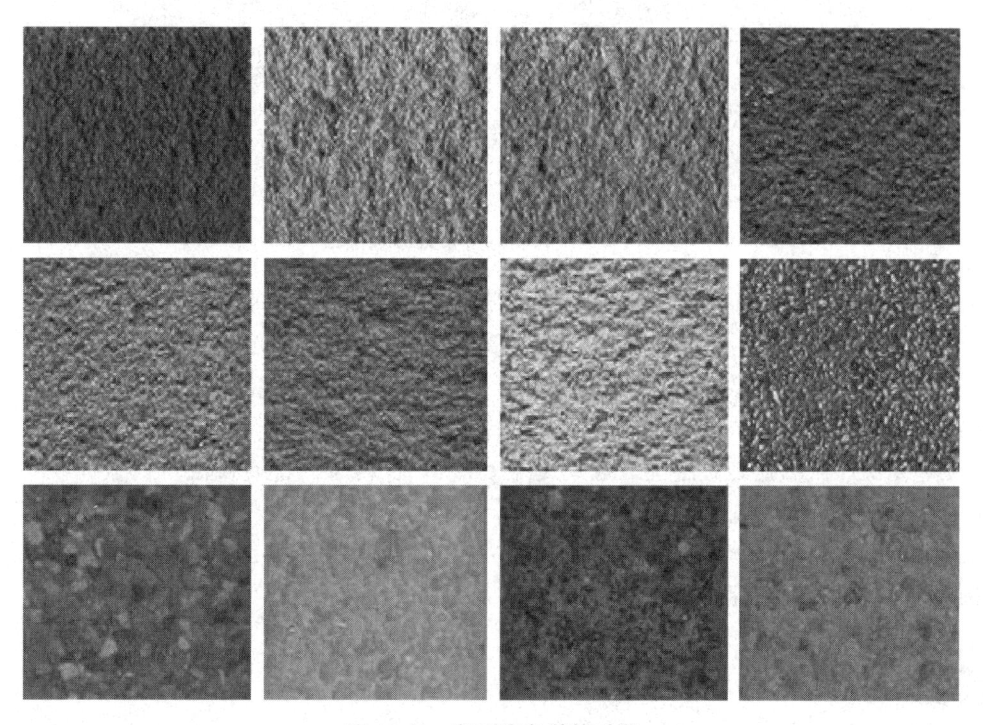

图 13-37 新型彩色装饰砂浆

彩色装饰砂浆产品的特点：

① 材质轻，减少了建筑物增加的重量。

② 柔性好，适用于圆柱体及弧形的造型。

③ 形状、大小、颜色可按用户要求定制。

④ 色彩古朴装饰性强。

⑤ 施工简单、耐久性好，与基底有很强的粘结力。

⑥ 防水、抗渗、透气、抗收缩。

⑦ 无毒无味、绿色环保。

施工时，通过选择不同图形的模板、工具，施以拖、滚、刮、扭、压、揉等不同手法，使墙面变化出压花、波纹、木纹等各式图案，艺术表现力强，可与自然环境、建筑风格和历史风貌更完美地融合，如图 13-38 所示。

彩色装饰砂浆用于外保温体系，既有有机涂料色彩丰富、材质轻的特点，同时又有无机材料耐久性能好的优点。具有良好的透气性和憎水性，可形成带有呼吸功能的彩色外墙装饰体系，特别适用于对憎水透气要求较高的建筑物；原材料均是天然矿物材料，不含游

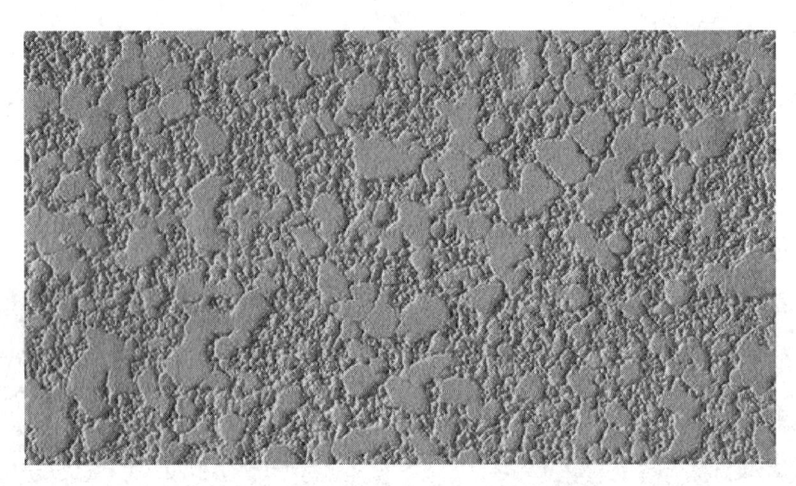

图 13-38　新型彩色装饰砂浆图案

离甲醛、苯等挥发性有机物，无毒、无味、绿色环保；具有良好的弹性及低收缩性，相当于在建筑物外表形成弹性的防水隔热层，涂装后不会因天气冷热交替变化而产生开裂现象，并可承受墙体的细微裂缝；因其具备 1.5～2.5mm 以上厚度的涂层，因此防水、防渗效果特别好，且抗压、抗撞，不掉块，具有特别的韧性。以瓷砖装饰效果对比为例：该做法施工速度快，比贴瓷砖做法施工效率提高 100%，比传统的瓷砖做法价格低 50%，等同于优质涂料施工。此外由于装饰砂浆材质轻，可以减少建筑结构的负重，同时不会产生脱落，避免了出现瓷砖坠落砸伤事故。装饰砂浆具有整体性，不会产生缝隙，可以避免水渗入墙体结构，可以提高建筑结构寿命。

单元总结

本单元对装饰混凝土和装饰砂浆作了详细的阐述。

介绍了用作装饰材料的水泥主要有普通硅酸盐水泥、白色水泥、彩色水泥等，详细地阐述了装饰混凝土的性能特点、应用范围和应用效果，介绍了装饰砂浆的用途和使用范围等内容。

实训指导书

了解装饰混凝土、装饰砂浆的定义、分类等，熟悉其特点性能，掌握装饰混凝土、装饰砂浆的性能特点、种类及应用情况，根据装饰要求，能够正确并合理地选择装饰混凝土、装饰砂浆的使用。

一、实训目的

让学生自主地到建筑装饰材料市场和建筑装饰施工现场进行考察和实训，了解常用装饰混凝土、装饰砂浆的种类和价格，熟悉装饰混凝土、装饰砂浆的应用情况，能够准确识别各种常用装饰混凝土、装饰砂浆的名称、种类、价格、使用要求及适用范围等。

二、实训方式

1. 建筑装饰材料市场的调查分析

学生分组：3～5 人一组，自主地到建筑装饰材料市场进行调查分析。

调查方法：学会以调查、咨询为主，认识各种装饰混凝土、装饰砂浆，调查材料价格，收集材料样本图片，掌握材料的选用要求。

重点调查：各类装饰混凝土、装饰砂浆的常用品牌。

2. 建筑装饰施工现场装饰材料使用的调研

学生分组：10～15 人一组，由教师或现场负责人指导。

调查方法：结合施工现场和工程实际情况，在教师或现场负责人指导下，熟知装饰混凝土、装饰砂浆在工程中的使用情况和注意事项。

重点调查：施工现场装饰混凝土、装饰砂浆的施工方法。

三、实训内容及要求

（1）认真完成调研日记。

（2）填写材料调研报告。

（3）实训小结。

思考及练习

一、填空题

1. 彩色水泥主要用于建筑物________的装饰。

2. 生产硅酸盐水泥的主要原料有________、________、________。

3. 装饰混凝土主要有________、________、________、________等。

4. 水泥是混凝土和砂浆的主要组成材料，用作装饰材料的水泥主要有________、________、________等。

5. 装饰砂浆所用胶凝材料主要有________、________、________等，其中水泥多以白水泥和彩色水泥为主。

二、选择题

1. 水刷石属于（　　）。

A. 一般抹灰　　B. 中级抹灰　　C. 高级抹灰　　D. 装饰抹灰

2. 下列不属于装饰抹灰的种类是（　　）。

A. 干粘石　　B. 斩假石　　C. 高级抹灰　　D. 搓毛灰

3. 水磨石采用的面层材料为（　　）。

A. 水泥砂浆　　B. 普通混凝土　　C. 细石混凝土　　D. 水泥石子浆

4. 配制有抗渗要求的装饰混凝土时，不宜使用（　　）。

A. 硅酸盐水泥　　B. 普通硅酸盐水泥

C. 矿渣硅酸盐水泥　　D. 火山灰质硅酸盐水泥

5. 白色硅酸盐水泥加入颜料可制成彩色硅酸盐水泥，对所加颜料的基本要求是（　　）。

A. 耐酸颜料　　B. 耐水颜料　　C. 耐碱颜料　　D. 有机颜料

三、简答题

1. 白色硅酸盐水泥的产品等级是如何划分的?
2. 彩色硅酸盐水泥的技术要求是什么?彩色硅酸盐水泥的用途是什么?
3. 装饰混凝土主要有哪些原材料?
4. 装饰砂浆常用的装饰工艺有哪些?

参考文献

[1] 李永霞，王玉江，郭倩，等. 建筑装饰施工技术 [M]. 北京：中国建筑工业出版社，2020.
[2] 汤留泉. 图解室内设计装饰材料与施工工艺 [M]. 北京：机械工业出版社，2019.
[3] 崔东方，焦涛. 建筑装饰材料 [M]. 3 版. 北京：北京大学出版社，2020.
[4] 孙晓红. 建筑装饰材料与施工工艺 [M]. 北京：机械工业出版社，2013.
[5] 蓝治平. 建筑装饰材料 [M]. 2 版. 北京：高等教育出版社，2010.
[6] 汤留泉. 我来帮你选材料 [M]. 北京：中国电力出版社，2016.
[7] 魏鸿汉. 建筑材料 [M]. 5 版. 北京：中国建筑工业出版社，2015.
[8] 石珍. 建筑装饰材料图鉴大全 [M]. 上海：上海科学技术出版社，2012.
[9] 游普元. 建筑材料与检测 [M]. 哈尔滨：哈尔滨工业大学出版社，2012.
[10] 丁士昭，逄宗展. 建筑工程实物 [M]. 北京：中国建筑工业出版社，2020.
[11] 付知，许倩. 图解装饰材料实用速查手册 [M]. 北京：化学工业出版社，2020.
[12] 范红岩. 建筑与装饰材料 [M]. 北京：机械工业出版社，2010.
[13] 赵云龙，徐洛屹. 石膏应用技术问答 [M]. 北京：中国建材工业出版社，2016.
[14] 阳鸿钧. 轻松掌握瓷砖铺贴技术 [M]. 北京：化学工业出版社，2018.
[15] 贾宁，胡伟. 室内装饰材料与构造 [M]. 2 版. 南京：东南大学出版社，2018.
[16] 崔云飞，朱永杰，刘宇. 装饰材料与施工工艺 [M]. 武汉：华中科技大学出版社，2017.
[17] 廖娟，张涛，钟志强. 高品质装饰混凝土及砂浆应用技术 [M]. 北京：中国建筑工业出版社，2020.